普通高等教育土建学科专业"十一五"规划教材
全国高职高专教育土建类专业教学指导委员会规划推荐教材

电气消防技术

（建筑电气工程技术专业适用）

本教材编审委员会组织编写
孙景芝　主　编
李秀珍　副主编
韩永学　主　审

中国建筑工业出版社

图书在版编目(CIP)数据

电气消防技术/孙景芝主编.—北京：中国建筑工业出版社，2005

普通高等教育土建学科专业"十一五"规划教材.全国高职高专教育土建类专业教学指导委员会规划推荐教材.建筑电气工程技术专业适用

ISBN 978-7-112-06956-9

Ⅰ.电… Ⅱ.孙… Ⅲ.消防—高等学校：技术学校—教材 Ⅳ.TU998.1

中国版本图书馆 CIP 数据核字(2004)第 137373 号

普通高等教育土建学科专业"十一五"规划教材
全国高职高专教育土建类专业教学指导委员会规划推荐教材
电气消防技术
（建筑电气工程技术专业适用）
本教材编审委员会组织编写
孙景芝　主　编
李秀珍　副主编
韩永学　主　审

*

中国建筑工业出版社出版、发行(北京西郊百万庄)
各地新华书店、建筑书店经销
北京市密东印刷有限公司印刷

*

开本：787×1092 毫米　1/16　印张：16　插页：1　字数：384 千字
2005 年 2 月第一版　　2011 年 2 月第七次印刷
定价：22.00 元
ISBN 978-7-112-06956-9
(12910)

版权所有　翻印必究
如有印装质量问题，可寄本社退换
(邮政编码 100037)

本书是根据高等职业教育建筑电气工程技术专业的主干课程教学大纲编写的，全书共分六章，分别为：建筑消防绪论、火灾自动报警系统、自动执行灭火系统、防火与减灾系统、消防系统的设计及应用实例、消防系统的安装调试与使用维护。

本书结合高职教学培养应用性人才的特点，在阐述的过程中密切联系工程实际，即结合实际工程项目，针对工程项目的实际设计、安装施工及运行维护中所需要的知识点展开分析，具有较强的实用性，是指导学生工程实践的必修内容。

本书除可作为高等职业院校师生的教材外，也可供消防工程技术人员参考。

* * *

责任编辑：齐庆梅　朱首明
责任设计：孙　梅
责任校对：李志瑛　王　莉

本教材编审委员会名单

主　任：刘春泽

副主任：贺俊杰　张　健

委　员：陈思仿　范柳先　孙景芝　刘　玲　蔡可键
　　　　蒋志良　贾永康　王青山　胡晓元　刘复欣
　　　　郑发泰　尹秀妍

序　言

　　全国高职高专教育土建类专业教学指导委员会建筑设备类专业指导分委员会（原名高等学校土建学科教学指导委员会高等职业教育专业委员会水暖电类专业指导小组）是建设部受教育部委托，并由建设部聘任和管理的专家机构。其主要工作任务是，研究建筑设备类高职高专教育的专业发展方向、专业设置和教育教学改革，按照以能力为本位的教学指导思想，围绕职业岗位范围、知识结构、能力结构、业务规格和素质要求，组织制定并及时修订各专业培养目标、专业教育标准和专业培养方案；组织编写主干课程的教学大纲，以指导全国高职高专院校规范建筑设备类专业办学，达到专业基本标准要求；研究建筑设备类高职高专教材建设，组织教材编审工作；制定专业教育评估标准，协调配合专业教育评估工作的开展；组织开展教学研究活动，构建理论与实践紧密结合的教学内容体系，构筑"校企合作、产学研结合"的人才培养模式，为我国建设事业的健康发展提供智力支持。

　　在建设部人事教育司和全国高职高专教育土建类专业教学指导委员会的领导下，2002年以来，全国高职高专教育土建类专业教学指导委员会建筑设备类专业指导分委员会的工作取得了多项成果，编制了建筑设备类高职高专教育指导性专业目录；制定了"供热通风与空调工程技术"、"建筑电气工程技术"、"给水排水工程技术"等专业的教育标准、人才培养方案、主干课程教学大纲、教材编审原则，深入研究了建筑设备类专业人才培养模式。

　　为适应高职高专教育人才培养模式，使毕业生成为具备本专业必需的文化基础、专业理论知识和专业技能、能胜任建筑设备类专业设计、施工、监理、运行及物业设施管理的高等技术应用性人才，全国高职高专教育土建类专业教学指导委员会建筑设备类专业指导分委员会，在总结近几年高职高专教育教学改革与实践经验的基础上，通过开发新课程，整合原有课程，更新课程内容，构建了新的课程体系，并于2004年启动了"供热通风与空调工程技术"、"建筑电气工程技术"、"给水排水工程技术"三个专业主干课程的教材编写工作。

　　这套教材的编写坚持贯彻以全面素质为基础，以能力为本位，以实用为主导的指导思想。注意反映国内外最新技术和研究成果，突出高等职业教育的特点，并及时与我国最新技术标准和行业规范相结合，充分体现其先进性、创新性、适用性。它是我国近年来工程技术应用研究和教学工作实践的科学总结，本套教材的使用将会进一步推动建筑设备类专业的建设与发展。

　　"供热通风与空调工程技术"、"建筑电气工程技术"、"给水排水工程技术"三个专业教材的编写工作得到了教育部、建设部相关部门的支持，在全国高职高专教育土建类专业教学指导委员会的领导下，聘请全国高职高专院校本专业享有盛誉、多年从事"供热通风与空调工程技术"、"建筑电气工程技术"、"给水排水工程技术"专业教学、科研、设计的副教授以上的专家担任主编和主审，同时吸收工程一线具有丰富实践经验的高级工程师及优秀中青年教师参加编写。可以说，该系列教材的出版凝聚了全国各高职高专院校"供热通风与空调工程技术"、"建筑电气工程技术"、"给水排水工程技术"三个专业同行的心血，也是他们多年来教学工作的结晶和精诚协作的体现。

各门教材的主编和主审在教材编写过程中认真负责，工作严谨，值此教材出版之际，全国高职高专教育土建类专业教学指导委员会建筑设备类专业指导分委员会谨向他们致以崇高的敬意。此外，对大力支持这套教材出版的中国建筑工业出版社表示衷心的感谢，向在编写、审稿、出版过程中给予关心和帮助的单位和同仁致以诚挚的谢意。衷心希望"供热通风与空调工程技术"、"建筑电气工程技术"、"给水排水工程技术"这三个专业教材的面世，能够受到各高职高专院校和从事本专业工程技术人员的欢迎，能够对高职高专教学改革以及高职高专教育的发展起到积极的推动作用。

全国高职高专教育土建类专业教学指导委员会
建筑设备类专业指导分委员会
2004 年 9 月

前 言

20世纪80年代，我国的消防技术逐步迅速发展起来，消防设备从分立元件、集成器件、地址编码到智能产品；消防系统也自然从传统的多线制向现代总线制转型；随着智能建筑的发展，作为楼宇自动化系统的子系统的消防系统FA，通过信息网络技术和计算机控制技术在智能系统中进行了网络集成，这就使消防技术又大大向前迈进了一步，由此可见消防技术包含了多学科技术，是多种技术的交叉和综合。

随着我国对消防法的重视和提升，从事消防工程的设计、施工、监测、运行维护人员大大增加，急需掌握这一领域的知识和技能，本书不仅可作院校教材，也同时为社会上相关从业人员提供继续教育参考，可做到本书在手，消防工程不愁。

本书编写的指导原则是：

1. 紧紧围绕高等职业教育的培养目标，以其所要求的专业能力并结合建筑电气专业岗位的基本要求为主线，安排本书的内容。

2. 注意与系列其他教材之间的关系，不重复其他教材的内容。

3. 编写的内容结合消防工程项目，突出针对性和实用性，同时考虑先进性和通用性，既可作为教科书，也可为从业者提供重要的参考依据。

本书第一、二、三章由孙景芝、杨玉红编写；第四章由刘光辉编写；第五、六章由李秀珍编写。全书由孙景芝负责统一定稿并完成文前、文后的内容，韩永学教授对本书进行了认真的审阅。

本书参考了大量的书刊资料，并引用了部分资料，除在参考文献中列出外，在此谨向这些书刊资料作者表示衷心的谢意！

由于消防技术不断发展，新修订的相关规范还没问世，再加之水平有限，书中必有不当之处，恳请广大读者指评指正。

目　录

第一章　建筑消防绪论 ·· 1
　　第一节　建筑消防系统概述 ·· 1
　　第二节　火灾形成过程 ··· 3
　　第三节　高层建筑的特点及相关区域的划分 ······························ 7
　　第四节　消防系统设计、施工及维护技术依据 ··························· 16
　　本章小结 ··· 17
　　思考题与习题 ··· 18
第二章　火灾自动报警系统 ·· 19
　　第一节　概述 ·· 19
　　第二节　火灾探测器 ·· 22
　　第三节　现场模块及其配套设备 ··· 60
　　第四节　火灾报警控制器 ·· 75
　　第五节　火灾自动报警系统及应用示例 ····································· 85
　　本章小结 ··· 116
　　思考题与习题 ··· 116
第三章　自动执行灭火系统 ·· 118
　　第一节　概论 ·· 118
　　第二节　室内消火栓灭火系统 ·· 119
　　第三节　自动喷洒水灭火系统 ·· 129
　　第四节　卤代烷灭火系统 ·· 143
　　第五节　泡沫灭火系统 ··· 151
　　第六节　二氧化碳灭火系统 ··· 155
　　本章小结 ··· 158
　　思考题与习题 ··· 159
第四章　防火与减灾系统 ··· 160
　　第一节　防排烟的基本概念 ··· 160
　　第二节　防排烟系统 ·· 162
　　第三节　防排烟设备的监控 ··· 168
　　第四节　防排烟设施控制 ·· 169
　　第五节　消防广播 ··· 174
　　第六节　应急照明与疏散指示标志 ·· 175
　　第七节　消防电梯 ··· 177
　　本章小结 ··· 178

思考题与习题 ……………………………………………………………… 178
第五章　消防系统的设计及应用实例 ………………………………………… 179
　第一节　消防系统设计的基本原则和内容 ………………………………… 179
　第二节　设计程序及方法 …………………………………………………… 180
　第三节　消防系统应用实例 ………………………………………………… 190
　本章小结 ……………………………………………………………………… 199
　思考题与习题 ………………………………………………………………… 199
第六章　消防系统的安装调试与使用维护 …………………………………… 200
　第一节　消防系统的设备安装 ……………………………………………… 200
　第二节　消防系统的调试 …………………………………………………… 208
　第三节　消防系统的检测验收与维护保养 ………………………………… 210
　本章小结 ……………………………………………………………………… 215
　思考题与习题 ………………………………………………………………… 215
附录 …………………………………………………………………………… 216
主要参考文献 ………………………………………………………………… 243

第一章 建筑消防绪论

[本章任务] 了解消防系统的形成和发展前景以及消防系统的组成、类型等,掌握高层建筑、防火类别、保护对象级别、耐火极限的定义及相关区域(报警区域、探测区域、防火分区、防烟分区)的划分。会运用消防系统的设计与施工依据,为后续课学习奠定基础。

教学方法:建议结合参观项目教学,激发学生对本课的兴趣。

第一节 建筑消防系统概述

火是人类生存必不可少的条件,火能造福于人类,但火也会给人们带来巨大的灾难。人类在长期与火的接触中明白了一个重要道理,即:在使用火的同时一定要注意对火的控制,也就是对火的科学管理。在我国,"以防为主,防消结合"的方针已在相关的工程技术人员心中深深扎根。

随着我国建筑智能化的迅猛发展,"消防"作为一门专门学科,正伴随着现代电子技术、自动控制技术、计算机技术及通信网络技术的飞速发展进入到高科技的综合学科的行列。

一、消防系统的形成及发展

消防系统,是人们经历了一次次火灾教训后,研究和发明的控制火灾、战胜火灾的最有效的方法。

早期的防火、灭火均是人工实现的。当人们发现火灾时,立即组织人工并在统一指挥下采取一切可能措施迅速灭火,这便是早期消防系统的雏形。随着科学技术的发展,人们逐步学会使用仪器监视火情,用仪器发出火警信号,然后在人工统一指挥下,用灭火器械去灭火,这便是较为发达的消防系统。

消防系统无论从消防器件、线制还是类型的发展大体经历了从传统型到现代型的过程。传统型主要指开关量多线制系统,而现代型主要是指可寻址总线制系统及模拟量智能系统。

智能建筑、高层建筑及其群体的出现,展示了高科技的巨大威力。"消防系统"作为智能大厦中的子系统之一,必须与建筑业同步发展,这就使得从事消防的工程技术人员努力将现代电子技术、自动控制技术、计算机技术及通信网络技术等较好的运用,以适应智能建筑的发展。

目前,自动化消防系统在功能上可实现自动检测现场、确认火灾,发出声、光报警信号,启动灭火设备自动灭火、排烟、封闭火区等。还能实现向城市或地区消防队发出救灾请求,及时进行通信联络。

在结构上,组成消防系统的设备、器件结构紧凑,反应灵敏,工作可靠,同时还具有良好的性能指标。智能化设备及器件的开发与应用，使自动化消防系统的结构趋向于微型化和多功能化。

自动化消防系统的设计，已经大量融入微机控制技术、电子技术、通信网络技术及现代自动控制技术，并且消防设备及仪器的生产已经系列化、标准化。

总之，现代消防系统，作为高科技的结晶，为适应智能建筑的需求，正以日新月异的速度发展着。

二、消防系统的组成

消防系统一般主要由三大部分构成：一部分为感应机构，即火灾自动报警系统；另一部分为执行机构，即灭火自动控制系统；第三部分为避难诱导系统（后两部分也可称为消防联动系统）。

火灾自动报警系统由探测器、手动报警按钮、报警器和警报器等构成，以完成检测火情并及时报警的作用。

现场消防设备种类繁多。它们从功能上可分为三大类：第一类是灭火系统，包括各种介质，如液体、气体、干粉的喷洒装置，是直接用于灭火的；第二类是灭火辅助系统，是用于限制火势、防止灾害扩大的各种设备；第三类是信号指示系统，用于报警并通过灯光与声响来指挥现场人员的各种设备。对应于这些现场消防设备的相关的消防联动控制装置主要有：

（1）室内消火栓灭火系统的控制装置；

（2）自动喷水灭火系统的控制装置；

（3）卤代烷、二氧化碳等气体灭火系统的控制装置；

（4）电动防火门、防火卷帘等防火分割设备的控制装置；

（5）通风、空调、防烟、排烟设备及电动防火阀的控制装置；

（6）电梯的控制装置、断电控制装置；

（7）备用发电控制装置；

（8）火灾事故广播系统及其设备的控制装置；

（9）消防通信系统，火警电铃、火警灯等现场声光报警控制装备；

（10）事故照明装置等。

在建筑物防火工程中，消防联动系统可由上述部分或全部控制装置组成。

综上所述，消防系统的主要功能是：自动捕捉火灾探测区域内火灾发生时的烟雾或热气，从而发出声光报警并控制自动灭火系统，同时联动其他设备的输出接点，控制事故照明及疏散标记、事故广播及通信、消防给水和防排烟设施，以实现监测、报警和灭火的自动化。消防系统的组成如图1-1所示。

三、消防系统的分类

消防系统的类型，按报警和消防方式可分为两种：

1. 自动报警、人工消防

中等规模的旅馆在客房等处设置火灾探测器，当火灾发生时，在本层服务台处的火灾报警器发出信号（即自动报警），同时在总服务台显示出某一层（或某分区）发生火灾，消防人员根据报警情况采取消防措施（即人工灭火）。

2. 自动报警、自动消防

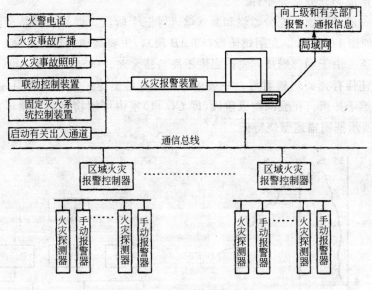

图 1-1　消防系统的构成图

这种系统与上述的不同点在于：在火灾发生时自动喷水进行消防，而且在消防中心的报警器附设有直接通往消防部门的电话。消防中心在接到火灾报警信号后，立即发出疏散通知（利用紧急广播系统）并启动消防泵和电动防火门等消防设备，从而实现了自动报警、自动消防。

第二节　火灾形成过程

火灾形成的过程及原因的研究一直是消防产品研发人员的重要依据，它是建立消防系统的理论基础。

一、火灾形成条件

在时间上失去控制的燃烧所造成的火害称为火灾，火灾形成过程如下：

例如固体材料、塑料、纸或布等，当它们处在被热源加热升温的过程中，其表面会产生挥发性气体，这就是火灾形成的开始阶段。一旦挥发性气体被点燃，就会与周围的氧气起反应，由于可燃物质被充分的燃烧，从而形成光和热，即形成火焰。一旦挥发性气体被点燃，如果设法隔离外界供给的氧气，则不可能形成火焰。这就是说，在断氧的情况下，可燃物质不能充分燃烧而形成烟，所以烟是火灾形成的初期的象征。

众所周知，烟是一种包含一氧化碳（CO）、二氧化碳（CO_2）、氢气（H_2）、水蒸气及许多有毒气体的混合物。由于烟是一种燃烧的重要产物，是伴随火焰同时存在的一种对人体十分有害的产物，所以人们在叙述火灾形成的过程时总要提到烟。

火灾形成的过程也就是火焰和烟形成的过程。

综上所述，火灾形成的过程是一种放热、发光的复杂化学现象，是物质分子游离基的一种连锁反应。

不难看出，存在有能够燃烧的物质，又存在可供燃烧的热源及助燃的氧气或氧化剂，便构成了火灾形成的充分必要条件。

物体燃烧一般经阴燃、充分燃烧和衰减熄灭等三个阶段。燃烧过程特征曲线(也称温度-时间曲线)如图1-2所示。在阴燃阶段(即 AB 段),主要是预热温度升高,并生成大量可燃气体的烟雾。由于局部燃烧,室内温度不高,易灭火。在充分燃烧阶段(即 BC 段)除产生烟以外,还伴有光、热辐射等,一般火势猛且蔓延迅速,室内温度急速升高,可达1000℃左右,难于扑灭。在衰减熄灭阶段(即 CD 段)室内可燃物已基本燃尽而自行熄灭。也可用图1-3所示框图描述燃烧特征。

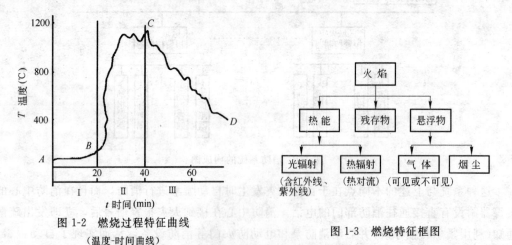

图1-2 燃烧过程特征曲线
(温度-时间曲线)

图1-3 燃烧特征框图

火灾发展的三个阶段,每段持续的时间以及达到某阶段的温度值,都是由当时燃烧的条件决定的。为了科学的实验并制定防火措施,世界各国都相继进行了建筑火灾实验,并概括地制定了一个能代表一般火灾温度发展规律的标准"温度-时间曲线"。我国制定的标准火灾温度-时间曲线为制定防火措施以及设计消防系统提供了参考依据。曲线的值由表1-1列出,曲线的形状如图1-2所示。

标准火灾温度曲线值   表 1-1

时间(min)	温度(℃)	时间(min)	温度(℃)	时间(min)	温度(℃)
5	535	30	840	180	1050
10	700	60	925	240	1090
15	750	90	975	360	1130

掌握了火灾的形成规律,就为防火提供了理论基础。分析可知:燃烧必须具备三个条件即可燃物、氧化剂、引火源(温度)。

二、造成火灾的原因

1. 人为火灾

由于工作中的疏忽,是造成火灾的直接原因。

例如:电工带电维修设备,不慎产生的电火花造成火灾;焊工不按规程,动用气焊或电焊工具进行野蛮操作造成火灾;在建筑内乱接临时电源、滥用电炉等电加热器造成火灾;乱扔火柴梗、烟头等造成的火灾更为常见。

人为纵火是火灾形成的最直接原因。

2. 可燃固体燃烧造成火灾

可燃固体从受热到燃烧需经历较长时间。可燃固体受热时，先蒸发水分，当达到或超过一定温度时开始分解出可燃气体。此时，如遇明火，便开始与空气中的氧气进行激烈的化学反应，并产生热、光和二氧化碳气体等，即称之为燃烧。用明火点燃可燃固体时燃烧的最低温度，称为该可燃物体的燃点。部分可燃固体的燃点见表1-2所示。

可燃性固体的燃点　　　　　　　　　　　表1-2

名　称	燃点(℃)	名　称	燃点(℃)
纸　张	130	粘胶纤维	235
棉　花	150	涤纶纤维	390
棉　布	200	松　木	270～290
麻　绒	150	橡　胶	130

有些可燃固体还具有自燃现象，如木材、稻草、粮食、煤炭等。以木材为例：当受热超过100℃时就开始分解出可燃气体，同时释放出少量热能，当温度达到260～270℃时，释放出的热能剧烈增加，这时即使撤走外界热源，木材仍可依靠自身产生的热能来提高温度，并使其温度超过燃点温度而达到自燃温度发焰燃烧。

3. 可燃液体的燃烧

可燃液体在常温下挥发的快慢有所不同。可燃液体是靠蒸发（汽化）燃烧的，所以挥发快的可燃液体要比挥发慢的危险。在低温条件下，可燃液体与空气混合达到一定浓度时，如遇到明火就会出现"闪燃"，此时的最低温度叫做闪点温度。部分易燃液体的闪点温度见表1-3所示。

部分易燃液体的闪点温度　　　　　　　　　　　表1-3

名　称	闪　点（℃）	名　称	闪　点（℃）
石油醚	−50	吡　啶	+20
汽　油	−58～+10	丙　酮	−20
二硫化碳 CS_2	−45	苯 C_6H_6	−14
乙醚 CH_3OCH_3	−45	醋酸乙醇	+1
氯乙烷 CH_3CH_2Cl	38	甲　苯	+1
二氯乙烷 CH_2ClCH_2Cl	+21	甲醇 CH_3OH	+7

从表中可见，易燃液体的闪点温度都很低。如小于或等于闪点温度，液体蒸发汽化的速度还供不上燃烧的需要，故闪燃持续时间很短。如温度继续上升，到大于闪点温度时，挥发速度加快，这时遇到明火就有燃烧爆炸的危险。由此可见，闪点是可燃、易燃液体燃烧的前兆，是确定液体火灾危险程度的主要依据。闪点温度越低，火灾的危险性越大，因而越要注意加强防火措施。

为了加强防火管理，有关消防规范规定：将闪点温度小于或等于45℃的液体称易燃性液体，闪点温度大于45℃的液体称为可燃性液体。

4. 可燃气体的燃烧

可燃性气体（包括上述的可燃、易燃性液体蒸气）与空气混合达到一定浓度时，如遇到明火就会发生燃烧或爆炸。遇到明火发生爆炸时的最低混合气体浓度称作该混合气体的爆炸下限;而遇明火发生爆炸时的最高混合气体浓度称该混合气体的爆炸上限。可燃性气体(包括可燃、易燃性液体蒸气)发生爆炸的上、下限值如表1-4所示。在爆炸下限以下时不足以发生燃烧;在爆炸上限以上时则因氧气不足(如在密闭容器内的可燃性气体)遇明火也不会发生燃烧或爆炸,但如重新遇到空气,仍有燃烧或爆炸的危险。

部分可燃气体(包括可燃、易燃液体的蒸汽)的爆炸上、下限　　　表1-4

气体名称	爆炸极限(%)		自燃点(℃)
	下限	上限	
甲烷 CH_4	5.0	15	537
乙烷 C_2H_6	3.22	12.5	472
丙烷 C_3H_8	2.37	9.5	446
丁烷 C_4H_{10}	1.9	8.5	430
戊烷 C_5H_{12}	1.4	8.0	309
乙烯 C_2H_4	2.75	34.0	425
丙烯 C_3H_6	2.0	11.0	410
丁烯 C_4H_8	1.7	9.4	384
硫化氢 H_2S	4.3	46.0	246
一氧化碳 CO	12.5		

当混合气体浓度在爆炸上、下限之间时,遇到明火就会燃烧或爆炸。为防爆安全,应避免爆炸性混合气体浓度在爆炸上、下限值之间,一般多强调爆炸性混合气体浓度的爆炸下限值。

多种可燃混合气体的燃烧或爆炸极限值可用下式计算:

$$t = \frac{100}{\sum_{i=1}^{n} \frac{V_i}{N_i}} \% \tag{1-1}$$

式中　t——可燃混合气体的燃烧或爆炸极限;

　　　V_i——可燃混合气体中各成分所占的体积百分数;

　　　N_i——可燃混合气体中各成分的爆炸极限(下限或上限)。

【例1-1】 已知液化石油气中,丙烷占总体积的50%,丙烯占总体积的10%,丁烷占总体积的35%,戊烷占总体积的5%,求该液化石油气的燃烧(爆炸)浓度极限。

【解】　由表1-4分别查得丙烷、丙烯、丁烷、戊烷的爆炸下限值及上限值代入式(1-1)得:

$$t_l = \frac{100}{\frac{50}{2.37} + \frac{10}{2.0} + \frac{35}{1.9} + \frac{5}{1.4}} \% = 2\%$$

$$t_h = \frac{100}{\frac{50}{9.5} + \frac{10}{11.0} + \frac{35}{8.5} + \frac{5}{8.0}} \% = 9.16\%$$

由计算可知,该液化石油气的燃烧(爆炸)极限为2%~9.16%。

在高层建筑和建筑群体中,可燃物多、用电量大、配电管线集中等,电气绝缘损坏或雷击等都可能引起火灾。所以在消防系统设计中，应针对可燃物燃烧条件和现场实际情况，采取防火、防爆的具体措施。

5. 电气事故造成的火灾

在现代高层建筑中，用电设备复杂，用电量大，电气管线纵横交错，火灾隐患多。如电气设备安装不良，长期带病或过载工作，破坏了电气设备的电气绝缘，电气线路一旦短路就会造成火灾。防雷接地不合要求，接地装置年久失修等也能造成火灾。

由上述火灾产生的原因可知，火灾有五种，即固体物质火灾称 A 类；液体火灾或可熔化的固体物质火灾为 B 类；气体火灾为 C 类；金属火灾为 D 类；带电物体燃烧的火灾称带电火灾。只要堵住火灾蔓延的路径，将火灾控制在局部地区，就可避免形成大火而殃及整个建筑物。

第三节 高层建筑的特点及相关区域的划分

一、高层建筑的定义及特点

(一) 高层建筑的定义

关于高层建筑的定义范围，在 1972 年联合国教科文组织下属的世界高层建筑委员会曾讨论过这个问题，提出将 9 层及 9 层以上的建筑定义为高层建筑，并建议按建筑的高度将其分为 4 类：

9～16 层(最高到 50m)，为第一类高层建筑；

17～25 层(最高到 75m)，为第二类高层建筑；

26～40 层(最高到 100m)，为第三类高层建筑；

40 层以上(高度在 100m 以上)，为第四类高层建筑(亦称超高层建筑)。

但是，目前各国对高层建筑的起始高度规定不尽一致，如法国规定为住宅 50m 以上，其他建筑 28m 以上；德国规定为 22 层(从室内地面算起)；日本规定为 11 层，31m；美国规定为 22～25m 或 7 层以上。我国关于高层建筑的界限规定也不完全统一，如《民用建筑设计通则》(JGJ 37—87)、《民用建筑电气设计规范》(JGJ/T 16—92)和《高层民用建筑设计防火规范》(GB 50045—95)均规定，10 层及 10 层以上的住宅建筑(包括底层设置商业网点的住宅)和建筑高度超过 24m 的其他民用建筑为高层建筑；而行业标准《钢筋混凝土高层建筑结构设计与施工规程》(JGJ 3—91)规定，8 层及 8 层以上的钢筋混凝土民用建筑属于高层建筑。这里，建筑高度为建筑物室外地面到檐口或屋面面层高度，屋顶上的瞭望塔、水箱间、电梯机房、排烟机房和楼梯出口小间等不计入建筑高度和层数内，住宅建筑的地下室、半地下室的顶板面高出室外地面不超过 1.5m 者也不计入层数内。

(二) 高层建筑的特点

1. 建筑结构特点

高层建筑由于其层数多，高度过高，风荷载大，为了抗倾浮，采用骨架承重体系，为了增加钢度均有剪力墙，梁板柱为现浇钢筋混凝土，为了方便必须设有客梯及消防电梯。

2. 高层建筑的火灾危险性及特点

(1) 火势蔓延快：高层建筑的楼梯间、电梯井、管道井、风道、电缆井、排气道等竖向井道，如果防火分隔不好，发生火灾时就易形成烟囱效应。据测定，在火灾初起阶段，因空气对流，在水平方向造成的烟气扩散速度为 0.3m/s，在火灾燃烧猛烈阶段，可达 0.5～3m/s；烟气沿楼梯间或其他竖向管井扩速度为 3～4m/s。如一座高度为 100m 的高层建筑，在无阻挡的情况下，仅半分钟烟气就能扩散到顶层。另外风速对高层建筑火势蔓延也有较大的影响。据测定，在建筑物 10m 高处风速为 5m/s，而在 30m 处风速就为 8.7m/s，在 60m 高处风速为 12.3m/s，在 90m 处风速可达 15.0m/s。

(2) 疏散困难：由于层数多，垂直距离长，疏散引入地面或其他安全场所的时间也会长些，再加上人员集中，烟气由于竖井的拔气，向上蔓延快，这些都增加了疏散的难度。

(3) 扑救难度大：由于层楼过高，消防人员无法接近着火点，一般应立足自救。

3. 高层建筑电气设备特点

(1) 用电设备多：如弱电设备，空调制冷设备；厨房用电设备；锅炉房用电设备；电梯用电设备；电气安全防雷设备；电气照明设备；给排水设备；洗衣房用电设备；客房用电设备；消防用电设备等。

(2) 电气系统复杂：除电气子系统以外，各子系统也相当复杂。

(3) 电气线路多：根据高层系统情况，电气线路分为火灾自动报警与消防联动控制线路，音响广播线路，通信线路，高压供电线路及低压配电线路等。

(4) 电气用房多：为确保变电所设置在负荷中心，除了把变电所设置在地下层、底层外，有时也设置在大楼的顶部或中间层。而电话站、音控室、消防中心、监控中心等都要占用一定房间。另外，为了解决种类繁多的电气线路，在竖向上的敷设，以及干线至各层的分配，必须设置电气竖井和电气小室。

(5) 供电可靠性要求高：由于高层建筑中大部分电力负荷为二级负荷，也有相当数量的负荷属一级负荷，所以，高层建筑对供电可靠性要求高，一般均要求有两个及以上的高压供电电源。为了满足一级负荷的供电可靠性要求，很多情况下还需设置柴油发电机组（或气轮发电机组）作为备用电源。

(6) 用电量大，负荷密度高：由上已知高层建筑的用电设备多，尤其是空调负荷大，约占总用电负荷的 40%～50%，因此说高层建筑的用电量大，负荷密度高。例如：高层综合楼、高层商住楼、高层办公楼、高层旅游宾馆和酒店等负荷密度都在 60W/m² 以上，有的高达 150W/m²，即便是高层住宅或公寓，负荷密度也有 10W/m²，有的也达到 50W/m²。

(7) 自动化程度高：根据高层建筑的实际情况，为了降低能量损耗、减少设备的维修和更新费用、延长设备的使用寿命、提高管理水平，就要求对高层建筑的设备进行自动化管理，对各类设备的运行、安全状况、能源使用状况及节能等实行综合自动监测、控制与管理，以实现对设备的最优化控制和最佳管理。特别是计算机与光纤通信技术的应用，以及人们对信息社会的需求，高层建筑正沿着自动化、节能化、信息化和智能化的方向发展。高层建筑消防应"立足自防、自救，采用可靠的防火措施，做到安全适用、技术先进、经济合理"。

二、高层建筑的分类及相关区域的划分

(一) 建筑防火分类

1. 高层建筑防火分类

高层建筑应根据其使用性质、火灾危害性、疏散和扑救难度等进行分类，并应符合表

1-5所示的要求。

建筑防火分类　　　　　　　　　表1-5

名称	一类	二类
居住建筑	高级住宅 19层及19层以上的普通住宅	10～18层的普通住宅
公共建筑	(1) 医院； (2) 高级旅馆； (3) 建筑高度超过50m或每层建筑面积超过1000m² 的商业楼、展览楼、综合楼、电信楼、财贸金融楼； (4) 建筑高度超过50m或每层建筑面积超过1500m² 的商住楼； (5) 中央级和省级(含计划单列市)广播电视楼； (6) 网局级和省级(含计划单列市)电力调度楼； (7) 省级(含计划单列市)邮政楼、防灾指挥调度楼； (8) 藏书超过100万册的图书馆、书库； (9) 重要的办公楼、科研楼、档案楼等； (10) 建筑高度超过50m的教学楼和普通的旅馆、办公楼、科研楼、档案楼等	(1) 除一类建筑以外的商业楼、展览楼、综合楼、电信楼、财贸金融楼、商住楼、图书馆、书库； (2) 省级以下的邮政楼、防灾指挥调度楼、广播电视楼、电力调度楼； (3) 建筑高度不超过50m的教学楼和普通的旅馆、办公楼、科研楼、档案楼等

注：1. 高级住宅是指建筑装修复杂、室内满铺地毯和家具及陈设高档、设有空调系统的住宅；
2. 高级宾馆指建筑标准高、功能复杂、火灾危险性较大和设有集中空调系统的具有星级条件的旅馆；
3. 综合楼是指由两种及两种以上用途的楼层组成的公共建筑，常见的组成形式有商场加写字楼加高级公寓、办公加旅馆加车间仓库、银行金融加旅馆加办公等等；
4. 商住楼指底部作商业营业厅、上面作普通或高级住宅的高层建筑；
5. 网局级电力调度楼指可调度若干个省(区)电力业务的工作楼，如东北电力调度楼、中南电力调度楼、华北电力调度楼等；
6. 重要的办公楼、科研楼、档案楼指这些楼的性质重要，如有关国防、国计民生的重要科研楼等；
7. 建筑装修标准高，即与普通建筑相比，造价相差悬殊；
8. 设备、资料贵重主要指高、精、尖的设备，机密性大、价值高的资料；
9. 火灾危险性大、发生火灾后损失大且影响大，一般指可燃物多，火源或电源多，发生火灾后容易造成大损失和影响。

2. 车库的防火分类

车库防火分四类，如表1-6所示。

车库的防火分类　　　　　　　　　表1-6

名称＼类别＼数量	Ⅰ	Ⅱ	Ⅲ	Ⅳ
汽车库(辆)	>300	151～300	51～150	≤50
修车库(车位)	>15	6～15	3～5	≤2
停车库(辆)	>400	251～400	101～250	≤100

注：汽车库的屋面亦停放汽车时，其停车数量应计算在汽车库的总车辆数内。

(二) 高层建筑耐火等级的划分

1. 名词解释

(1) 耐火极限：建筑构件按时间—温度曲线进行耐火试验，从受到火的作用时起，到失去支持能力或其完整性被破坏或失去隔火作用时止这段时间，用小时表示。

(2) 建筑构件不燃烧体：用不燃烧材料做成的建筑构件。

(3) 建筑构件难燃烧体：用难燃烧材料做成的建筑构件。

(4) 燃烧体：用燃烧材料做成的建筑构件。

2. 耐火等级

高层建筑的耐火等级根据高层建筑规范规定应分为一、二两级，其建筑构件的燃烧性能和耐火极限应不低于表1-7的规定。

(1) 预制钢筋混凝土构件的节点缝隙或金属承重构件节点的外露部位，必须加设防火保护层，其耐火极限不应低于表1-7规定的相应建筑构件的耐火极限。

建筑构件的燃烧性能和耐火极限　　　　　　　　表1-7

构件名称		燃烧性能和耐火极限(h)	耐火等级	
			一级	二级
墙	防火墙		不燃烧体 3.00	不燃烧体 3.00
	承重墙、楼梯间、电梯井和住宅单元之间的墙		不燃烧体 2.00	不燃烧体 2.00
	非承重外墙、疏散走道两侧的隔墙		不燃烧体 1.00	不燃烧体 1.00
	房间隔墙		不燃烧体 0.75	不燃烧体 0.50
柱			不燃烧体 3.00	不燃烧体 2.50
梁			不燃烧体 2.00	不燃烧体 1.50
楼板、疏散楼梯、屋顶承重构件			不燃烧体 1.50	不燃烧体 1.00
吊顶			不燃烧体 0.25	难燃烧体 0.25

(2) 一类高层建筑的耐火等级应为一级，二类高层建筑的耐火等级应不低于二级，裙房的耐火等级应不低于二级。高层建筑地下室的耐火等级应为一级。

(3) 耐火等级为二级的高层建筑中，面积不超过100m²的房间隔墙，可采用耐火极限不低于0.50h的难燃烧体或耐火极限不低于0.30h的不燃烧体。

(4) 二级耐火等级高层建筑的裙房，当屋顶不上人时，屋顶的承重构件可采用耐火极限不低于0.50h的不燃烧体。

(5) 高层建筑内存放可燃物的平均重量超过200kg/m²的房间，当不设自动灭火系统时，其柱、梁、楼板和墙的耐火极限应比表1-7规定的提高0.50h。

(6) 玻璃幕墙的设置应符合下列规定：

1) 窗间墙、窗槛墙的填充材料应采用不燃烧材料。当其外墙面采用耐火极限不低于1.00h的不燃烧体时，其墙内填充材料可采用难燃烧材料。

2) 无窗间墙和窗槛墙的玻璃幕墙，应在每层楼板外沿设置耐火极限不低于1.00h、高度不低于0.80m的不燃烧实体裙墙。

3) 玻璃幕墙与每层楼板、隔墙处的缝隙，应采用不燃烧材料严密填实。

4) 高层建筑的室内装修，应按现行国家标准《建筑内部装修设计防火规范》的有关规定执行。

(三) 火灾自动报警系统保护对象级别的划分

火灾自动报警系统保护的对象应根据其使用性质、火灾危险性、疏散和扑救难度等分为特级、一级和二级，并宜符合表1-8的规定。

火灾自动报警系统保护对象分级　　　　　表1-8

等级	保护对象	
特级	建筑高度超过100m的高层民用建筑	
一级	建筑高度不超过100m的高层民用建筑	一 类 建 筑
	建筑高度不超过24m的民用建筑及建筑高度超过24m的单层公共建筑	(1) 200床及以上的病房楼，每层建筑面积1000m²及以上的门诊楼； (2) 每层建筑面积超过3000m²的百货楼、商场、展览楼、高级旅馆、财贸金融楼、电信楼、高级办公楼； (3) 藏书量超过100万册的图书馆、书库； (4) 超过3000座位的体育馆； (5) 重要的科研楼、资料档案楼； (6) 省级（含计划单列市）的邮政楼、广播电视楼、电力调度楼、防灾指挥调度楼； (7) 重点文物保护场所； (8) 大型以上的影剧院、会堂、礼堂
	工业建筑	(1) 甲、乙类生产厂房；(2) 甲、乙类物品库房；(3) 占地面积或总建筑面积超过1000m²的丙类物品库房；(4) 总建筑面积超过1000m²的地下丙、丁类生产车间及物品库房
	地下民用建筑	(1) 地下铁道、车站； (2) 地下电影院、礼堂； (3) 使用面积超过1000m²的地下商场、医院、旅馆、展览厅及其他商业或公共活动场所； (4) 重要实验室、图书、资料、档案库
二级	建筑高度不超过100m的高层民用建筑	二 类 建 筑
	建筑高度不超过24m的民用建筑	(1) 设有集中空气调节系统的或每层建筑面积超过2000m²但不超过3000m²的商业楼、财贸金融楼、电信楼、展览楼、旅馆、办公楼、车站、海河客运站、航空港等公共建筑及其他商业或公共活动场所；(2) 市、县级的邮政楼、广播电视楼、电力调度楼、防灾指挥调度楼；(3) 中型以下的影剧院；(4) 高级住宅；(5) 图书馆、书库、档案楼
	工业建筑	(1) 丙类生产厂房； (2) 建筑面积大于50m²但不超过10000m²的丙类物品库房； (3) 总建筑面积不超过1000m²的地下丙、丁类生产车间及地下物品库房
	地下民用建筑	(1) 长度超过500m的城市隧道； (2) 使用面积不超过1000m²的地下商场、医院、旅馆、展览厅及其他商业或公共活动场所

注：1. 一类建筑、二类建筑的划分，应符合《高层民用建筑设计防火规范》的规定；工业厂房、仓库的火灾危险性分类，应符合《建筑设计规范》的规定；

2. 本表未列出的建筑的等级可按同类建筑的类比原则确定。

（四）相关区域的划分

1. 报警区域

将火灾自动报警系统的警戒范围按防火分区或楼层划分的单元称报警区域。一个报警区域一般由一个或同层几个相邻防火分区组成。

2. 探测区域的划分

(1) 定义：将报警区域按探测火灾的部位划分的单元称探测区域。

(2) 探测区域的划分应符合如下规定：

1) 探测区域应按独立房(套)间划分。一个探测区域的面积不宜超过 500m²；从主要入口能看清其内部，且面积不超过 1000m² 的房间，也可划为一个探测区域。

2) 红外光束线型感烟火灾探测器的探测区域长度不宜超过 100m；缆式感温火灾探测器的探测区域长度不宜超过 200m；空气管差温火灾探测器的探测区域长度宜在 20～100m 之间。

(3) 符合下列条件之一的二级保护对象，可将几个房间划分为一个探测区域。

1) 相邻房间不超过 5 间，总面积不超过 400m²，并在门口设有灯光显示装置。

2) 相邻房间不超过 10 间，总面积不超过 1000m²，在每个房间门口均能看清其内部，并在门口设有灯光显示装置。

(4) 下列场所应分别单独划分探测区域：

1) 敞开或封闭楼梯间；

2) 防烟楼梯间前室、消防电梯前室、消防电梯与防烟楼梯间合用的前室；

3) 走道、坡道、管道井、电缆隧道；

4) 建筑物闷顶、夹层。

3. 防火分区

(1) 定义：采用防火分隔措施划分出的、能在一定时间内防止火灾向同一建筑的其余部分蔓延的局部区域称为防火分区。

(2) 不同场所的划分原则。对厂房防火分区的划分应按表 1-9 执行。

厂房的耐火等级、层数和占地面积　　　　表 1-9

生产类别	耐火等级	最多允许层数	防火分区最大允许占地面积(m²)			
			单层厂房	多层厂房	高层厂房	厂房的地下室和半地下室
甲	一级 二级	除生产必须采用多层者外，宜采用单层	4000 3000	3000 2000	— —	— —
乙	一级 二级	不限 6	5000 4000	4000 3000	2000 1500	— —
丙	一级 二级 三级	不限 不限 2	不限 8000 1000	6000 4000 2000	3000 2000 —	500 500 —
丁	二级 三级 四级	不限 3 1	不限 4000 1000	不限 2000 —	4000 — —	1000 — —

续表

生产类别	耐火等级	最多允许层数	防火分区最大允许占地面积(m²)			
			单层厂房	多层厂房	高层厂房	厂房的地下室和半地下室
戊	一、二级	不限	不 限	不 限	6000	1000
	三级	3	5000	3000		
	四级	1	1500			

注：1. 防火分区间应用防火墙分隔，一、二级耐火等级的单层厂房(甲类厂房除外)如面积超过本表，设置防火墙有困难时，可用防火水幕带或防火卷帘加水幕分隔。
2. 一级耐火等级的多层及二级耐火等级的单层、多层纺织房(麻纺厂除外)可按本表的规定增加50%，但上述厂房的原棉开包、清花车间均应设防火墙分隔。
3. 一、二级耐火等级的单层、多层造纸生产联合厂房，其防火分区最大允许占地面积可按本表的规定增加1.5倍。
4. 甲、乙、丙类厂房装有自动灭火设备时，防火分区最大允许占地面积可按本表的规定增加1倍；丁、戊类厂房装设自动灭火设备时，其占地面积不限。局部设置时，增加面积可按该局部面积的1倍计算。
5. 一、二级耐火等级的谷物筒仓工作塔，每层人数不超过2人时，最多允许层数可不受本表限制。
6. 邮政楼的邮件处理中心可按丙类厂房确定。

对库房的防火分区可按表1-10执行。

库房的耐火等级、层数和建筑面积(每个防火分区)　　　　　　表1-10

储存物品类别		耐火等级	最多允许层数	最大允许建筑面积(m²)						
				单层库房		多层库房		高层库房		库房地下室半地下室
				每座库房	防火墙间	每座库房	防火墙间	每座库房	防火墙间	防火墙间
甲	3、4项	一级	1	180	60	—	—			
	1、2、5、6项	一、二级	1	750	250	—	—			
乙	1、3、4项	一、二级	3	2000	500	900	300			
		三级	1	500	250	—	—			
	2、5、6项	一、二级	5	2800	700	1500	500			
		三级	1	900	300	—	—			
丙	1项	一、二级	5	4000	1000	2800	700			150
		三级	1	1200	400	—	—			
	2项	一、二级	不限	6000	1500	4800	1200	4000	1000	300
		三级	3	2100	700	1200	400			
丁		一、二级	不限	不 限	3000	不 限	1500	4800	1200	500
		三级	3	3000	1000	1500	500			
		四级	1	2100	700	—	—			
戊		一、二级	不限	不 限	不 限	不 限	2000	6000	1500	1000
		三级	3	3000	1000	2100	700			
		四级	1	2100	700	—	—			

注：1. 高层库房、高架仓库和筒仓的耐火等级不应低于二级；二级耐火等级的筒仓可采用钢板仓。储存特殊贵重物品的库房，其耐火等级宜为一级。
2. 独立建造的硝酸铵库房、电石库房、聚乙烯库房、尿素库房、配煤库房以及车站、码头、机场内的中转仓库，其建筑面积可按本表的规定增加1倍，但耐火等级应低于二级。
3. 装有自动灭火设备的库房，其建筑面积可按本表及注2的规定增加1倍。
4. 石油库内桶装油品库房面积可按《石油库设计规范》(GBJ 74—84)执行。
5. 煤均化库防火分区最大允许建筑面积可为12000m²，但耐火等级不应低于二级。
6. 本条和有关条文中规定的"占地面积"均指建筑面积。

对汽车库建筑防火分区的划分应为：

1）汽车库应设防火墙划分防火分区，每个防火分区的最大允许建筑面积应符合表1-11的规定。

汽车库防火分区最大允许建筑面积（m²）　　　　表1-11

耐火等级	单层汽车库	多层汽车库	地下汽车库和高层汽车库
一、二级	3000	2500	2000
三级	1000		

注：1. 敞开式、错层式、斜楼板式汽车库的上下连通层面积应迭加计算，防火分区最大允许建筑面积可按本表规定只增加一倍。
　　2. 室内地坪低于室外地坪面高度超过该层汽车库净高1/3且不超过净高1/2的汽车库，或设在建筑物首层的汽车库的防火分区最大允许建筑面积不超过25000m²。
　　3. 复式汽车库的防火分区最大允许建筑面积应按本表规定值减少35%。

2）汽车库内设有自动灭火系统时，其防火分区的最大允许建筑面积可按表1-11的规定增加一倍。

3）机械式立体汽车库的停车数超过50辆时，应设防火墙或防火隔墙进行分隔。

4）甲、乙类物品运输车的汽车库、修车库，其防火分区最大允许建筑面积不应超过500m²。

5）修车库防火分区最大允许建筑面积不应超过2000m²，当修车部位与相邻的使用有机溶剂的清洗和喷漆工段采用防火墙分隔时，其防火分区最大允许建筑面积不应超过4000m²。设有自动灭火系统的修车库，其防火分区最大允许建筑面积可增加1倍。

对民用建筑防火分区的划分为：

1）民用建筑的耐火等级、层数、长度和面积应符合表1-12的规定。

民用建筑的耐火等级、层数、长度和面积　　　　表1-12

耐火等级	层数允许层数	防火分区间		备注
		最大允许长度(m)	每层最大允许建筑面积(m²)	
一、二级	按相关规定处理	150	2500	(1) 体育馆、剧院的长度和面积可以放宽； (2) 托儿所、幼儿园的儿童用房不应设4层及4层以上
三级	5层	100	1200	(1) 托儿所、幼儿园的儿童用房不应设3层及3层以上； (2) 电影院、剧院、礼堂、食堂不应超过2层； (3) 医院、疗养院不应超过3层
四级	2层	60	600	学校、食堂、菜市场、托儿所、幼儿园、医院等不应超过1层

注：1. 重要的公共建筑应采用一、二级耐火登记，商店、学校、食堂、菜市场如采用一、二级耐火等级的建筑有困难时，可采用三级耐火等级的建筑。
　　2. 建筑物的长度，系指建筑物各分段中线长度的总和。如遇有不规则的平面而有各种不同量法时，应采用较大值。
　　3. 建筑内设有自动灭火设备时，每层最大允许面积可按本表增加一倍。层部设置时，增加面积可按该局部面积的一倍计算。
　　4. 防火分区间应采用防火分隔，如有困难时，可采用防火卷帘和水幕分隔。

2) 建筑物内如设有上下层相连通的走马廊、自动扶梯等开口部位时，应按上下连通层作为一个防火分区。

3) 建筑物的地下室、半地下室应采用防火墙分隔成面积不超过 500m² 的防火分区。

最大建筑面积（m²）　　表 1-13

建筑类别	每个防火分区建筑面积
一类建筑	1000
二类建筑	1500
地下室	500

注：设有自动灭火的防火分区，其允许最大建筑面积可按本表增加一倍；当局部设置自动灭火系统时，增加面积可按该局部面积的一倍计算；一类建筑的电信楼，其防火分区允许最大建筑面积可按上表增加 50%。

对于高层民用建筑防火分区的划分为：

1) 高层建筑内应采用防火墙等划分防火分区，每个防火分区的允许最大建筑面积，不应超过表 1-13 的规定。

2) 高层建筑内的商业营业厅、展览厅等，当设有火灾自动报警系统和自动灭火系统，且采用不燃烧或难燃烧材料装修时，地上部分防火分区的允许最大建筑面积为 4000m²，地下部分防火分区的允许最大面积为 2000m²。

3) 当高层建筑与其裙房之间设有防火墙等防火分隔设施时，其裙房的防火分区允许最大建筑面积不应大于 2500m²，当设有自动喷水灭火系统时，防火分区允许最大建筑面积可增加 1 倍。（裙房：与高层建筑相连的建筑高度不超过 24m 的附层建筑）

4) 高层建筑内设有上下层相连通的走廊、敞开楼梯、自动扶梯、传送带等开口部位时，应按上下连通层作为一个防火分区，其允许最大建筑面积之和不应超过表 1-13 的规定，当上下开口部位设有耐火极限大于 3.00h 的防火卷帘或水幕等分隔设施时，其面积可不迭加计算。

高层建筑中庭防火分区面积应按上、下连通的面积迭加计算，当超过一个防火区面积时，应符合下列规定：

1) 房间与中庭相通的门、窗，应设自行关闭的乙级防火门、窗。

2) 与中庭相通的过厅、通道等，应设乙级防火门或耐火极限大于 3.00h 的防火卷帘分隔。

3) 中庭每层回廊应设有自动喷水灭火系统。

4) 中庭每层回廊应设火灾自动报警系统。

4. 防烟分区的划分

以屋顶挡烟隔板、挡烟垂壁或从顶棚下突出不小于 0.5m 的梁为界，从地板到屋顶或吊顶之间的空间为防烟分区。

防烟分区的划分为：

(1) 设置排烟设施的走道、净高不超过 6.00m 的房间，应采用挡烟垂壁、隔墙或从顶棚下突出不小于 0.50m 的梁划分防烟分区。人防工程中或垂壁至室内地面的高度不应小于 1.8m。

(2) 每个防烟分区的建筑面积不宜超过 500m²，且防烟分区不应跨越防火分区。人防工程中，每个防烟分区的面积不应大于 400m²，但当顶棚（或顶板）高度在 6m 以上时，可不受此限制。

(3) 有特殊用途的场所，如防烟楼梯间、避难层（间）、地下室、消防电梯等，应单独划分防烟分区。

(4) 防烟分区一般不跨越楼层，但如果一层面积过小，允许一个以上楼层为一个防烟分区，但不宜超过三层。

(5) 不设排烟设施的房间（包括地下室）和走道，不划分防烟分区。

(6) 走道和房间（包括地下室）按规定都设排烟设施时，可根据具体情况分设或合设排烟设施，并按分设或合设情况划分防烟分区。

(7) 一座建筑物的某几层设排烟设施，且采用垂直排烟道（竖井）进行排烟时，其余各层（按规定不需要设排烟设施的楼层），如果增加投资不多，可考虑扩大设置范围，各层也宜划分防烟分区，设置排烟设施。

(8) 人防工程中，丙、丁、戊类物品库宜采用密闭防烟措施。

(9) 防烟分区根据建筑物种类及要求的不同，可按用途、面积、楼层来划分。

准确地划分区域是做好消防设计的前提。

第四节　消防系统设计、施工及维护技术依据

一、法律依据

消防系统的设计、施工及维护必须根据国家和地方颁布的有关消防法规及上级批准的文件的具体要求进行。从事消防系统设计、施工及维护的人员应具备国家公安消防监督部门规定的有关资质证书。在工程实施过程中还应具备建设单位提供的设计要求和工艺设备清单，在基建主管部门主持下，由设计、建筑单位和公安消防部门协商确定的书面意见。对于必要的设计资料，建筑单位又提供不了的，设计人员可以协助建筑单位调研后，由建设单位确认为其提供设计资料。

二、设计论据

消防系统的设计，在公安消防部门政策、法规的指导下，根据建设单位给出的设计资料及消防系统的有关规程、规范和标准进行，有关规范如下：

(1)《高层民用建筑设计防火规范》(GB 50045—95)(2001版)；

(2)《火灾自动报警系统设计规范》(GBJ 116—88)；

(3)《人民防空工程设计防火规定》(GB 50116—98)；

(4)《汽车库、修车库、停车场设计防火规范》(GB 50067—97)；

(5)《建筑设计防火规范》(GBJ 16—87)(2001版)；

(6)《自动喷水灭火系统设计规范》(GB 50084—2001)；

(7)《建筑灭火器配置设计规范》(GBJ 140—90)(1997年版)；

(8)《低倍数泡沫灭火系统设计规范》(GB 50151—92)(2000年版)；

(9)《建筑电气设计技术规程》(JGJ 16—83)；

(10)《通用用电设备配电设计规范》(GB 50055—93)；

(11)《爆炸和火灾危险环境电力装置设计规程》(GB 50058—92)；

(12)《火灾报警控制器通用技术条件》(GB 4717—93)；

(13)《消防联动控制设备通用技术条件》(GB 16806—97)；

(14)《水喷雾灭火系统设计规范》(GB 50219—95)；

(15)《卤代烷1211灭火系统设计规范》(GBJ 110—87)；

(16)《卤代烷1301灭火系统设计规范》(GB 50163—92);
(17)《民用建筑电气设计规范》(JGJ/T16—92);
(18)《供配电系统设计规范》(GB 50052—95);
(19)《石油库设计规范》(修订版)(GBJ 74—84);
(20)《民用爆破器材工厂设计安全规范》(GB 50089—98);
(21)《村镇建筑设计防火规范》(GBJ 39—90);
(22)《建筑灭火器配置设计规范》(GBJ 140—90)(1997年版);
(23)《氧气站设计规范》(GB 50030—91);
(24)《乙炔站设计规范》(GB 50031—91);
(25)《地下及覆土火药炸药仓库设计安全规范》(GB 50154—92);
(26)《小型石油库及汽车加油设计规范》(GB 50160—92);
(27)《地下铁道设计规范》(GB 50157—92);
(28)《石油化工企业设计防火规范》(GB 50160—92);
(29)《烟花爆竹工厂设计安全规范》(GB 50161—92);
(30)《原油和天燃气工程设计防火规范》(GB 50183—93);
(31)《高倍数、中倍数泡沫灭火系统设计规范》(GB 50196—93);
(32)《小型火力发电厂设计规范》(GB 50049—94);
(33)《建筑物防雷设计规范》(GB 50057—94)(2000年版);
(34)《二氧化碳灭火系统设计规范》(GB 50193—93);(1999年版);
(35)《发生炉煤气站设计规范》(GB 50195—94);
(36)《输气管道工程设计规范》(GB 50251—94);
(37)《输油管道工程设计规范》(GB 50253—94);
(38)《建筑内部装修设计防火规范》(GB 50222—95);
(39)《火力发电厂与变电所设计防火规范》(GB 50229—96);
(40)《水力水电工程设计防火规范》(SDJ 278—90)。

三、施工依据

在消防系统施工过程中,除应按设计图纸之外,还应执行下列规则、规范:
(1)《火灾自动报警系统施工及验收规范》(GB 50166—92);
(2)《自动喷水灭火系统施工及验收规范》(GB 50261—96);
(3)《气体灭火系统施工及验收规范》(GB 50263—97);
(4)《钢质防火卷帘通用技术条件》(GB 14102—93);
(5)《钢质防火门通用技术条件》(GB 12955—91);
(6)《电气装置安装工程接地装置施工及验收规范》(GB 50169—92);
(7)《电气装置安装工程1kV及以下配线工程施工及验收规范》(GB 50258—96);

本 章 小 结

本章是关于消防系统的入门知识,主要任务是使读者对消防系统有一个综合的了解,以便在后续课程学习中在明确的目标中进行。

本章对建筑消防系统的形成、发展、组成及分类进行了概括的说明,对火灾的形成条件和原因进行了阐述，对高层建筑的特点及本书后面讲到的相关区域如报警区域、探测区域、防火分区、防烟分区及防火类别、耐火等级、耐火极限等给出了较准的定义，同时介绍了消防系统设计、施工及维护的技术依据。

思 考 题 与 习 题

1. 消防系统由几部分组成？每部分的基本作用是什么？
2. 消防系统有几种类型？
3. 什么叫火灾？火灾形成的条件是什么？
4. 造成火灾的原因来自几个方面？
5. 什么叫高层建筑？高层建筑的特点是什么？
6. 高层建筑防火分为几类？如42m的普通住宅应属几类防火？
7. 什么叫耐火极限？耐火等级分为几级？
8. 火灾自动报警系统保护对象级别是根据什么划分的？
9. 什么叫报警区域、探测区域、防火分区、防烟分区？比较这四个区域的大小？
10. 我国的消防方针是什么？

第二章 火灾自动报警系统

[**本章任务**] 本章是电气消防系统的核心内容,应了解火灾自动报警系统的形成和发展、火灾自动报警系统的组成、火灾探测器的分类、构造、原理;掌握探测器的选择、计算、安装及布置,掌握心脏部分火灾报警控制器的分类、构造、原理、火灾自动报警系统的不同形式的布线、构成及消防系统的设计知识;能够正确使用消防系统附件。

教学方法:建议采用项目教学(结合典型工程实例进行)。

第一节 概 述

随着智能建筑的发展,火灾自动报警系统的结构、形式更加灵活多样,尤其近年来,各科研单位与厂家合作推出了一系列新型火灾报警设备,同时由于在楼宇自动化系统中的集成及不同的网络需求也开发出了一些新的系统。明显可见:火灾报警系统将越来越向智能化系统方向发展,这就为系统组合创造了方便条件,可组成任何一种形式的火灾自动报警网络结构。

一、火灾自动报警系统的形成和发展

1. 火灾自动报警系统的形成

1847年美国牙科医生 Channing 和缅甸大学教授 Farmer 研究出世界上第一台城镇火灾报警发送装置,拉开了人类开发火灾自动报警系统的序幕。此阶段主要是感温探测器。20世纪40年代末期,瑞士物理学家 Ernst Meili 博士研究的离子感烟探测器问世,70年代末,光电感光探测器形成。80年代随着电子技术、计算机应用及火灾自动报警技术的不断发展,各种类型的探测器在不断的形成,同时也在线制上有了很多的改观。

2. 火灾自动报警系统的发展

可分为五个阶段:

(1) 传统的(多线制开关量式)火灾自动报警系统,这是第一代产品(主要是20世纪70年代以前)。主要特点是:简单、成本低。但有明显的不足:一是因为火灾判断依据仅仅是根据所探测的某个火灾现象参数是否超过其自身设定值(阈值)来确定是否报警,因此无法排除环境和其他干扰因素。它是以一个不变的灵敏度来面对不同使用场所、不同使用环境的变化,这是不科学的。灵敏度选低了,会使报警不及时或漏报,灵敏度选高了,又会形成误报。另外由于探测器的内部元器件失效或漂移现象等因素,也会发生误报。根据国外统计数据表明:误报与真实火灾报警之比达20:1之多。二是性能差、功能少,无法满足发展需要。例如:多线制系统费钱费工;不具备现场编程能力;不能识别报警的个别探测器(地址编码)及探测器类型;无法自动探测系统重要组件的真实状态;不能自动补偿探测器灵敏度的漂移;当线路短路或开路时,不能切断故障点,缺乏故障自诊断、自排除能力;电源功耗大等等。

(2) 总线制可寻址开关量式火灾探测报警系统(在20世纪80年代初形成),这是第二代产品。尤其是二总线制系统被广泛使用。其优点是：省钱省工；所有的探测器均并联到总线上；每只探测器设置一地址编码；使用多路传输的数据传输法；还可连接带地址码模块的手动报警按钮、水流指示器及其他中继器等；增设了可现场编程的键盘；系统自检和复位功能；火灾地址和时钟记忆与显示功能；故障显示功能；探测点开路、短路时隔离功能；准确地确定火情部位，增强了火灾探测或判断火灾发生的能力等。但对探测器的工况几乎无大改进，对火灾的判断和发送仍由探测器决定。

（3）模拟量传输式智能火灾报警系统（20世纪80年代后期出现），这是第三代产品。其特点是：在探测处理方法上做了改进，即把探测器的模拟信号不断地送到控制器去评估或判断，控制器用适当的算法辨别虚假或真实火灾及其发展程度，或探测器受污染的状态。可以把模拟量探测器看作一个传感器，通过一个串联发讯装置，不仅能提供找出装置的位置信号，还能将火灾敏感现象参数（如：烟雾浓度、温度等）以模拟值（一个真实的模拟信号或者等效的数字编码信号）传送给控制器，对火警的判断和发送由控制器决定，报警方式有多火灾参数复合式、分级报警式和响应阈值自动浮动式等。还能降低误报，提高系统的可靠性。在这种集中智能系统中，探测器无智能，属于初级智能系统。

（4）分布智能火灾报警系统（亦称多功能智能火灾自动报警系统），这是第四代产品。探测器具有智能，相当于人的感觉器官，可对火灾信号进行分析和智能处理，做出恰当的判断，然后将这些判断信息传给控制器，控制器相当于人的大脑，既能接收探测器送来的信息，也能对探测器的运行状态进行监视和控制，由于探测部分和控制部分的双重智能处理，使系统运行能力大大提高。此类系统分三种，即：智能侧重于探测部分，智能侧重于控制部分和双重智能型。

（5）无线火灾自动报警系统和空气样本分析系统（同时出现在20世纪90年代），这是第五代产品。无线火灾自动报警系统由传感——发射机，中继器以及控制中心三大部分组成。以无线电波为传播媒体。探测部分与发射机合成一体，由高能电池供电，每个中继器只接收自己组内的传感发射机信号。当中继器接到组内某传感器的信号时，进行地址对照，一致时判读接收数据并由中继器将信息传给控制中心，中心显示信号。此系统具有节省布线费及工时，安装开通容易的优点。适于不宜布线的楼宇、工厂、仓库等，也适于改造工程。空气样本分析系统中采用高灵敏吸气式感烟探测器（HSSD探测器），主要抽取空气样本并进行烟粒子探测，还采用了特殊设计的检测室，高强度的光源和高灵敏度的光接收器件，使感烟灵敏度增加了几百倍。这一阶段还相继产生了光纤温度探测报警系统和载波系统等。总之，火灾产品不断更新换代，使火灾报警系统发生了一次次革命。为及早而准确地报警提供了重要保障。

二、火灾自动报警系统的组成

火灾自动报警系统由探测器、手动报警按钮、警报器组成，其各部分的作用是：

火灾探测器的作用：它是火灾自动探测系统的传感部分，它能产生并在现场发出火灾报警信号，或向控制和指示设备发出现场火灾状态信号。可形象地称之为"消防哨兵"。

手动报警按钮的作用：也是向报警器报告所发生火情的设备，只不过探测器是自动报警而它是手动报警而已，其准确性更高。

警报器的作用：当发生火情时，能发出声或光报警。

火灾报警控制器，可向探测器供电，并具有下述功能：

（1）能接收探测信号并转换成声、光报警信号，指示着火部位和记录报警信息；

(2) 可通过火警发送装置启动火灾报警信号或通过自动消防灭火控制装置启动自动灭火设备和消防联动控制设备；

(3) 自动地监视系统的正确运行和对待定故障给出声光报警。

(一) 区域报警系统(Local Alarm System)

由区域火灾报警控制器和火灾探测器等组成，或由火灾报警控制器和火灾探测器等组成的功能简单的火灾自动报警系统。其构成如图 2-1 所示。

(二) 集中报警系统(Remote Alarm System)

由集中火灾报警控制器、区域火灾报警控制器和火灾探测器等组成或由火灾报警控制器，区域显示器和火灾探测器等组成的功能较复杂的火灾自动报警系统。其构成如图 2-2 所示。

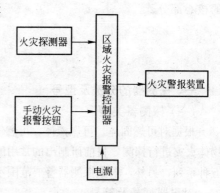

图 2-1　区域报警系统

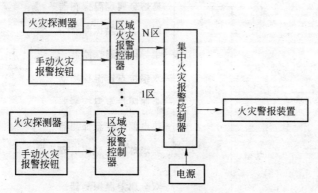

图 2-2　集中火灾报警系统

(三) 控制中心报警系统(Control Center Alarm System)

由消防控制室的消防设备、集中火灾报警控制器、区域火灾报警控制器和火灾探测器等组成，或由消防控制室的消防控制设备、火灾报警控制器、区域显示器和火灾探测器等组成的功能复杂的火灾自动报警系统。其构成如图 2-3 所示。

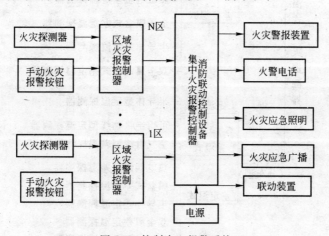

图 2-3　控制中心报警系统

综上所述，火灾自动报警系统的作用是：能自动(手动)发现火情并及时报警，以不失时机地控制火情的发展，将火灾的损失减到最低限度。可见火灾自动报警系统是消防系统的核心部分。

第二节　火灾探测器

一、探测器的分类及型号

（一）探测器类型

根据对可燃固体、可燃液体、可燃气体及电气火灾等的燃烧试验，为了准确无误地对不同物体火灾进行探测，目前研制出的常用的探测器有感烟、感温、感光、复合及可燃气体探测器五种系列，另外，根据探测器警戒范围不同又分为点型和线型两种形式。具体分类如下：

探测器型号及符号：

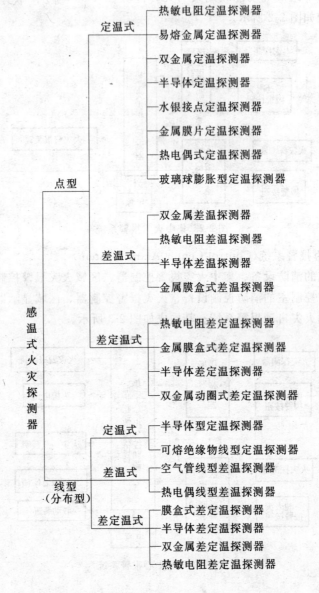

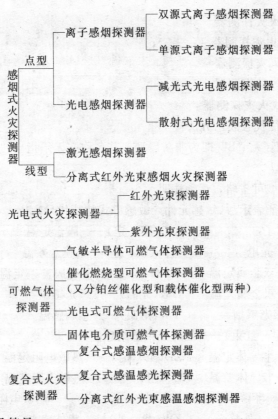

（二）探测器型号及符号

1. 探测器的型号命名

火灾报警产品种类较多，附件更多，但都是按照国家标准编制命名的。国标型号均是按汉语拼音字头的大写字母组合而成，只要掌握规律，从名称就可以看出产品类型与特征。

火灾探测器的型号意义：

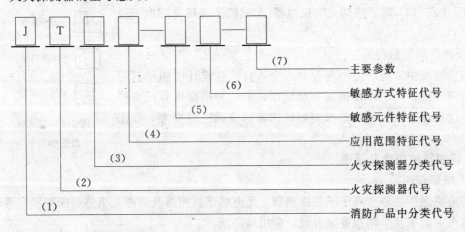

(1) J（警）——火灾报警设备
(2) T（探）——火灾探测器代号
(3) 火灾探测器分类代号，各种类型火灾探测器的具体表示方法：

Y(烟)——感烟火灾探测器

W(温)——感温火灾探测器

G(光)——感光火灾探测器

Q(气)——可燃气体探测器

F(复)——复合式火灾探测器

(4) 应用范围特征代号表示方法：

B(爆)——防爆型(无"B"即为非防爆型，其名称亦无须指出"非防爆型")

C(船)——船用型

非防爆或非船用型可省略，无须注明

(5)(6)探测器特征表示法(敏感元件，敏感方式特征代号)：

LZ(离子)——离子	MD(膜、定)——膜盒定温
GD(光、电)——光电	MC(膜、差)——膜盒差温
SD(双、定)——双金属定温	MCD(膜差定)——膜盒差定温
SC(双、差)——双金属差温	GW(光温)——感光感温
GY(光烟)——感光感烟	YW(烟温)——感烟感温
YW——HS(烟温—红束)——红外光束感烟感温	
BD(半、定)——半导体定温	ZD(阻、定)——热敏电阻定温
BC(半、差)——半导体差温	ZC(阻、差)——热敏电阻差温
BCD(半差定)——半导体差定温	ZCD(阻、差、定)——热敏电阻差定温
HW(红、外)——红外感光	ZW(紫、外)——紫外感光

(7) 主要参数：表示灵敏度等级(Ⅰ、Ⅱ、Ⅲ级)，对感烟感温探测器标注(灵敏度：对测定参数的敏感程度)

例：JTY—HS—1401 红外光束感烟火灾探测器(北京核仪器厂生产)。

JTW—ZD—2700/015 热敏电阻定温火灾探测器(国营二六二厂生产)。

JTY—LZ—651 离子感烟火灾探测器(北京原子能研究院电子仪器厂生产)

2. 探测器的图形符号

在国家标准中消防产品图形符号不全，目前在设计中图形符号的绘制有两种选择，一种按国家标准绘制，另一种根据所有厂家样品绘制，这里仅给出几种常用探测器的国家标准画法供参考，如图 2-4 所示。

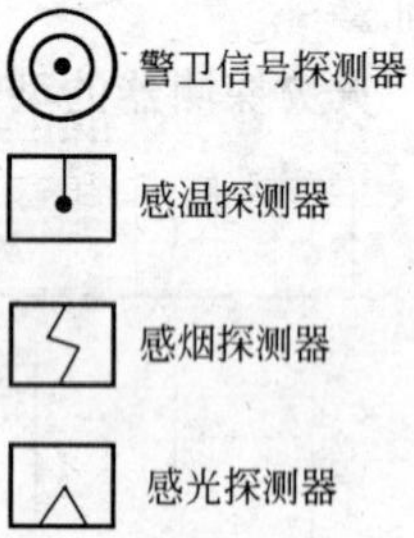

图 2-4 探测器的图形符号

- 警卫信号探测器
- 感温探测器
- 感烟探测器
- 感光探测器

二、探测器的构造及原理

(一) 感烟探测器

常用的感烟探测器有离子感烟探测器、光电感烟探测器及红外光束感烟探测器。感烟探测器对火灾前期及早期报警很有效，应用最广泛。

1. 感烟探测器的作用及构造

(1)作用：感烟探测器是对探测区域内某一点或某一连续路线周围的烟参数敏感响应的火灾探测器。

在探测器的电离室内空气中的氮和氧分子受放射性核素的α粒子的轰击引起电离，产生大量带正、负电荷的离子。当在电离室的两电极上施加一电压时，引起正、负离子向极性相反的电极移动，产生了电离电流。电路电流的大小与电离室的几何尺寸、放射源活度、α粒子能量、施加电压的大小以及空气的密度、温度、湿度和气流速度等因素有关。当烟粒子进入电离室时，这些比离子重千百倍的烟粒子俘获离子，此时离子的复合机率大大增加，从而电离电流减小，当电离电流减小到预定程度时便输出报警信号。

(2) 构造及原理：感烟探测器有双源双室和单源双室之分，双源双室探测器是由两块性能一致的放射源片(配对)制成相互串联的两个电离室及电子线路组成的火灾探测装置。一电离室开孔称采样电离室(或称作外电离室) K_M，烟可以顺利进入，另一个是封闭电离室，称参考电离室(或内电离室) K_R，烟无法进入仅能与外界温度相通如图 2-5 (a) 所示。两电离室形成一个分压器。两电离室电压之和 U_M+U_R 等于工作电压 U_B (例如 24V)。流过两个电离室的电流相等，同为 I_K。采用内、外电离室串联的方法，是为了减少环境温度、湿度、气压等自然条件对电离电流的影响，提高稳定性，防止误报。把采样电离室等效为烟敏电阻 R_M，参考电离室等效为固定或预调电阻 R_R，I_A 为报警电流，S 为电子线路，等效电路如图 2-5(b) 所示。两个电离室的特征如图 2-6 所示，图中，A 为无烟存在时采样室的特征曲线，$B(B_1、B_2、B_3)$ 为有烟时采样室的特征曲线，$C(C_1、C_2、C_3)$ 为参考室的特征曲线，特征曲线 C_1 对应低灵敏度，C_2 对应中灵敏度，C_3 对应高灵敏度。

单源双室探测器，构造如图 2-7 所示。图中进烟孔既不敞开也不节流，烟气流通过防虫网从采样室上方扩散到采样室内部。采样电离室和参考电离室内部的构造及特性曲

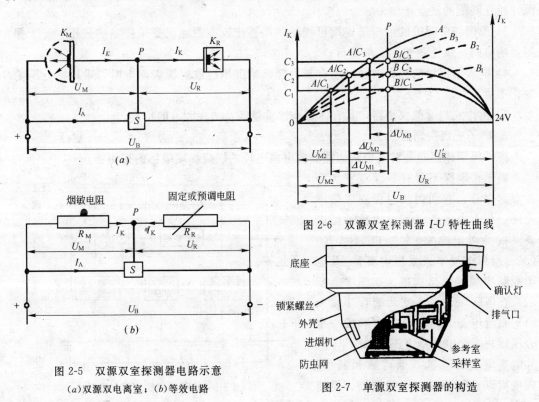

图 2-6 双源双室探测器 I-U 特性曲线

图 2-5 双源双室探测器电路示意
(a) 双源双电离室；(b) 等效电路

图 2-7 单源双室探测器的构造

线如图 2-8。两电离室共用一块放射源,参考室包含在采样室中,参考室小,采样室大。采样室的 α 射线是通过中间电极的一个小孔放射出来的。在电路上,内外电离室同样是串联,在相同的大气条件下,电离室的电离平衡是稳定的,与双源双室探测器类似。当发生火灾时,烟的绝大部分进入采样室,采样室两端的电压变化为 $\Delta U = U_0' - U_0$,当 ΔU 达到预定值时,探测器便输出火警信号。

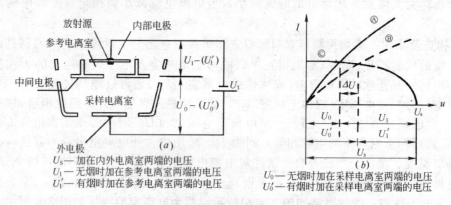

图 2-8 单源双室探测器构造及 I-U 特性曲线
(a)内部构造;(b)特性曲线

单源双室与双源双室探测器比较,特点如下:

1) 参考室与采样室联通,有利于抗潮,抗温,抗气压变化对探测器性能的影响;

2) 只需较微弱的 α 放射源(比双源双室的源强减少一半),并克服了双源双室要求两源片相互匹配的缺点;

3) 源极和中间极的距离是连续可调的,能够比较方便地改变采样室的分压,便于探测器响应阈一致性调整,简单易行;

4) 抗灰尘污秽的能力增强,当有灰尘轻微地沉积在放射源表面上时,采样室分压的变化不明显;

5) 能作成超薄型探测器,具有体积小,重量轻及美观大方的特点。

2. 离子感烟探测器

离子感烟探测器是对能影响探测器内电离电流的燃烧物质敏感的探测器。

离子感烟探测器有双源双室和单源双室之分,它利用放射源制成敏感元件,并由内电离室 K_R(也称补偿电离室或参考电离室)和外电离室 K_M(又称检测电离室或采样电离室)及电子线路或编码线路构成。如图 2-9 所示。在串联两个电离室两端直接接入 24V 直流电源。两个电离室形成一个分压器,两个电离室电压之和为 24V。外电离室是开孔的,烟可顺利通过,内电离室是封闭的,不能进烟,但能

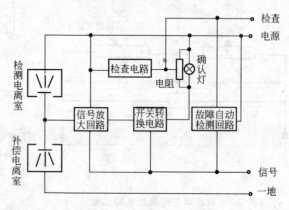

图 2-9 离子感烟探测器方框图

与周围环境缓慢相通,以补偿外电离室环境的变化对其工作状态发生的影响。

放射源由物质镅^{241}(^{241}Am)α放射源构成。放射源产生的α射线使内外电离室内空气电离,形成正负离子,在电离室电场作用下,形成通过两个电离室的电流。这样可以把两电离室看成两个串联的等效电阻,两电阻交接点与"地"之间维持某一电压值。

当发生火灾时,烟雾进入外电离室后,镅^{241}产生的α射线被阻挡,使其电离能力降低率增大,因而电离电流减小。正负离子被体积比其大得多的烟粒子吸附,外电离室等效电阻变大,而内电离室因无烟进入,电离室的等效电阻不变,因而引起两电阻交接点电压变化。当交接点电压变化到某一定值,即烟密度达到一定值时(由报警阈值确定)交接点的超阈部分经过处理后,开关电路动作,发出报警信号。可见离子感烟探测器是对能够影响探测器内电离电流的燃烧烟雾产生敏感的探测器。

现以FJ-2701型离子感烟探测器为例说明其工作原理,电路图如图2-10所示。由于两电离室的镅^{241}α放射源是串联的,所以等效阻抗很大,大约在$10^{10}\Omega$左右,这样就必须采用高输入阻抗的场效应管。

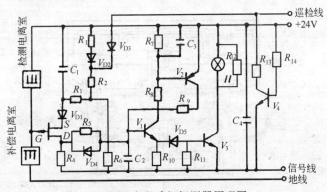

图2-10 离子感烟探测器原理图

由V_1、V_2两只三极管组成正反馈电路,当外电离室由于受烟粒子影响电阻变大而使场效应管导通后,又使V_1导通,使稳压管V_{D5}达到稳定值后也导通,使三极管V_3也随之导通,V_3的集电极电流使确认灯亮,同时使信号线输出火警信号。三极管V_4作为探测器断线监控,安装在终端时,起断线故障告警作用。

从图2-10可知,FJ-2701型离子感烟探测器的出线为四根:即讯号线、巡检线、电源线、地线。其中讯号线为单线,每个探测器有一根,其他三根线可与其他探测器共用,为总线。不同型号的探测器其接线各异,关于接线在本节后面叙述。

3. 光电式感烟探测器

它是对能影响红外、可见和紫外电磁波频谱区辐射的吸收或散射的燃烧物质敏感的探测器。

光电式感烟探测器由光源、光电元件、电子开关及迷宫般的型腔密室组成。散射光型探测器内部结构如图2-11所示。它是利用光散射原理对火灾初期

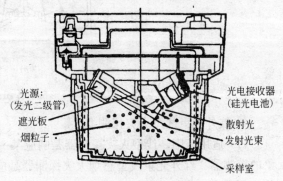

图2-11 散射光型探测器内部结构图

产生的烟雾进行探测,并及时发出报警信号。

光电式感烟探测器根据其结构和原理分为遮光型和散射型两种。

遮光型(或减光型)光电式感烟探测器由一个光源(灯泡或发光二极管)和一个光敏元件(硅光电池)对应装置在小暗室(即型腔密室或称采样室)里构成,在正常(无烟)情况下,光源发出的光通过透镜聚成光束,照射到光敏元件上,并将其转换成电信号,使整个电路维持正常状态,不发生报警。当发生火灾有烟雾存在时,光源发出的光线受烟粒子的散射和吸收作用,使光的传播特性改变,光敏元件接收的光强明显减弱,电路正常状态被破损,则发出声光报警。

散射型光电式感烟探测器的发光二极管和光敏元件设置的位置不是相对的,光敏元件设置在多孔的小暗室里。无烟雾时,光不能射到光敏元件上,电路维持在正常状态。而发生火灾有烟雾存在时,光通过烟雾粒子的反射或散射到达光敏元件上,则光信号转换成电信号,经放大电路放大后,驱动报警装置,发出火灾报警信号。具有环形散射体积的探测器结构和光路如图2-12所示。

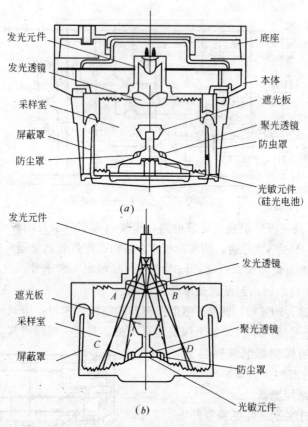

图2-12 具有环形散射体积的探测器结构和光路图

4. 红外光束线型火灾探测器

(1)适用范围。线型火灾探测器是响应某一连续线路附近的火灾产生的物理或化学现象的探测器。红外光束线型感烟火灾探测器是应用烟粒子吸收或散射红外光束强度发生变化的原理而工作的一种探测器。

其特点是：具有保护面积大，安装位置较高，在相对湿度较高和强电场环境中反应速度快，适宜保护较大空间的场所，尤其适宜保护难以使用点型探测器甚至根本不可能使用点型探测器的场所。主要适合下列场所：

1）遮挡大空间的库房，飞机库，纪念馆，档案馆，博物馆等；
2）隧道工程；
3）变电站，发电厂等；
4）古建筑，文物保护的厅堂馆所等。

不宜使用线型光束探测器的场所：有剧烈振动的场所，有日光照射或强红外光辐射源的场所；在保护空间有一定浓度的灰尘、水气粒子且粒子浓度变化较快的场所。

（2）探测器的构造及原理。这种探测器由发射器和接收器两部分组成，其工作原理是：在正常情况下红外光束探测器的发射器发送一个不可见的波长为940mm的脉冲红外光束，它经过保护空间不受阻挡地射到接收器的光敏元件上，如图2-13所示。当发生火灾时，由于受保护空间的烟雾气溶胶扩散到红外光束内，使到达接收器的红外光束衰减（这里灰色烟和黑色烟的衰减作用效果几乎相同），接收器接收的红外光束辐射通量减弱，当辐射通量减弱到预定的感烟动作阈值（响应阈值）（例如，有的厂家设定在光束减弱超过40%（且小于93%）时，如果保持衰减5s（或10s）时间，如图2-14所示时，探测器立即动作，发出火灾报警信号。

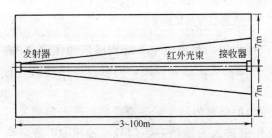

图2-13 线型红外光束感烟探测器光路示意图　　图2-14 感烟探测器的响应阈值

在使用过程中，探测器窗口若积聚灰尘或受到污染，会减弱红外光束到达接收器光敏元件上的辐射通量，使探测器的感烟灵敏度不受影响，在接收器中，对感烟响应阈值设有自动增益控制电路，补偿辐射通量的损失。如果光学窗污染严重，例如，有的厂家设定光衰减10%持续时间超过9h（或更长时间，取决于设定），或者光辐射强度增大10%持续时间超过2min，则探测器达到重新调整程度，发出检修信号，如图2-15所示。

为了自动监视探测器线路故障和红外光束被全部遮挡，设有故障监控环节。例如，探测器线路断线或光束受遮挡的持续时间超过1s时，如图2-16所示，将引起探测信号输出故障报警信号。

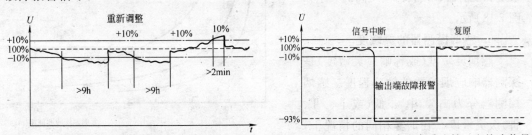

图2-15 探测器达到重新调整程度，发检修信号　　图2-16 探测器线路断线或光束受遮挡，发故障信号

这里以 JTY-HS 型红外光束感烟探测器为例说明其构造及原理。JTY-HS 型红外光束感烟探测器如图 2-17 所示。它由发射器和接收器两部分组成，相对安装在保护空间的两端。发射器中装有辐射源，即红外发光管，间歇发出红外光束。这一光束通过双凸镜形成的近似平行的红外光，通过不受遮挡的保护空间射到接收器中的光敏管并由此转换成电信号，经放大检波变为直流电平，此直流电平的大小就模拟了红外光束的辐射通量大小。

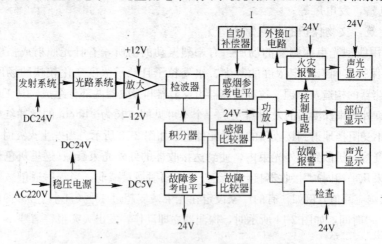

图 2-17　JTY-HS 型红外光束感烟探测器框图

当发生火灾，烟进入光束的保护空间时，接收器内直流电平下降到感烟动作阈值（响应阈值），信号线输出 20V 电平的火警信号，并启动火灾报警线路，同时点燃探测器上的红色确认灯。

线路中设有补偿线路，补偿较长时间缓慢增加起来的灰尘污染造成的工作点漂移。另外设有故障监视环节，当探测器线路故障或光束被人为遮挡时，信号线输出 9V 故障信号，并切断火灾报警线路，以避免引起误报，同时，显示故障报警，并设有模拟火灾自动检测环节。

(3) 灵敏度等级（响应灵敏度）。红外光束感烟探测器响应的烟浓度与发射器和接收器之间的距离应有一定的关系。比如，将探测器对整个发射器和接收器之间的距离上的烟至少设定三个响应灵敏度等级，即 60％、35％ 和 20％ 三种报警阈值。假定在探测器的保护区域内（发射器和接收器之间一定范围的空间）烟的分布是均匀的，则可将响应灵敏度转换成每米减光率（％/m）值。探测器的感烟灵敏度和发射器、接收器间距离的关系如图 2-18 所示。

5. 感烟探测器的灵敏度

感烟灵敏度（或称响应灵敏度）是探测器响应烟参数的敏感程度。感烟探测器分为高、中、低（或Ⅰ、Ⅱ、Ⅲ）级灵敏度。在烟雾相同的情况下，高灵敏度意味着可对较低的烟粒子数

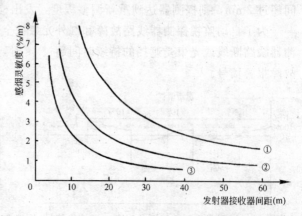

图 2-18　探测器的灵敏度与发射器和接收器间距离的关系

浓度响应。灵敏度等级上用标准烟（试验气溶胶）在烟箱中标定感烟探测器几个不同的响应阈值的范围。

感烟灵敏度等级调整的两种方法：一种是电调整法，另一种是机械调整法。

电调整法：将双源双室或单源双室探测器的触发电压按不同档次响应阈值的设定电压调准，从而得到相应等级的烟粒子数浓度。这种方法增加了电子元件，使探测器可靠性下降。

机械调整法：这种方法是改变放射源片对中间电极的距离，电离室的初始阻抗 R_o 与极间距离 L 成正比。L 小时，R_o 小，灵敏度高；L 大时，R_o 大，灵敏度低。不同厂家根据产品情况确定的灵敏度等级所对应的烟浓度是不一致的。

一般来讲，高级灵敏度者用于禁烟场所，中级灵敏度者用于卧室等少烟场所，低级灵敏度者用于多烟场所。高、中、低级灵敏度的探测器的感烟动作率为10%、20%、30%。

（二）火焰探测器

点型火焰探测器是一种对火焰中特定波段中的电磁辐射敏感（红外、可见和紫外谱带）的火灾探测器，又称感光探测器。因为电磁辐射的传播速度极快，因此，这种探测器对快速发生的火灾（譬如易燃、可燃液体火灾）或爆炸能够及时响应，是对这类火灾早期通报火警的理想探测器。响应波长低于400nm辐射能通量的探测器称紫外火焰探测器，响应波长高于700nm辐射能通量的探测器称作红外火焰探测器。

1. 分类及特点

（1）单通道红外火焰探测器。对大多数含碳氢化合物的火灾响应较好；对电弧焊不敏感；通过烟雾及其他许多污染能力强；日光盲；对一般的电力照明、人工光源和电弧不响应；其他形式辐射的影响很小。

透镜上结冰可造成探测器失灵，对受调制的黑体热源敏感。由于只能对具有闪烁特征的火灾响应，因而使得探测器对高压气体火焰的探测较为困难。

（2）双通道火焰探测器。对大多含碳氢化合物的火灾响应较好；对电弧焊不敏感；能够透过烟雾和其他许多污染；日光盲；对一般的电力照明、人工光源和电弧不响应；其他形式辐射的影响很小；对稳定的或经调制的黑体辐射不敏感，误报率较低。

由于分辨真假火灾是根据二通道信号电平之比确定，选择的参考谱带对黑体的抑制能力的变化很宽，即对火焰的灵敏度与黑体抑制能力成反比，所以比单通道的灵敏度低。

（3）紫外火焰探测器。对绝大多数燃烧物质能够响应，但响应的快慢有不同，最快响应可达12ms，可用于抑爆等特殊场合。不要求考虑火焰闪烁效应。在高达125℃的高温场合下，可采用特种形式的紫外探测器。对固定的或移动的黑体热源的反应不灵敏，对日光辐射和绝大多数人工照明辐射不响应，可带自检机构，某些类型探测器可进行现场调整，调整探测器的灵敏度和响应时间，具有较大的灵活性。

对电焊弧产生的电弧极敏感，透镜上沉积的油污会降低响应火灾的能力，某些蒸气，较典型的是非饱和水蒸气，可能使得火灾信号衰减，烟雾会使火灾信号减弱。当探测器受其他形式的辐射（例如X射线、γ射线等非破坏性试验设备的干扰及闪电作用等）也可能产生误报。

（4）紫外/红外火焰探测器。由两种类型的探测器组成的一组装置（又称组合式探测器）。这两种不同的紫外和红外信号模式必须同时出现，并满足预先规定的电平阈值。只要紫外和红外信号电平阈值分别符合规定要求,则经过一个简单的表决单元,便可发出报警信号。"比例"型紫外/红外火焰探测器,也应在紫外和红外信号电平值之间的比值符合规定时,才能产生报警信号。

对大多含碳氢化合物的火灾响应较好。对电弧焊不敏感。比单通道红外火焰探测器响应稍快,但比紫外火焰探测器稍慢。对一般的电力照明、大多数人工光源和电弧不响应。其他形式辐射的影响很小。日光盲。对黑体辐射不敏感。即使背景正在进行电弧焊,但经过简单的表决单元也能响应一个真实的火灾。同样,即使存在高的背景红外辐射源,也不能降低其响应真实火灾的灵敏度。带简单表决单元的紫外/红外探测器的火焰灵敏度可现场调整,以适合特殊的安装场合的应用。

火焰灵敏度可能受紫外和红外吸收物质沉积的影响。红外探测器可能因结冰使其不响应。紫外探测器可能受透镜上沉积的油污的有害影响。烟和某些化学蒸气将造成灵敏度下降。对这些沉积的影响程度来说,较轻的引起探测器的灵敏度下降,较严重的将使探测器不能响应火灾。紫外/红外火焰探测器要求闪烁的火焰,以满足红外火焰信号输入通道的要求。具有简单表决机构的紫外/红外探测器能对同时来的符合"简单表决"要求的紫外和红外信号起反应。

2. 构造及原理

本书以紫外火焰探测器为例说明之。紫外火焰探测器由圆柱型紫外充气光敏管、自检管、屏蔽套、反光环、石英窗口等组成,如图2-19(a)所示,工作原理如图2-19(b)所示。

当光敏管接收到 185~245nm 的紫外线时,产生电离作用而放电,使其内阻变小,因而导电电流增加,使电子开关导通,光敏管工作电压降低,当电压降低到 $V_{熄灭}$ 电压时,光敏管停止放电,使导电电流减小,电子开关断开,此时电源电压通过 RC 电路充电,又使光敏管的工作电压重新升高到 $V_{导通}$ 电压,于是又重复上述过程,这样便产生了一串脉冲,脉冲的频率与紫外线强度成正比,同时与电路参数有关。

(三) 感温探测器

感温探测器是响应异常温度、温升速率和温差等参数的探测器。

感温式火灾探测器按其结构可分为电子式和机械式两种。每种按原理又分为定温、差温、差定温组合式等三种。

1. 定温探测器

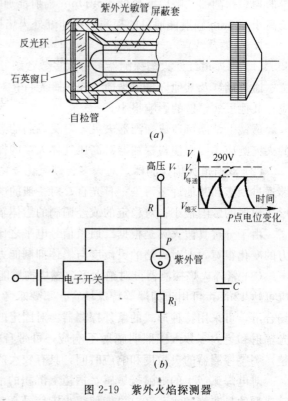

图 2-19 紫外火焰探测器
(a)结构示意图;(b)工作原理示意图

定温探测器是随着环境温度的升高,达到或超过预定值时响应的探测器。

(1) 双金属型定温探测器。这种探测器有两种。一种如图 2-20 所示,它是在一个不锈钢的圆形外壳上固定两块磷铜合金片,磷铜片两边有绝缘套,在中段部位则另固定一对金属触头,各有导线引出。由于不锈钢外壳的热膨胀大于磷铜片,故受热后磷铜片被拉伸,而使两个触头靠拢,当达到预定温度时触头闭合,导线构成闭合回路,便能输出信号给报警器报警。两块磷铜片的固定如有调整螺钉,可以调整它们之间的距离以改变动作值,一般可使探测器在标定的 40~250℃ 的范围内进行调整。另一种如图 2-21 所示,它是由膨胀系数不同的双金属片和固定触头组成。当环境温度升高到一定值时,双金属片向上弯曲,使触点闭合,输出信号给报警器。

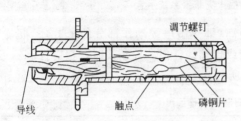 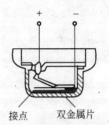

图 2-20 双金属定温探测器　　　　图 2-21 双金属片定温探测器

(2) 易熔金属型定温探测器。其构造如图 2-22 所示。在探测器下端的吸热罩的中间焊有一块低熔点合金(熔点为 70~90℃),与特种螺钉间焊有一弹性接触片及固定触点,平时它们互不接触,如遇火灾,当温度升至标定值时,低熔点合金熔化脱落,顶杆借助弹簧的弹力弹起,使弹性接触片与固定触头相碰通电而发出报警信号。这种探测器的特点:牢固可靠,结构简单,很少误动作。

(3) 缆式线型定温探测器:是采用缆式线结构的线型定温探测器。

1) 热敏电缆线型定温探测器的构造及原理。缆式探测器由两根弹性钢丝、热敏绝缘材料、塑料色带及塑料外护套组成,如图 2-23 所示。在正常时,两根钢丝间呈绝缘状态。火灾报警控制器通过传输线、接线盒、热敏电缆及终端盒构成一个报警回路。报警控制器和所有的报警回路组成数字式线型感温火灾报警系统,如图 2-24 所示。

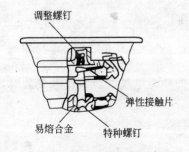 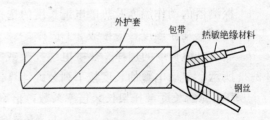

图 2-22 易熔金属型定温探测器　　　　图 2-23 缆式线型定温探测器

在每一热敏电缆中有一极小的电流流动。当热敏电缆线路上任何一点的温度(可以是"电缆"周围空气或它所接触物品的表面温度)上升达额定动作温度时,其绝缘材料熔化,两根钢丝互相接触,此时报警回路电流骤然增大,报警控制器发出声、光报警的同

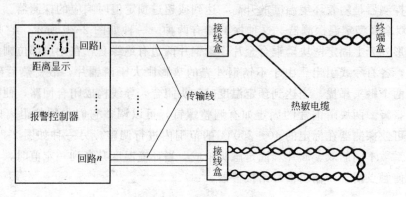

图 2-24 数字式线型感温火灾报警系统示意

时,数码管显示火灾报警的回路号和火警的距离(即热敏电缆动作部分的米数)。报警后,经人工处理热敏电缆可重复使用。当热敏电缆或传输线任何一处断线时,报警控制器可自动发出故障信号。探测器的动作温度如表 2-1 所列。

缆式线型定温探测器的动作温度　　　　　　　　　　　　　　表 2-1

安装地点允许的温度范围(℃)	额定动作温度(℃)	备　注
-30～40	68±10%	应用于室内、可架空及靠近安装使用
-30～55	85±10%	应用于室内、可架空及靠近安装使用
-40～75	105±10%	适用于室内、外
-40～100	138±10%	适用于室内、外

2)探测器的适用场所:

a. 控制室、计算机室的闷顶内、地板下及重要设施隐蔽处等。

b. 配电装置:包括电阻排、电机控制中心、变压器、变电所、开关设备等。

c. 灰尘收集器、高架仓库、市政设施、冷却塔等。

d. 卷烟厂、造纸厂、纸浆厂及其他工业易燃的原料垛等。

e. 各种皮带输送装置、生产流水线和滑道的易燃部位等。

f. 电缆桥架、电缆夹层、电缆隧道、电缆竖井等。

g. 其他环境恶劣不适合点型探测器安装的危险场所。

3)探测器的动作温度及热敏电缆长度的选择

a. 探测器动作温度,应按表 2-1 选择。

b. 热敏电缆长度的选择。热敏电缆托架或支架上的动力电缆上表面接触安装时,如图 2-25 所示,热敏电缆的长度按下列公式计算:

热敏电缆的长度=托架长×倍率系数,倍率系数可按表 2-2 选定。

倍率系数的确定　　　　　　　　　　　　　　表 2-2

托架宽(m)	倍率系数	托架宽(m)	倍率系数
1.2	1.75	0.5	1.15
0.9	1.50	0.4	1.10
0.6	1.25		

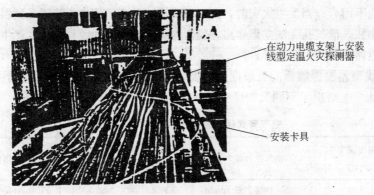

图 2-25 热敏电缆在动力电缆上表面接触安装

热敏电缆以正弦波方式安装在动力电缆上时,其固定卡具的数目计算方法如下:

固定卡具数目＝正弦波半波个数×2+1

2. 差温探测器

差温探测器是当火灾发生时,室内温度升高速率达到预定值时响应的探测器。按其工作原理又分机械式、电子式和空气管线型几种。

(1) 膜盒差温探测器：以膜盒为敏感元件的探测器,属于机械式的一种。它由感热室、气塞螺钉、波纹膜片、确认灯及触点组成,如图 2-26 所示。由壳体、衬板、波纹膜片和气塞螺钉形成密闭的气室,称感热室。室内空气只能通过气塞螺钉与大气相通。当环境温度缓慢变化时,气室内外的空气可通过泄漏孔进行调节,使内外压力保持平衡。如遇火灾发生时,环境温升速度很快,气室内空气由于受热而急剧膨胀,来不及从泄漏孔外逸,致使气室内压力增高,将波纹膜片鼓起与中心接线柱相碰,于是接触了电接点,便发出火灾报警信号。这种探测器具有灵敏度高,可靠性好、不受气候变化影响的特点。因而应用非常广泛。

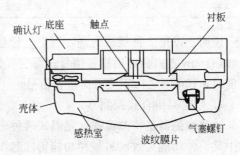

图 2-26 膜盒差温探测器

(2) 电子差温探测器：是由基准热敏电阻和热敏电阻串联组成感应元件,它们相当于感烟探测器内部电离室,前者的阻值随环境温度缓慢变化,当探测空间温度上升的速率超过某一定值时,电阻交接点对地的电压超阈部分经处理后,发出报警信号。

(3) 空气管线型差温探测器：它是一种感受温升速率的火灾探测器。由敏感元件空气管(为 $\phi3mm \times 0.5mm$ 紫铜管,安装于要保护的场所)、传感元件膜盒和电路部分(安装在保护现场或装在保护现场之外)组成,如图 2-27 所示。

其工作原理是：当正常时,气温正常,受热膨胀的气体能从传感元件泄气孔排出,不推动膜盒

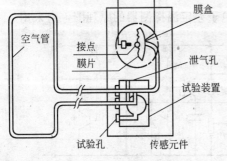

图 2-27 空气管线式差温探测器

片，动、静结点不闭合；当发生火灾时，灾区温度快速升高，使空气管感受到温度变化，管内的空气受热膨胀，泄气孔无法立即排出，膜盒内压力增加推动膜片，使之产生位移，静接点闭合，接通电路，输出报警信号。

空气管式线型差温探测器的灵敏度为三级，如表2-3所列。由于灵敏度不同，其使用场所也不同，表2-4给出了不同灵敏度空气管式差温探测器的适用场合。

空气管式线型差温度探测器灵敏度 表2-3

规 格	动作温度速率（℃/min）	不动作温升速率	规 格	动作温度升速率（℃/min）	不动作温升速率
1种	7.5	1℃/min 持续上升 10min	3种	30	3℃/min 持续上升 10min
2种	15	2℃/min 持续上升 10min			

3种不同灵敏度的使用场合 表2-4

规 格	最大空气管长度(m)	使 用 场 合
1种	<80	书库、仓库、电缆隧道、地沟等温度变化率较小的场所
2种	<80	暖房设备等温度变化较大的场所
3种	<80	消防设备中要与消防泵自动灭火装置联动的场所

说明：以第2种规格为例，当空气管总长度的1/3感受到以15℃/min速率上升的温度时，1min之内会给出报警信号。而空气管总长度的2/3感受到以2℃/min速率上升的温度时，10min之内不应发出报警信号。

3. 差定温组合式探测器

这种探测器是将差温式、定温式两种感温探测元件组合在一起，同时兼有两种功能。其中某一种功能失效，另一种功能仍能起作用，因而大大提高了可靠性，分为机械式和电子式两种。

(1) 机械式差定温探测器。图2-28为JW-JC型差定温探测器的结构示意图，它的温差探测部分与膜盒型基本相同，而定温探测部分与易熔金属定温探测器相同。其工作原理是：差温部分，当发生火情时，环境温升速率达到某一数值，波纹片在受热膨胀的气体作用下，压迫固定在波纹片上的弹性接触片向上移动与固定触头接触，发出报警。定温部分，当环境温度达到一定值时，易熔金属熔化，弹簧片弹回，也迫使弹性接触片和固定触点接触，发出报警信号。

(2) 电子式差定温探测器。图2-29为JW-DC型电子差定温探测器的原理图，它采用

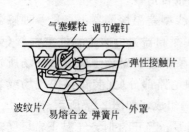

图2-28 JW-JC型差定温探测器

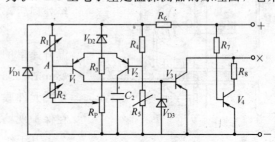

图2-29 电子式差定温探测器

了三只热敏电阻R_1、R_2和R_5,其特性均随着温度升高而阻值下降。其中差温探测部分的R_1和R_2阻值相同,R_2布置在铜外壳上,对外界温度的变化较为敏感;R_1布置在一个特制的金属罩内,对环境温度变化不敏感。当环境温度缓慢变化时,R_1和R_2阻值相近。三极管V_1维持在截止状态。当发生火灾时,温度急剧上升,R_2因直接受热,阻值迅速下降;而R_1则反映较慢,阻值下降小,A点电位降低,当降低到一定值时,V_1导通,三极管V_3也随即导通,向报警器输出火警信号。

定温部分由三极管V_2和R_5组成。当温度升高至定值时,R_5的阻值降低至动作值,使V_2导通,随即V_3也导通,向报警器发出火警信号。

三极管V_4为断线检测监控环节,正常时V_4导通,当探测器三根引出线中任一条断线,V_4截止,向报警器发出断线故障信号。这一监控环节只在报警器的一个分路上的最后一只(终端)探测器上才设置,与其并联的其他探测器上均无此监控环节。

4. 感温探测器灵敏度

火灾探测器在火灾条件下响应温度参数的敏感程度称感温探测器灵敏度。

感温探测器分为Ⅰ、Ⅱ、Ⅲ级灵敏度。定温、差定温探测器灵敏度级别标志如下:

Ⅰ级灵敏度(62℃):绿色;

Ⅱ级灵敏度(70℃):黄色;

Ⅲ级灵敏度(78℃):红色。

(四) 气体火灾探测器(又称可燃气体探测器)

所谓气体火灾探测器是对探测区域内某一点周围的气体参数敏感响应的探测器。

1. 适用场所

目前,气体火灾探测器用于探测溶剂仓库、压气机站、炼油厂、输油输气管道的可燃性气体方面,用于预防潜在的爆炸或毒气危害的工业场所及民用建筑(煤气管道、液化气罐等),起防爆、防火、监测环境污染的作用。

2. 构造及原理

(1) 敏感元件。

1) 金属氧化物半导体元件。当氧化物暴露在温升200~300℃的还原性气体中时,大多数氧化物的电阻将明显地降低。这种元件的机理是,由于半导体表面接触的气体的氧化作用,被离子吸收的氧从半导体表面移出,自由形成的电子对于电传导有贡献。由特殊的催化剂,例如Pt、Pd和Gd的掺和物可加速表面反应。这一效应是可逆的,即当除掉还原性气体时,半导体恢复到它的初始的高阻值。对于金属氧化物电导的一个经验公式为:

$$G = G_o + \alpha p_g^\beta \tag{2-1}$$

式中 G_o——在无还原性气体时的电导;

β——常用系数,取值为1/2;

α——取决于不同的暴露表面的反应速率;

p_g——气体压力。

目前,在商业上应用较多的是以二氧化锡(SnO_2)材料,适量添加微量钯(Pd)等贵金属做催化剂,在高温下烧结成多晶体的N型半导体材料,在其工作温度(250~300℃)下,如遇可燃性气体,例如大约10×10^{-6}的一氧化碳气体,是足够灵敏的,因此,它们能够构成用来研制探测器初期火灾的气体探测器的基础。

其他类型的可燃气体探测器还有氧化锌系列,它是在氧化锌材料中掺杂铂(Pt)做催化剂,对煤气具有较高的灵敏度;掺杂钯(Pd)做催化剂,对一氧化碳和氢气比较敏感。

有时还采用其他材料做敏感元件,例如 $\gamma\text{-}Fe_2O_3$ 系列,它不使用催化剂也能获得足够的灵敏度,且因不使用催化剂而大大延长其使用寿命。

各类半导体可燃气体敏感材料如表2-5所列。

半导体可燃气体敏感材料   表2-5

检测元件	检出成分	检测元件	检出成分
ZnO 薄膜	还原性、氧化性气体	ZnO+Pd	H_2、CO
氧化物薄膜(ZnO、SnO_2、CdO、Fe_2O_3、NiO 等)	还原性、氧化性气体	氧化物(WO_3、MoO_3、Gr_2O_3 等)+催化剂(Pt、Ir、Rh、Pd 等)	还原性气体
SnO_2	可燃性气体	SnO_2+Pd	还原性气体
In_2O_3+Pt	H_2 碳化氢	$SnO_2+Sb_2O_3+Au$	还原性气体
混合氧化物($LaNiO_3$ 等)	C_2H_2OH 等	WO_3+Pt	H_2
V_2O_5+Ag	NO_2	$MgFe_2O_4$	还原性气体
CoO	O_2	$\gamma\text{-}Fe_2O_3$	C_2H_8、C_4H_{10} 等
$ZnO+Pt$	C_3H_8、C_4H_{10} 等	SnO_2+ThO_2	CO

2)催化燃烧元件。一个很小的多孔的陶瓷小珠(直径约为1mm),例如氧化铝和一个Pt加热线圈结到一起,如图2-30所示,把小球浸渍一种催化剂(Pt、Th、Pd等)以加速某些气体的氧化作用。该催化的活性小珠在电路是桥式连接,其参考桥臂由一类似结构的惰性小珠构成。两个小珠相邻地放于探测器壳体中,而Pt线圈加热到500℃左右的温度。

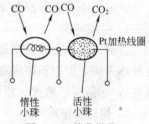

图2-30 催化燃烧气体敏感元件示意

可氧化的气体在催化的活性小珠热表面上氧化,但在惰性小珠上不氧化。因此,活性小珠的温度稍高于惰性小珠的温度。两个小珠的温差可由Pt加热线圈电阻的相应变化测出。对于低气体浓度来说,电路输出信号与气体浓度C成正比,即

$$S = A \cdot C \qquad (2\text{-}2)$$

式中 S——电路输出信号;
    A——系数(A 与燃烧热成正比);
    C——气体浓度。

催化燃烧气体敏感元件制成的探测器仅对可氧化的气体敏感。它主要用于监测易爆气体(其浓度在爆炸下限的1/100到1/10,即大于 100×10^{-6})。探测器的灵敏度可勉强探出典型火灾初期阶段的气体浓度,而且探测器的功率较大(约1W),在大多数情况下,由于在1年左右时间内将有较大的漂移,所以它需要重新进行电气调零。

3)电化电池。据报道,日本采用高分子固体电解质电化电池感应一氧化碳浓度探测器,并采取以下措施使之实用化:

a. 用等离子聚合法制造的聚四氟乙烯膜作保护膜,以防止由电解质表面渗入不纯物,

并通过老化处理使保护膜结构稳定,从而延长了寿命;

  b. 带有氧化还原反应的监测装置,使之具有自我诊断寿命功能;

  c. 带有温度补偿装置,消除了周围温度导致探测器对温度的依赖性。

  (2) 气体火灾探测器的响应性能。

  1) 火灾包括有机物质的不完全燃烧,产生大量的一氧化碳气体。一氧化碳往往先于火焰或烟出现,因此,可能提供最早期的火灾报警。

  2) 使用半导体气体探测器探测低浓度的一氧化碳(体积比在百万分之几数量级),这一浓度远小于一般火灾产生的浓度。一氧化碳气体按扩散方式到达探测器,不受火灾对流气流的影响,对探测火灾是一个有利的因素。

  3) 一氧化碳半导体气体探测器对各种火灾具有较普通的响应性,这是其他火灾探测器无法比拟的。可燃气体探测器的主要技术性能如表 2-6 所列。

可燃气体探测器的主要技术性能　　　　　表 2-6

项　目	型　号	
	HRB-15 型	RH-101 型
测量对象	一般可燃性气体	一般可燃性气体
测量范围	0%～120% L.E.L	0～100% L.E.L
防爆性能	BH₄ IIIe	B₃d
测量精度	混合档±30% L.E.L 专用档±10% L.E.L	满刻度的±5%
指定稳定时间	5s	
警报起动点	20% L.E.L 或自定	25% L.E.L 或自定
被测点数	1 点	15 点
环境条件	温度 -20～$+40$℃ 环境湿度 0%～98%	-30～40℃
重　量	小于 2kg	检测器:9kg 显示器:46kg

  注:L.E.L 指爆炸下限

  4) 半导体气体探测器结构简单,由较大表面积的陶瓷元件构成,对大气有一定的抵御能力,体积可以做得较小,且坚固,成本较低。

  以上所介绍的几种常用的探测器的构造和原理,是仅就一般探测器而言的。目前许多厂家推出一种编码探测器,这种编码探测器的特点是:

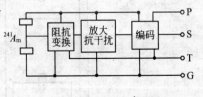

图 2-31　编码探测器

  由编码电路通过两条、三条或四条总线(即 P、S、T、G 线)将信息传到区域报警器。现以离子感烟探测器为例,如图 2-31 为离子感烟探测器编码电路的方框图。

  四条总线用于不同的颜色,其中 P 为红色电源线,S 为绿色信号线,T 为蓝色或黄色巡检线,G 为黑色地线。

  探测器的编码简单容易,一般可做到与房间号一致。编号是用探测器上的一个七位微型开关来实现的,该微型开关每位所对应的数见表2-7所列。探测器编成的号,等于所有处于"ON"(接通)位置的开关所对应的数之和。例如,当第2、3、5、6位开关处于"ON"时,该探测器编号为54,探测器可编码范围为1～127。

七位编码开关位数及所对应的数　　　　　表2-7

编码开关位 n	1	2	3	4	5	6	7
对应数 2^{n-1}	1	2	4	8	16	32	64

可寻址开关量报警系统比传统系统能够较准确地确定着火地点(所谓系统具备可寻址智能),增强了火灾探测或判断火灾发生的及时性,比传统的多线制系统更加节省安装导线的数量。同一房间的多只探测器可用同一个地址编码,如图2-32所示,这样不影响火情的探测,方便控制器信号处理。但是在每只探测器底座(编码底座)上单独装设地址编码(编码开关)的

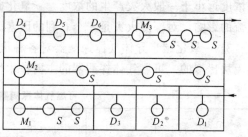

图2-32 可寻址开关量报警系统探测器编码示意
($D_0 \sim D_6$)及地址号码($M_1 \sim M_3$)

缺点是:编码开关本身要求较高的可靠性,以防止受环境(潮湿、腐蚀、灰尘)的影响;在安装和调试期间,要仔细检查每只探测器的地址,避免几只探测器误装成同一地址编码(同一房间内除外);在顶棚或不容易接近的地点,调整地址编码不方便、浪费时间,甚至不容易更换地址编码。

为了克服地址编码的缺点,多线路传输技术即不专门设址采用链式结构。探测器的寻址是使各个开关顺序动作,每个开关有一定延时,不同的延时电流脉动分别代表正常、故障和报警三种状态。其特点是不需要拨码开关,也就是不需要赋址,在现场把探测器一个接一个地串入回路即可。

另外,近年来出现一种电子编码器,用来编码非常方便,电子编码器的外形如图2-33所示。

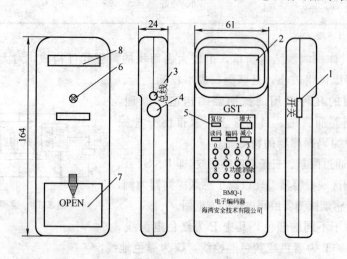

图2-33 电子编码器的外形示意
1—电源;2—液晶屏;3—总线插口;4—火灾显示盘接口;5—复位健;6—固定螺钉;7—电池盒盖;8—铭牌

电子编码器利用键盘操作,输入十进制数,简单易学。可以用电子编码器,读写探测器的地址和灵敏度,读写模块类产品的地址和工作方式;并可以用电子编码器浏览设备批次号,电子编码器还可以用来设置 ZF-GST8903 图形式火灾显示盘地址、灯的总数及每个灯所对应的用户编码,现场调试维护十分方便。

其中部分功能说明如下:

(1) 电源开关:完成系统硬件开机和关机操作。

(2) 液晶屏:显示有关设备的一切信息和操作人员输入的相关信息,并且当电源欠电压时给出指示。

(3) 总线插口:电子编码器通过总线插口与探测器、现场模块或指示部件相连。

(4) 火灾显示盘接口(I2C):电子编码器通过此接口与火灾显示盘相连,进行各指示灯的二次码的编写。

(5) 复位键:当电子编码器由于长时间不使用而自动关机后,按下复位键可以使系统重新通电并进入工作状态。

编码时的具体操作如下:将编码器的两根线(带线夹)夹在探测器底座的两斜对角接点上,开机,按下数字键即所编号,再按编码键,待出现 P 时按清除键,需确定是否成功时按下读码键,所编号显示出来,然后将编号写在探测器底座上,再进行安装即可。

(五) 复合火灾探测器

复合火灾探测器,它是一种可以响应两种或两种以上火灾参数的探测器,是两种或两种以上火灾探测器性能的优化组合,集成在每个探测器内的微处理机芯片,对相互关联的每个探测器的测值进行计算,从而降低了误报率。通常有感烟感温型,感温感光型,感烟感光型,红外光束感烟感光型,感烟感温感光型复合探测器。

(六) 智能型火灾探测器

智能型火灾探测器:它为了防止误报,预设了一些针对常规及个别区域和用途的火情判定计算规则,探测器本身带有微处理信息功能,可以处理由环境所收到的信息,并针对这些信息进行计算处理,统计评估。结合火势很弱——弱——适中——强——很强的不同程度,再根据预设的有关规则,把这些不同程度的信息转化为适当的报警动作指标。如"烟不多,但温度快速上升——发出警报",又如"烟不多,且温度没有上升——发出预警报"等。

例如:SDN 感烟型智能探测器,能自动检测和跟踪由灰尘积累而引起的工作状态的漂移,当这种漂移超出给定范围时,自动发出故障信号,同时这种探测器跟踪环境变化,自动调节探测器的工作参数,因此可大大降低由灰尘积累和环境变化所造成的误报和漏报。

(七) 感烟、感温探测器响应时间的比较

感烟、感温探测器响应时间的比较如图2-34所示。两条曲线表示几种最常用类型的火灾探测器所作出的反应。感烟探测器能够在短时间内作出反应,早期发出火灾报警信号,而感温

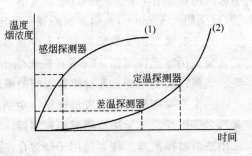

图 2-34 感烟、感温探测器响应时间曲线
(1)燃烧气体和烟浓度与时间的关系;
(2)热气流温度与时间的关系

探测器则要在较长时间后才能作出反应。当火灾达到火焰燃烧阶段，温度急剧升高时，差温探测器响应。而当燃烧不断扩大，温度不断升高，使环境温度达到某一定值时，定温探测器才能响应，发出火灾报警信号。由此可知，对于同一种可燃物，在燃烧状态相同的条件下，感烟探测器比感温探测器能够更早地响应。感温探测器对大部分火灾不仅灵敏度比感烟探测器差，而且在房间高度和保护面积上都有局限性。

三、探测器的选择及数量确定

在火灾自动报警系统中，探测器的选择是否合理，关系到系统能否正常运行，因此探测器种类及数量的确定十分重要。另外，选好后的合理布置是保证探测质量的关键环节。为此在选择及布置时应符合国家规范。

（一）探测器种类的选择

应根据探测区域内的环境条件，火灾特点，房间高度，安装场所的气流状况等，选用其所适宜类型的探测器或几种探测器的组合。

1. 根据火灾特点，环境条件及安装场所确定探测器的类型

火灾受可燃物质的类别，着火的性质，可燃物质的分布，着火场所的条件，火灾荷载，新鲜空气的供给程度以及环境温度等因素的影响。一般把火灾的发生与发展分为四个阶段：

前期：火灾尚未形成，只出现一定量的烟，基本上未造成物质损失。

早期：火灾开始形成，烟量大增、温度上升，已开始出现火，造成较小的损失。

中期：火灾已经形成，温度很高，燃烧加速，造成了较大的物质损失。

晚期：火灾已经扩散。

根据以上对火灾特点的分析，对探测器选择如下：

感烟探测器作为前期、早期报警是非常有效的。凡是要求火灾损失小的重要地点，对火灾初期有阴燃阶段，即产生大量的烟和少量的热，很少或没有火焰辐射的火灾，如棉、麻织物的引燃等，都适于选用。

不适于选用的场所有：正常情况下有烟的场所，经常有粉尘及水蒸气等固体、液体微粒出现的场所，发火迅速、产生烟极少及爆炸性场合。

离子感烟与光电感烟探测器的适用场合基本相同，但应注意它们各有不同的特点。离子感烟探测器对人眼看不到的微小颗粒同样敏感，例如人能嗅到的油漆味、烤焦味等都能引起探测器动作，甚至一些分子量大的气体分子，也会使探测器发生动作，在风速过大的场合（例如大于 6m/s）将引起探测器不稳定，且其敏感元件的寿命较光电感烟探测器的短。

对于有强烈的火焰辐射而仅有少量烟和热产生的火灾，如轻金属及它们的化合物的火灾，应选用感光探测器，但不宜在火焰出现前有浓烟扩散的场所及探测器的镜头易被污染、遮挡以及受电焊、X 射线等影响的场所中使用。

感温型探测器作为火灾形成早、中期报警非常有效。因其工作稳定，不受非火灾性烟雾汽尘等干扰。凡无法应用感烟探测器、允许产生一定的物质损失及非爆炸性的场合都可采用感温型探测器。特别适用于经常存在大量粉尘、烟雾、水蒸气的场所及相对湿度经常高于 95％ 的房间，但不宜用于有可能产生阴燃火的场所。

定温型允许温度的较大变化，比较稳定，但火灾造成的损失较大。在零摄氏度以下的场所不宜选用。

差温型适用于火灾早期报警，火灾造成损失较小，但火灾温度升高过慢则无反应而漏报。差定温型具有差温型的优点而又比差温型更可靠，所以最好选用差定温探测器。

各种探测器都可配合使用，如感烟与感温探测器的组合，宜用于大中型机房、洁净厂房以及防火卷帘设施的部位等处。对于蔓延迅速、有大量的烟和热产生、有火焰辐射的火灾，如油品燃烧等，宜选用三种探测器的配合。

总之，离子感烟探测器具有稳定性好、误报率低、寿命长、结构紧凑等优点，因而得到广泛应用。其他类型的探测器，只在某些特殊场合作为补充才用到。例如：在厨房、发电机房、地下车库及具有气体自动灭火装置时，需要提高灭火报警可靠性而与感烟探测器联合使用的地方才考虑用感温探测器。

点型探测器的适用场所如表 2-8 所列。

点型探测器的适用场所或情形一览表（举例）　　　　表 2-8

序号	探测器类型＼场所或情形	感烟		感温			火焰		说明
		离子	光电	定温	差温	差定温	红外	紫外	
1	饭店、宾馆、教学楼、办公楼的厅堂、卧室、办公室等	○	○						厅堂、办公室、会议室、值班室、娱乐室、接待室等，灵敏度档次为中、低，可延时；卧室、病房、休息厅、衣帽室、展览室等，灵敏度档次为高
2	电子计算机房、通信机房、电影电视放映室等	○	○						这些场所灵敏度要高或高、中档次联合使用
3	楼梯、走道、电梯、机房等	○	○						灵敏度档次为高、中
4	书库、档案库	○	○						灵敏度档次为高
5	有电器火灾危险	○	○						早期热解产物，气溶胶微粒小，可用离子型；气溶胶微粒大，可用光电型
6	气温速度大于 5m/s	×	○						
7	相对湿度经常高于 95% 以上	×	○			○			根据不同要求也可选用定温或差温
8	有大量粉尘、水雾滞留	×	×	○		○			
9	有可能发生无烟火灾	×	×	○	○	○			根据具体要求选用
10	在正常情况下有烟和蒸汽滞留	×	×	○	○	○			
11	有可能产生蒸汽和油雾		×						

续表

序号	场所或情形	感烟		感温			火焰		说 明
		离子	光电	定温	差温	差定温	红外	紫外	
12	厨房、锅炉房、发电机房、茶炉房、烘干车间等			○		○			在正常高温环境下,感温探测器的额定动作温度值可定得高些,或选用高温感温探测器
13	吸烟室、小会议室等				○	○			若选用感烟探测器则应选低灵敏度档次
14	汽车库				○	○			
15	其他不宜安装感烟探测器的厅堂和公共场所	×	×	○	○	○			
16	可能产生阴燃火或者如发生火灾不及早报警将造成重大损失的场所	○	○	×	×	×			

序号	场所或情形	感烟		感温				火焰		说 明
		离子	光电	定温	差温	差定温	缆式	红外	紫外	
17	温度在0℃以下			×						
18	正常情况下,温度变化较大的场所				×					
19	可能产生腐蚀性气体	×								
20	产生醇类、醚类、酮类等有机物质	×								
21	可能产生黑烟		×							
22	存在高频电磁干扰		×							
23	银行、百货店、商场、仓库	○	○							
24	火灾时有强烈的火焰辐射							○	○	如:含有易燃材料的房间、飞机库、油库、海上石油钻井和开采平台;炼油裂化厂
25	需要对火焰作出快速反应							○	○	如:镁和金属粉末的生产,大型仓库、码头
26	无阴燃阶段的火灾							○	○	
27	博物馆、美术馆、图书馆	○	○					○	○	
28	电站、变压器间、配电室	○	○							
29	可能发生无焰火灾			.				×	×	

续表

序号	场所或情形	感烟		感温				火焰		说明
		离子	光电	定温	差温	差定温	缆式	红外	紫外	
30	在火焰出现前有浓烟扩散							×	×	
31	探测器的镜头易被污染							×	×	
32	探测器的"视线"易被遮挡							×	×	
33	探测器易受阳光或其他光源直接或间接照射							×	×	
34	在正常情况下有明火作业以及X射线、弧光等影响							×	×	
35	电缆隧道、电缆竖井、电缆夹层						○			发电厂、发电站、化工厂、钢铁厂
36	原料堆垛						○			纸浆厂、造纸厂、卷烟厂及工业易燃堆垛
37	仓库堆垛						○			粮食、棉花仓库及易燃仓库堆垛
38	配电装置、开关设备、变压器、电控中心						○			
39	地铁、名胜古迹、市政设施						○			
40	耐碱、防潮、耐低温等恶劣环境						○			
41	皮带运输机生产流水线和滑道的易燃部位						○			
42	控制室、计算机室的闷顶内、地板下及重要设施隐蔽处等						○			
43	其他环境恶劣不适合点型感烟探测器安装场所						○			

注：1. 符号说明：在表中"○"适合的探测器，应优先选用；"×"不适合的探测器，不应选用；空白，无符号表示，须谨慎使用。
2. 在散发可燃气体的场所宜选用可燃气体探测器，实现早期报警。
3. 对可靠性要求高，需要有自动联动装置或安装自动灭火系统时，采用感烟、感温、火焰探测器(同类型或不同类型)的组合。这些场所通常都是重要性很高，火灾危险性很大的。
4. 在实际使用时，如果在所列项目中找不到时，可以参照类似场所，如果没有把握或很难判定是否合适时，最好作燃烧模拟试验最终确定。
5. 下列场所可不设火灾探测器：
(1) 厕所，浴室等；
(2) 不能有效探测火灾者；
(3) 不便维修、使用(重点部位除外)的场所。

在工程实际中，在危险性大又很重要的场所即需设置自动灭火系统或设有联动装置的场所，均应采用感烟、感温、火焰探测器的组合。

线型探测器的适用场所如下。

(1) 下列场所宜选用缆式线型定温探测器：

1) 计算机室、控制室的闷顶内、地板下及重要设施隐蔽处等；
2) 开关设备、发电厂、变电站及配电装置等；
3) 各种皮带运输装置；
4) 电缆夹层、电缆竖井、电缆隧道等；
5) 其他环境恶劣不适合点型探测器安装的危险场所。

(2) 下列场所宜选用空气管线型差温探测器：

1) 不宜安装点型探测器的夹层、闷顶；
2) 公路隧道工程；
3) 古建筑；
4) 可能产生油类火灾且环境恶劣的场所；
5) 大型室内停车场；

(3) 下列场所宜选用红外光束感烟探测器：

1) 隧道工程；
2) 古建筑、文物保护的厅堂馆所等；
3) 档案馆、博物馆、飞机库、无遮挡大空间的库房等；
4) 发电厂、变电站等；

(4) 下列场所宜选用可燃气体探测器：

1) 煤气表房、煤气站以及大量存放液化石油气罐的场所；
2) 使用管道煤气或燃气的房屋；
3) 其他散发或积聚可燃气体和可燃液体蒸气的场所；
4) 有可能产生大量一氧化碳气体的场所，宜选用一氧化碳气体探测器。

2. 根据房间高度选探测器

由于各种探测器特点各异，其适用的房间高度也不尽一致，为了使选择的探测器能更有效地达到保护之目的，表2-9列举了几种常用的探测器对房间高度的要求，仅供学习及设计参考。

根据房间高度选探测器 表2-9

房间高度 h (m)	感烟探测器	感温探测器			火焰探测器
		一级	二级	三级	适合
$12 < h \leq 20$	不适合	不适合	不适合	不适合	适合
$8 < h \leq 12$	适合	不适合	不适合	不适合	适合
$6 < h \leq 8$	适合	适合	不适合	不适合	适合
$4 < h \leq 6$	适合	适合	适合	不适合	适合
$h \leq 4$	适合	适合	适合	适合	适合

高出顶棚的面积小于整个顶棚面积的10%，只要这一顶棚部分的面积不大于1只探

测器的保护面积,则该较高的顶棚部分同整个顶棚面积一样看待。否则,较高的顶棚部分应如同分隔开的房间处理。

在按房间高度选用探测器时,应注意这仅仅是按房间高度对探测器选用的大致划分,具体选用时尚需结合火灾的危险度和探测器本身的灵敏度档次来进行。如判断不准时,需作模拟试验后最终确定。

(二)探测器数量的确定

在实际工程中房间大小及探测区域大小不一,房间高度、棚顶坡度也各异,那么怎样确定探测器的数量呢?规范规定:探测区域内每个房间至少设置一只火灾探测器。一个探测区域内所设置探测器的数量应按下式计算:

$$N \geqslant \frac{S}{k \cdot A} \tag{2-3}$$

式中 N——一个探测区域内所设置的探测器的数量,单位用"只"表示,N 应取整数;

S——一个探测区域的地面面积(m^2);

A——探测器的保护面积(m^2),指一只探测器能有效探测的地面面积。由于建筑物房间的地面通常为矩形,因此,所谓"有效"探测器的地面面积实际上是指探测器能探测到的矩形地面的面积。探测器的保护半径 R(m)是指一只探测器能有效探测的单向最大水平距离;

k——称为安全修正系数。特级保护对象 k 取 0.7~0.8,一级保护对象 k 取 0.8~0.9,二级保护对象 k 取 0.9~1.0。

选取时根据设计者的实际经验,并考虑发生火灾对人和财产的损失程度、火灾危险性大小,疏散及扑救火灾的难易程度及对社会的影响大小等多种因素。

对于一个探测器而言,其保护面积和保护半径的大小与其探测器的类型,探测区域的面积,房间高度及屋顶坡度都有一定的联系。表 2-10 以两种常用的探测器反映了保护面积,保护半径与其他参量的相互关系。

感烟、感温探测器的保护面积和保护半径 表 2-10

火灾探测器的种类	地面面积 $S(m^2)$	房间高度 h(m)	探测器的保护面积 A 和保护半径 R					
			房顶坡度 θ					
			$\theta \leqslant 15°$		$15° < \theta \leqslant 30°$		$\theta > 30°$	
			$A(m^2)$	R(m)	$A(m^2)$	R(m)	$A(m^2)$	R(m)
感烟探测器	$S \leqslant 80$	$h \leqslant 12$	80	6.7	80	7.2	80	8.0
	$S > 80$	$6 < h \leqslant 12$	80	6.7	100	8.0	120	9.9
		$h \leqslant 6$	60	5.8	80	7.2	100	9.0
感温探测器	$S \leqslant 30$	$h \leqslant 8$	30	4.4	30	4.9	30	5.5
	$S > 30$	$h \leqslant 8$	20	3.6	30	4.9	40	6.3

另外,通风换气对感烟探测器的面积有影响,在通风换气房间,烟的自然蔓延方式受到破坏。换气越频,燃烧产物(烟气体)的浓度越低,部分烟被空气带走,导致探测器接受烟量的减少,或者说探测器感烟灵敏度相对地降低。常用的补偿方法有两种:一是压缩每只探测器的保护面积;二是增大探测器的灵敏度,但要注意防误报。感烟探测器的换气系

数如表 2-11 所列。可根据房间每小时换气次数(N),将探测器的保护面积乘以一个压缩系数。

感烟探测器的换气系数　　　　　　　　　　　　　　　　　　　　　表 2-11

每小时换气次数 N	保护面积的压缩系数	每小时换气次数 N	保护面积的压缩系数
$10<N\leqslant 20$	0.9	$40<N\leqslant 50$	0.6
$20<N\leqslant 30$	0.8	$50<N$	0.5
$30<N\leqslant 40$	0.7		

如设房间换气次数为 50 次/h,感烟探测器的保护面积为 $80m^2$,考虑换气影响后,探测器的保护面积为:$A=80\times 0.6=48m^2$

【例 2-1】 某高层教学楼的其中一个被划为一个探测区域的阶梯教室,其地面面积为 $30m\times 40m$,房顶坡度为 $13°$,房间高度为 $8m$,属于二级保护对象,试求:(1)应选用何种类型的探测器?(2)探测器的数量为多少只?

【解】 (1)根据使用场所从表 2-8 知选感烟或感温探测器均可,但按房间高度表 2-9 中可知,仅能选感烟探测器。

(2)由式(2-3)知,因属二级保护对象故 k 取 1,地面面积 $S=30m\times 40m=1200m^2>80m^2$,房间高度 $h=8m$,即 $6m<h\leqslant 12m$,房顶坡度 θ 为 $13°$ 即 $\theta\leqslant 15°$,于是根据 S、h、θ 查表 2-10 得:保护面积 $A=80m^2$,保护半径 $R=6.7m^2$

$$\therefore N=\frac{1200}{1\times 80}=15 只$$

由上例可知:对探测器类型的确定必须全面考虑。确定了类型,数量也就被确定了。那么数量确定之后如何布置及安装,在有梁等特殊情况下探测区域怎样划分?则是我们以下要解决的课题。

四、探测器的布置

探测器布置及安装的合理与否,直接影响保护效果。一般火灾探测器应安装在屋内吊顶表面或吊顶内部(没有吊顶棚的场合,安装在室内顶棚表面上)。考虑到维护管理的方便,其安装面的高度不宜超过 20m。

在布置探测器时,首先考虑安装间距如何确定,再考虑梁的影响及特殊场所探测器安装要求,下面分别叙之。

(一)安装间距的确定

1. 相关规范

(1)探测器周围 0.5m 内,不应有遮挡物(以确保探测效果)。

(2)探测器至墙壁、梁边的水平距离,不应小于 0.5m,如图 2-35 所示。

2. 安装间距的确定

探测器在房间中布置时,如果是多只探测器,那么两探测器的水平距离和垂直距离称安装间距,分别用 a 和 b 表示。

安装间距 a、b 的确定方法有如下五种:

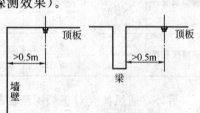

图 2-35　探测器在顶棚上安装时与墙或梁的距离

(1) 计算法。根据从表 2-10 中查得的保护面积 A 和保护半径 R，计算直径 $D=2R$ 值，根据所算 D 值大小对应保护面积 A 在图 2-36 曲线粗实线上即由 D 值所包围部分上取一点，此点所对应的数即为安装间距 a、b 值。注意实际应不大于查得的 a、b 值。具体布置后，再检验探测器到最远点水平距离是否超过了探测器的保护半径，如超过时应重新布置或增加探测器的数量。

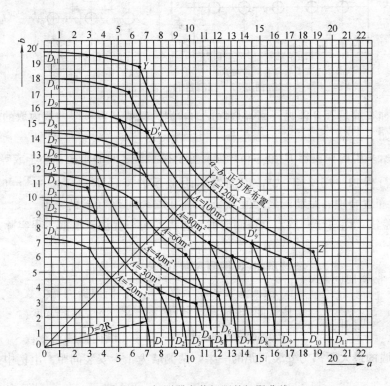

图 2-36 探测器安装间距的极限曲线

注： A——探测器的保护面积(m^2)；
a、b——探测器的安装间距(m)；
$D_1 \sim D_{11}$(含 D_9')——在不同保护面积 A 和保护半径 R 下确定探测器安装间距 a、b 的极限曲线；
Y、Z——极限曲线的端点(在 Y 和 Z 两点间的曲线范围内，保护面积可得到充分利用)。

图 2-36 曲线中的安装间距是以二维座标的极限曲线的形式给出的。即：给出感温探测器的 3 种保护面积($20m^2$、$30m^2$ 和 $40m^2$)及其 5 种保护半径($3.6m$、$4.4m$、$4.9m$、$5.5m$ 和 $6.3m$)所适宜的安装间距极限曲线 $D_1 \sim D_5$。

给出感烟探测器的 4 种保护面积($60m^2$、$80m^2$、$100m^2$ 和 $120m^2$)及其 6 种保护半径($5.8m$、$6.7m$、$7.2m$、$8.0m$ 和 $9.9m$)所适宜的安装间距极限曲线 $D_6 \sim D_{11}$(含 D_9')。

【例 2-2】 对例[2-1]中确定的 15 只感烟探测器的布置如下：

由已查得的 $A=80m^2$ 和 $R=6.7m$ 计算得：

$$D=2R=2\times 6.7=13.4m$$

根据 $D=13.4m$，由图 2-36 曲线中 D_7 上查得的 Y、Z 线段上选取探测器安装间距 a、b 的数值。并根据现场实际情况选取 $a=8m$，$b=10m$，其布置方式如图 2-37 所示。

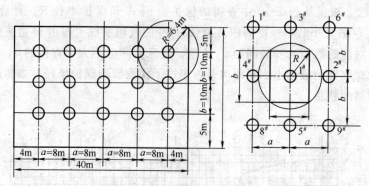

图 2-37 探测器的布置示例

那么这种布置是否合理呢？回答是肯定的，因为只要是在极限曲线内取的值一定是合理的。验证如下：

本例中所采用的探测器 $R=6.7m$，只要每个探测器之间的半径都小于或等于 6.7m 即可有效地进行保护。图 2-37 中，探测器间距最远的半径 $R=\sqrt{4^2+5^2}=6.4m$，小于 6.7m，显然布置合理。距墙的最大值为 5m，小于安装间距 10m 的一半。

（2）经验法：因对于一般点型探测器的布置为均匀布置法，根据工程实际总结计算法如下：

$$横向间距\ a=\frac{该房间（该探测区域）的长度}{横向安装间距个数+1}=\frac{该房间的长度}{横向探测器个数}$$

$$纵向间距\ b=\frac{该房间（该探测区域）的宽度}{纵向安装间距个数+1}=\frac{该房间的宽度}{纵向探测器个数}$$

因为距墙的最大距离为安装间距的一半，两侧墙为 1 个安装间距。上例中按经验法布置如下：

$$a=\frac{40}{4+1}=8m,\ b=\frac{30}{2+1}=10m$$

由此可见，这种方法不需要查表可非常方便地求出 a、b 值，然后与前布置相同就可以了。

另外，根据人们的实际工作经验，这里推荐由保护面积和保护半径决定最佳安装间距的选择表，供设计使用，如表 2-12 所列。

由保护面积和保护半径决定最佳安装间距选择表　　表 2-12

探测器种类	保护面积 $A(m^2)$	保护半径 R 的极限值 (m)	参照的极限曲线	最佳安装间距 a、b 及其保护半径 R 值 (m)									
				$a_1 \times b_1$	R_1	$a_2 \times b_2$	R_2	$a_3 \times b_3$	R_3	$a_4 \times b_4$	R_4	$a_5 \times b_5$	R_5
感温探测器	20	3.6	D_1	4.5×4.5	3.2	5.0×4.0	3.2	5.5×3.6	3.3	6.0×3.3	3.4	6.5×3.1	3.6
	30	4.4	D_2	5.5×5.5	3.9	6.1×4.9	3.9	6.7×4.8	4.1	7.3×4.1	4.2	7.9×3.8	4.4
	30	4.9	D_3	5.5×5.5	3.9	6.5×4.6	4.0	7.4×4.1	4.2	8.4×3.6	4.6	9.2×3.2	4.9
	30	5.5	D_4	5.5×5.5	3.9	6.8×4.4	4.0	8.1×3.7	4.5	9.4×3.2	5.0	10.6×2.8	5.5
	40	6.3	D_6	6.5×6.5	4.6	8.0×5.0	4.7	9.4×4.3	5.2	10.9×3.7	5.8	12.2×3.3	6.3

续表

探测器种类	保护面积 $A(m^2)$	保护半径 R 的极限值 (m)	参照的极限曲线	最佳安装间距 a、b 及其保护半径 R 值(m)									
				$a_1 \times b_1$	R_1	$a_2 \times b_2$	R_2	$a_3 \times b_3$	R_3	$a_4 \times b_4$	R_4	$a_5 \times b_5$	R_5
感烟探测器	60	5.8	D_5	7.7×7.7	5.4	8.3×7.2	5.5	8.8×6.8	5.6	9.4×6.4	5.7	9.9×6.1	5.8
	80	6.7	D_7	9.0×9.0	6.4	9.6×8.3	6.3	10.2×7.8	6.4	10.8×7.4	6.5	11.4×7.0	6.7
	80	7.2	D_8	9.0×9.0	6.4	10.0×8.0	6.4	11.0×7.3	6.6	12.0×6.7	6.9	13.0×6.1	7.2
	80	8.0	D_9	9.0×9.0	6.4	10.6×7.5	6.5	12.1×6.6	6.9	13.7×5.8	7.4	15.4×5.3	8.0
	100	8.0	D_9	10.0×10.0	7.1	11.1×9.0	7.1	12.2×8.2	7.3	13.3×7.5	7.6	14.4×6.9	8.0
	100	9.0	D_{10}	10.0×10.0	7.1	11.8×8.5	7.3	13.5×7.4	7.7	15.3×6.5	8.3	17.0×5.9	9.0
	120	9.9	D_{11}	11.0×11.0	7.8	13.0×9.2	8.0	14.9×8.1	8.5	16.9×7.1	9.2	18.7×6.4	9.9

在较小面积的场所($S \leq 80m^2$)时，探测器尽量居中布置，使保护半径较小，探测效果较好。

【例 2-3】 某锅炉房地面长为 20m，宽为 10m，房顶高度为 7.5m，房顶坡度为 12°，属于二级保护对象。试：(1)选探测器类型；(2)确定探测器数量；(3)进行探测器的布置。

【解】 1. 由表 2-8 查得应选用感温探测器；

2. $N \geq \dfrac{S}{k \cdot A} = \dfrac{20 \times 10}{1 \times 20} = 10(只)$

由表 2-10 查得 $A = 20m^2$，$R = 3.6m$；

3. 布置

采用经验法布置：

横向间距 $a = \dfrac{20}{5} = 4m$，$a_1 = 2m$

纵向间距 $b = \dfrac{10}{2} = 5m$，$b_1 = 2.5m$

布置如图 2-38 所示。

可见满足要求，布置合理。

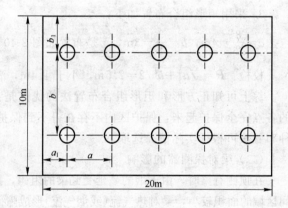

图 2-38 锅炉房探测器布置示意

(3) 查表法：所谓查表法是根据探测器种类和数量直接从表 2-12 中查得适当的安装间距 a 和 b 值，布置既可。

(4) 正方形组合布置法：这种方法是安装间距 $a = b$，且完全无"死角"，但使用时受到房间尺寸及探测器数量多少的约束，很难合适。

【例 2-4】 某学院吸烟室地面面积为 $9m \times 13.5m$，房间高度为 3m，平顶棚，属于二级保护对象，试：(1)确定探测器类型；(2)求探测器数量；(3)进行探测器布置。

【解】 1. 由表 2-8 查得应选感温探测器；

2. k 取 1，由表 2-10 查得 $A = 20m^2$，$R = 3.6m$

$N = \dfrac{9 \times 13.5}{1 \times 20} = 6.075$ 只，取 6 只（因有些厂家，产品 k 可取 $1 \sim 1.2$，取 6 只布置方便）；

3. 布置：采用正方形组合布置法，从表 2-12 中查得 $a = b = 4.5m$（基本符合本题各方

51

面要求），布置如图 2-39 所示。

校检：$R=\sqrt{a^2+b^2}/2=3.18m$

小于 3.6m，合理。

本题是将查表法和正方形组合布置法混合使用的。如果不采用查表法怎样得到 a 和 b 呢？

$$a=\frac{房间长度}{横向探测器个数}$$

$$b=\frac{房间宽度}{纵向探测器个数}$$

如果恰好 $a=b$ 时可采用正方形组合布置法。

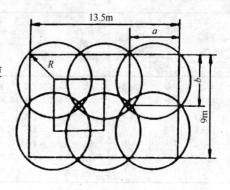

图 2-39　正方形组合布置法

（5）矩形组合布置法：具体作法是，当求得探测器的数量后，用正方形组合布置法的 a、b 求法公式计算，如 $a\neq b$ 时可采用矩形组合布置法。

【例 2-5】　某开水间地面面积为 3m×8m，平顶棚，属特级保护建筑，房间高度为 2.8m，试：(1)确定探测器类型；(2)求探测器数量；(3)布置探测器。

【解】　1. 由表 2-8 查得应选感温探测器；

2. 由表 2-10 查得 $A=30m^2$，$R=4.4m$，

取 $k=0.7$，$N=\frac{8\times 3}{0.7\times 30}=1.1$ 只，取 2 只；

3. 采用矩形组合布置如下：

$a=\frac{8}{2}=4m$，$b=\frac{3}{1}=3m$，于是布置如图 2-40 所示。

校检：$R=\sqrt{a^2+b^2}/2=2.5m$，小于 4.4m，满足要求。

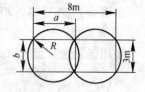

图 2-40　矩形组合布置法

综上可知正方形和矩形组合布置法的优点是：可将保护区的各点完全保护起来，保护区内不存在得不到保护的"死角"，且布置均匀美观。上述五种布置法可根据实际情况选取。

（二）梁对探测器的影响

在顶棚有梁时，由于烟的蔓延受到梁的阻碍，探测器的保护面积会受梁的影响。如果梁间区域的面积较小，梁对热气流(或烟气流)形成障碍，并吸收一部分热量，因而探测器的保护面积必然下降。梁对探测器的影响如图 2-41 及表 2-13 所示。查表可以决定一只探测器能够保护的梁间区域的个数，减少了计算工作量。按图 2-41 规定，房间高度在 5m 以下，感烟探测器在梁高小于 200mm 时，无须考虑其梁的影响；房间高度在 5m 以上，梁高大于 200mm 时，探测器的保护面积受房高的影响，可按房间高度与梁高的线性关系考虑。

按梁间区域面积确定一只探测器能够保护的梁间区域的个数　　　表 2-13

探测器的保护面积 $A(m^2)$		梁隔断的梁间区域面积 $Q(m^2)$	一只探测器保护的梁间区域的个数
感温探测器	20	$Q>12$	1
		$8<Q\leq 12$	2
		$6<Q\leq 8$	3
		$4<Q\leq 6$	4
		$Q\leq 4$	5

续表

探测器的保护面积 $A(m^2)$		梁隔断的梁间区域面积 $Q(m^2)$	一只探测器保护的梁间区域的个数
感温探测器	30	$Q>18$	1
		$12<Q\leqslant18$	2
		$9<Q\leqslant12$	3
		$6<Q\leqslant9$	4
		$Q\leqslant6$	5
感烟探测器	60	$Q>36$	1
		$24<Q\leqslant36$	2
		$18<Q\leqslant24$	3
		$12<Q\leqslant18$	4
		$Q\leqslant12$	5
	80	$Q>48$	1
		$32<Q\leqslant48$	2
		$24<Q\leqslant32$	3
		$16<Q\leqslant24$	4
		$Q\leqslant10$	5

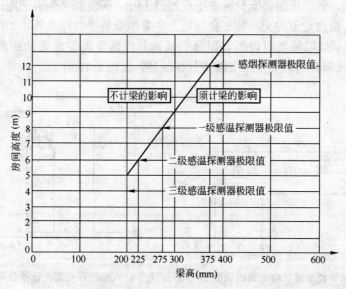

图 2-41　不同高度的房间梁对探测器设置的影响

由图 2-41 可查得三级感温探测器房间高度极限值为 4m，梁高限度 200mm，二级感温探测器房间高度极限值为 6m，梁高限度为 225mm，一级感温探测器房间极限值为 8m，梁高限度为 275m；感烟探测器房间高度极限值为 12m，梁高限度为 375mm。在线性曲线左边部分均无须考虑梁的影响。

可见当梁突出顶棚的高度在 200～600mm 时，应按图 2-41 和表 2-13 确定梁的影响和一只探测器能够保护的梁间区域的数目；当梁突出顶棚的高度超过600mm时，被梁阻断的部分需单独划为一个探测区域，即每个梁间区域应至少设置一只探测器。

当被梁阻断的区域面积超过一只探测器的保护面积时，则应将被阻断的区域视为一个探测区域，并应按规范有关规定计算探测器的设置数量。探测区域的划分如图2-42所示。

当梁间净距小于1m时，可视为平顶棚。

如果探测区域内有过梁，定温型感温探测器安装在梁上时，其探测器下端到安装面必须在0.3m以内，感烟型探测器安装在梁上时，其探测器下端到安装面必须在0.6m以内，如图2-43所示。

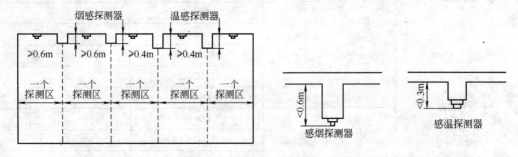

图2-42 探测区域的划分　　　图2-43 探测器在梁下端安装时至顶棚的尺寸

（三）探测器在一些特殊场合安装时的注意事项

（1）在宽度小于3m的内走道的顶棚设置探测器时应居中布置，感温探测器的安装间距不应超过10m，感烟探测器安装间距不应超过15m，探测器至端墙的距离，不应大于安装间距的一半，在内走道的交叉和汇合区域上，必须安装1只探测器，如图2-44所示。

（2）房间被书架贮藏架或设备等阻断分隔，其顶部至顶棚或梁的距离小于房间净高5%时，则每个被隔开的部分至少安装一只探测器，如图2-45所示。

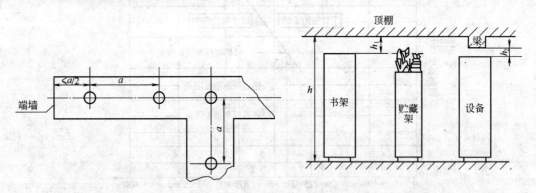

图2-44 探测器布置在内走道的顶棚上　　　图2-45 房间有书架，设备分隔时，探测器设置
$h_1 \geqslant 5\% h$ 或 $h_2 \geqslant 5\% h$

【例】　如果书库地面面积为40m²，房间高度为3m，内有两书架分别安在房间，书架高度为2.9m，问应选用几只感烟探测器？

房间高度减去书架高度等于0.1m，为净高的3.3%，可见书架顶部至顶棚的距离小于房间净高5%，所以应选用3只探测器。即每个被隔开的部分均应放一只探测器。

（3）在空调房间内，探测器应安装在离送风口1.5m以上的地方，离多孔送风顶棚孔口的距离不应小于 0.5m，如图 2-46 所示。

（4）楼梯或斜坡道至少垂直距离每 15m（Ⅲ级灵敏度的火灾探测器为 10m）应安装一只探测器。

（5）探测器宜水平安装，如需倾斜安装时，角度不应大于 45°，当屋顶坡度大于 45°时，应加木台或类似方法安装探测器，如图 2-47 所示。

（6）在电梯井、升降机井设置探测器时，未按每层封闭的管道井（竖井）等处，其位置宜在井道上方的机房顶棚上，如图 2-48 所示。这种设置既有利于井道中火灾的探测，又便于日常检验维修。因为通常在电梯井、升降机井的提升井绳索的井道盖上有一定的开口，烟会顺着井绳冲到机房内部，为尽早探测火灾，规定用感烟探测器保护，且在顶棚上安装。

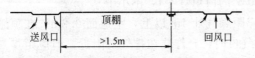

图 2-46　探测器装于有空调房间时的位置示意

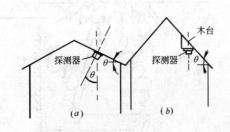

图 2-47　探测器安装角度

(a) $\theta < 45°$；(b) $\theta > 75°$时

(θ 为屋顶的法线与垂直方向的交角)

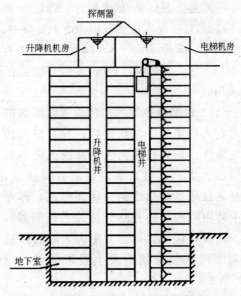

图 2-48　探测器在井道上方机房顶棚上的设置

（7）当房屋顶部有热屏障时，感烟探测器下表面距顶棚的距离应符合表 2-14 所列。

感烟探测器下表面距顶棚（或屋顶）的距离　　　　　　表 2-14

探测器的安装高度 h(m)	感烟探测器下表面距顶棚（或屋顶）的距离 d(mm)					
	$\theta \leqslant 15°$		$15° < \theta \leqslant 30°$		$\theta > 30°$	
	最小	最大	最小	最大	最小	最大
$h \leqslant 6$	30	200	200	300	300	500
$6 < h \leqslant 8$	70	250	250	400	400	600
$8 < h \leqslant 10$	100	300	300	500	500	700
$10 < h \leqslant 12$	150	350	350	600	600	800

（8）顶棚较低（小于 2.2m）、面积较小（不大于 10m²）的房间，安装感烟探测器时，宜设置在入口附近。

（9）在楼梯间、走廊等处安装感烟探测器时，宜安装在不直接受外部风吹入的位置处。安装光电感烟探测器时，应避开日光或强光直射的位置。

(10) 在浴室、厨房、开水房等房间连接的走廊，安装探测器时，应避开其入口约 1.5m。

(11) 安装在顶棚上的探测器边缘与下列设施的边缘水平间距，宜保持在：

与电风扇，不小于 1.5m；

与自动喷水灭火喷头，不小于 0.3m；

与防火卷帘、防火门，一般在 1～2m 的适当位置；

与多孔送风顶棚孔口，不小于 0.5m；

与不突出的扬声器，不小于 0.1m；

与照明灯具不小于 0.2m；

与高温光源灯具(如碘钨灯、容量大于 100W 的白炽灯等)，不小于 0.5m。

(12) 对于煤气探测器，在墙上安装时，应距煤气灶 4m 以上，距地面 0.3m；在顶棚上安装时，应距煤气灶 8m 以上；当屋内有排气口时，允许装在排气口附近，但应距煤气灶 8m 以上，当梁高大于 0.8m 时，应装在煤气灶一侧；在梁上安装时，与顶棚的距离小于 0.3m。

(13) 探测器在厨房中的设置：饭店的厨房常有大的煮锅、油炸锅等，具有很大的火灾危险性，如果过热或遇到高的火灾荷载更易引起火灾。定温式探测器适宜厨房使用，但是应预防煮锅喷出的一团团蒸汽，即在顶棚上使用隔板可防止热气流冲击探测器，以减少或根除误报。而当发生火灾时的热量足以克服隔板使探测器发生报警信号，如图 2-49 所示。

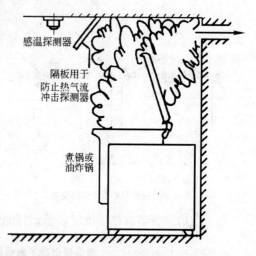

图 2-49 感温探测器在厨房中布置

(14) 探测器在带有网格结构的吊装顶棚场所的设置。在宾馆等较大空间场所，有带网格或格条结构的轻质吊装顶棚，起到装饰或屏蔽作用。这种吊装顶棚允许烟进入其内部，并影响烟的蔓延，在此情况下设置探测器应谨慎处理。

1) 如果至少有一半以上网格面积是通风的，可把烟的进入看成是开放式的。如果烟可以充分地进入顶棚内部，则只在吊装顶棚内部设置感烟探测器，探测器的保护面积除考虑火灾危险性外，仍按保护面与房间高度的关系考虑，如图 2-50 所示。

2) 如果网格结构的吊装顶棚开孔面积相当小(一半以上顶棚面积被覆盖)，则可看成是封闭式顶棚，在顶棚上方和下方空间须单独地监视。尤其是当阴燃火发生时，产生热量极少，不能提供充足的热气流推动烟的蔓延，烟达不到顶棚中的探测器，此时可采取二级探测方式，如图 2-51 所示。在吊装顶棚下方装光电感烟探测器对阴燃火响应较好。在吊装顶棚上方，采用离子感烟探测器，对明火响应较好。每只探测器的保护面积仍按火灾危险度及地板和顶棚之间的距离确定。

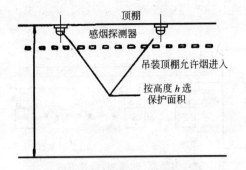
图 2-50 探测器在吊装顶棚中定位

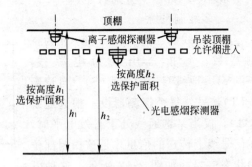
图 2-51 吊装顶棚探测阴燃火的改进方法

(15) 下列场所可不设置探测器：

厕所、浴室及其类似场所；

不能有效探测火灾的场所；

不便维修、使用(重点部位除外)的场所。

关于线型红外光束感烟探测器、热敏电缆线型探测器、空气管线型差温探测器的布置与上述不同，具体情况在安装中阐述。

五、探测器线制

随着消防业的发展，探测器的接线形式变化很快，即从多线向少线至总线发展，给施工、调试和维护带来了极大的方便。我国采用的线制有四线、三线、两线制及四总线、二总线制等几种。对于不同厂家生产的不同型号的探测器其接线形式也不一样，从探测器到区域报警器的线数也有很大差别。

（一）火灾自动报警系统的技术特点

火灾自动报警系统包括四部分：火灾探测器、配套设备(中继器、显示器、模块总线隔离器、报警开关等)、报警控制器及长线，这就形成了系统本身的技术特点。

(1) 系统必须保证长期不间断地运行，在运行期间不但发生火情能报警到探测点，而且应具备自判断系统设备传输线断路、短路、电源失电等状况的能力，并给出有区别的声光报警，以确保系统的高可靠性。

(2) 探测部位之间的距离可以从几米至几十米。控制器到探测部位间可以从几十米到几百米、上千米。一台区域报警控制器可带几十或上百只探测器，有的通用控制器做到了带 500 个探测点，甚至上千个。无论什么情况，都要求将探测点的信号准确无误地传输到控制器去。

(3) 系统应具有低功耗运行性能。探测器对系统而言是无源的，它只是从控制器上获取正常运行的电源。探测器的有效空间是狭小有限的，要求设计时电子部分必须是简练的。探测器必须低功耗，否则给控制器供电带来问题，也就是给控制探测点的容量带来限制。主电源失电时，应有备用电源可连续供电 8h，并在火警发生后，声光报警能长达 50min，这就要求控制器亦应低功耗运行。

（二）火灾自动报警系统的线制

从上述技术特点看出，线制对系统是相当重要的。这里说的线制是指探测器和控制器间的长线数量。更确切地说，线制是火灾自动报警系统运行机制的体现。按线制分，火灾自动报警系统有多线制和总线制之分。多线制目前基本不用，但已运行的工程大部分为多线制系统,因此以下分别叙述。

1. 多线制系统

(1) 四线制:即 $n+4$ 线制(n 为探测器数,4 指公用线为电源线,+24V)、地线 G、信号线(S)、自诊断线(T),另外每个探测器设一根选通线(ST)。仅当某选通线处于有效电平时,在信号线上传送的信息才是该探测部位的状态信号,如图 2-52 所示。这种方

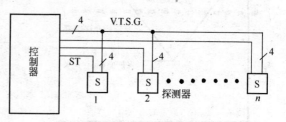

图 2-52 多线制(四线制)接线方式

式的优点是探测器的电路比较简单,供电和取信息相当直观,但缺点是线多,配管直径大,穿线复杂,线路故障也多,故已不用。

(2) 两线制:也称 $n+1$ 线制,即一条公用地线,另一条则承担供电、选通信息与自检的功能,这种线制比四线制简化得多,但仍为多线制系统。

探测器采用两线制时,可完成:电源供电故障检查、火灾报警、断线报警(包括接触不良,探测器被取走)等功能。

火灾探测器与区域报警器的最少接线是:$n+n/10$,其中 n 为占用部位号的线数,即探测器信号线的数量,$n/10$(小数进位取整数)为正电源线数(采用红色导线),也就是每 10 个部位合用一根正电源线。

另外也可以用另一种算法,即 $n+1$,其中 n 为探测器数目(准确地说是房号数),如探测器数 $n=50$,则总线为 51 根。

前一种计算方法是 $50+50/10=55$ 根,这是已进行了巡检分组的根数,与后一种分组是一致的。

每个探测器各占一个部位时的接线方法。

例如有 10 只探测器,占 10 个部位,无论采用哪种计算方法其接线及线数均相同,如图 2-53 所示。

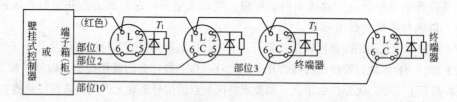

图 2-53 探测器各占一个部位时的接线方法

在施工中应注意:为保证区域控制器的自检功能,布线时每根连接底座 L1 的正电源红色导线,不能超过十个部位数的底座(并联底座时作为一个看待)。

每台区域报警器容许引出的正电源线数为 $n/10$(小数进位取整数),n 为区域控制器的部位数。当碰到管道较多时,要特别注意这一情况,以便 10 个部位分成一组,有时某些管道要多放一根电源正线,以利编组。

探测器底座安装好并确定接线无误后,将终端器接上。然后用小塑料袋罩紧,防止损坏和污染,待装上探测器时才除去塑料罩。

终端器为一个半导体硅二极管（2CK 或 2CZ 型）和一个电阻并联。安装时注意二极管负极接+24V 端子或底座 L2 端。其终端电阻值大小不一，一般取 5～36kΩ 之间。凡是没有接探测器的区域控制器的空位，应在其相应接线端子上接上终端器。如设计时有特殊要求可与厂家联系解决。

探测器的并联：同一部位上，为增大保护面积，可以将探测器并联使用，这些并联在一起的探测器仅占用一个部位号。不同部位的探测器不宜并联使用。

如比较大的会议室，使用一个探测器保护面积不够，假如使用 3 个探测器并联才能满足时，则这 3 个探测器中的任何一个发出火灾信号时，区域报警器的相应部位信号灯燃亮，但无法知道哪一个探测器报警，需要现场确认。

某些同一部位但情况特殊时，探测器不应并联使用。如大仓库，由于货物堆放较高，当探测器发生火灾信号后，到现场确认困难。所以从使用方便，准确角度看，应尽量不使用并联探测器为好。不同的报警控制器所允许探测器并联的只数也不一样，如 JB-O$_B^T$—10～50—101 报警控制器只允许并联 3 只感烟探测器和 7 只感温探测器；JB-Q$_B^T$—10～50—101A 允许并联感烟、感温探测器分别为 10 个。

探测器并联时，其底座配线是串联式配线连接，这样可以保证取走任何一只探测器时，火灾报警控制器均能报出故障。当装上探测器后，L1 和 L2 通过探测器连接起来，这时对探测器来说就是并联使用了。

探测器并联时，其底座应依次接线，如图 2-54 所示。不应有分支线路，这样才能保证终端器接在最后一只底座的 L2-L5 两端，以保证火灾报警控制器的自检功能。

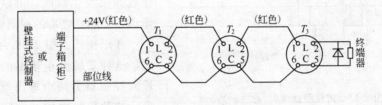

图 2-54 探测器并联时的接线图

探测器的混联：在实际工程仅用并联和仅单个联接的情况很少，大多是混联，如图 2-55 所示。

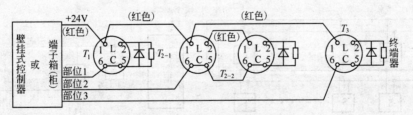

图 2-55 探测器混合联接

2. 总线制系统

采用地址编码技术，整个系统只用几根总线，建筑物内布线极其简单，给设计、施工及维护带来了极大的方便，因此被广泛采用。值得注意的是：一旦总线回路中出现短路问题，则整个回路失效，甚至损坏部分控制器和探测器，因此为了保证系统正常运行和免受损失,必须采取短路隔离措施,如分段加装短路隔离器。

(1) 四总线制:如图 2-56 所示。四条总线为:P 线给出探测器的电源、编码、选址信号;T 线给出自检信号以判断探测部位传输线是否有故障;控制器从 S 线上获得探测部位的信息;G 为公共地线。P、T、S、G 均为并联方式连接,S 线上的信号对探测部位而言是分时的,从逻辑实现方式上看是"线或"逻辑。

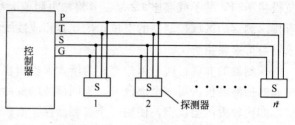

图 2-56 四总线制连接方式

由图可见,从探测器到区域报警器只用四根全总线,另外一根 V 线为 DC24V,也以总线形式由区域报警控制器接出来,其他现场设备也可使用(见后述)。这样控制器与区域报警器的布线为 5 线,大大简化了系统,尤其是在大系统中,这种布线优点更为突出。

(2) 二总线制:是一种最简单的接线方法,用线量更少,但技术的复杂性和难度也提高了。二总线中的 G 线为公共地线,P 线则完成供电、选址、自检、获取信息等功能。目前,二总线制应用最多,新型智能火灾报警系统也建立在二总线的运行机制上。二总线系统有树枝型、环型、链式及混合型几种。

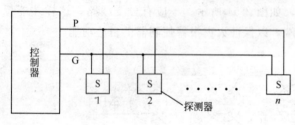

图 2-57 树枝型接线(二总线制)

树枝型接线:如图 2-57 为树枝型接线方式,这种方式应用广泛,这种接线如果发生断线,可以报出断线故障点,但断点之后的探测器不能工作。

环形接线:图 2-58 为环形接线方式。这种系统要求输出的两根总线再返回控制器另两个输出端子,构成环形。这种接线方式如中间发生断线不影响系统正常工作。

链式接线:如图 2-59 所示,这种系统的 P 线对各探测器是串联的,对探测器而言,变成了三根线,而对控制器还是两根线。

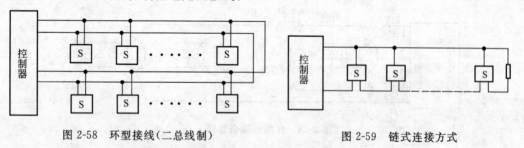

图 2-58 环型接线(二总线制)　　　图 2-59 链式连接方式

第三节 现场模块及其配套设备

近年来,新技术、新工艺的应用,使消防电子产品更新周期不断缩短。随着消防产品的不断更新换代,不同厂家、不同系列的产品在实际应用中其配套设备各异,但其基本种类及功能相同,下面仅就一些常用的配套设备进行介绍。

一、手动报警按钮(亦称手动报警开关)

（一）手动报警按钮的分类及应用原理

1. 分类

手动报警按钮分成两种,一种为不带电话插孔,另一种为带电话插孔。智能型手动报警按钮有手持电子编码器。不带电话插孔的手动报警按钮为红色全塑结构,分底盒与上盖两部分,其外形如图 2-60 所示。带电话插孔的手动报警按钮外形如图 2-61 所示。手持编码器的开关状态及真值值如表 2-15 所示。手动报警按钮设置在公共场所如走廊、楼梯口及人员密集的场所。

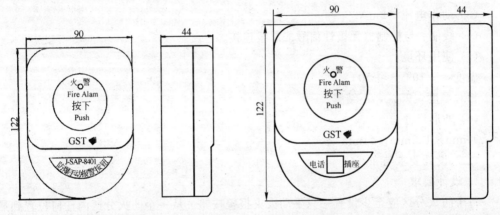

图 2-60 不带电话插孔手动报警按钮外形示意图　　图 2-61 带电话插孔手动报警按钮外形示意图

消防按钮编码开关编址方式示例　　表2-15

n 次幂数	0	1	2	3	4	5	6
拨码 ON=1 ↕ 状态 OFF=0							
2^n 值	1	2	4	8	16	32	64
真值表	0	0	0	1	1	1	0
二一十加权运算	$0\times 2^0+0\times 2^1+0\times 2^2+1\times 2^3+1\times 2^4+1\times 2^5+0\times 2^6$							
十进制地址码	$0\times 1+0\times 2+0\times 4+1\times 8+1\times 16+1\times 32+0\times 64=56$							

注:表中地址号为56。

2. 作用原理

手动报警按钮安装在公共场所,当人工确认为火灾发生时,按下按钮上的有机玻璃片,可向控制器发出火灾报警信号,控制器接收到报警信号后,显示出报警按钮的编号或位置,并发出报警音响。手动报警按钮和前面介绍的各类编码探测器一样,可直接接到控制器总线上。

J—SAP—8401型不带插孔智能编码手动报警按钮具有以下特点：

（1）采用无极性信号二总线，其地址编码可由手持电子编码器在1～242之间任意设定。

（2）采用拔插式结构设计，安装简单方便；按钮上的有机玻璃片在按下后可用专用工具复位。

（3）按下手动报警按钮玻璃片，可由按钮提供额定DC60V/100mA无源输出触点信号，可直接控制其他外部设备。

3. 主要技术指标

（1）工作电压：总线24V

（2）监视电流≤0.8mA

（3）动作电流≤2mA

（4）线制：与控制器无极性信号二总线连接

（5）使用环境：

温度：-10℃～+50℃

相对湿度≤95%，不结露

（6）外形尺寸：

90mm×122mm×44mm

（二）设计要求与布线

1. 设计要求

每个防火分区应至少设置一只手动火灾报警按钮。从一个防火分区内任何位置到最邻近的一只手动火灾报警按钮的距离不应大于30m。手动报警按钮宜设置在公共活动场所的出入口处，设置在明显的和便于操作的部位。当安装在墙上时，其底边距地高度宜为1.3～1.5m，且应有明显标志。安装时应牢固，不应倾斜，外接导线应留不小于10cm的余量。

2. 布线要求

手动报警按钮接线端子如图2-62及图2-63所示。

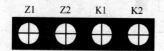
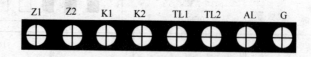

图2-62 手动报警按钮　　　　　　图2-63 手动报警按钮
（不带插孔）接线端子示意　　　（带消防电话插孔）接线端子示意

图2-62中各端子的意义为：

Z1、Z2：无极性信号二总线端子；

K1、K2：无源常开输出端子；

布线时：Z1、Z2采用RVS双绞线，导线截面≥1.0mm²。

图2-63中各端子的意义为：

Z1、Z2：与控制器信号二总线连接的端子；

K1、K2：DC24V 进线端子及控制线输出端子，用于提供直流 24V 开关信号；

TL1、TL2：与总线制编码电话插孔或多线制电话主机连接的音频接线端子；

AL、G：与总线制编码电话插孔连接的报警请求线端子；

布线时：信号 Z1、Z2 采用 RVS 双绞线，截面积≥$1.0mm^2$；消防电话线 TL1、TL2 采用 RVVP 屏蔽线，截面积≥$1.0mm^2$；报警请求线 AL、G 采用 BV 线，截面积≥$1.0mm^2$。

二、消火栓报警按钮

消火栓报警按钮为火灾时启动消防水泵的设备，如图 2-64 所示。过去大部分采用小锤称敲击按钮，现在一般为有机玻璃片常简称为消报。其外形图与手动报警按钮类似。

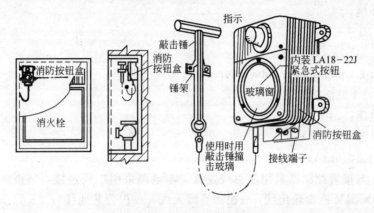

图 2-64 带小锤的消防按钮

（一）消防报警按钮的原理及主要技术指标

1. 原理

目前消防按钮有总线型和多线型两种，这里以海湾产品为例加以说明。LD-8403 型智能型消防按钮为编码型，可直接接入控制器总线，占一个地址编码。按钮表面装有一有机玻璃片，当启用消火栓时，可直接按下玻璃片，此时按钮的红色指示灯亮，表明已向消防控制室外发出了报警信息，控制器在确认了消防水泵已启动运行后，就向消火栓报警按钮发出命令信号点亮泵运行指示灯。消火栓报警按钮上的泵运行指示灯，既可由控制器点亮，也可由泵控制箱引来的指示泵运行状态的开关信号点亮，可根据具体设计要求来选用。

本按钮可电子编码，密封及防水性能优良，安装调试简单、方便。按钮还带有一对常开输出控制触点，可用来做直接启泵开关。

LD-8404 型为智能编码消防按钮。可直接接入海湾公司生产的各种火灾报警控制器或联动控制器，编码采用电子编码方式，编码范围在 1～242 之间，可通过电子编码器在现场进行设定。按钮有两个指示灯，红色指示灯为火警指示，当按钮按下时点亮；绿色指示灯为动作指示灯，当现场设备动作后点亮。本按钮具有 DC24V 有源输出和现场设备无源回答输入，采用三线制与设备连接，可完成对设备的启动及监视功能，此方式可独立于控制器。

2. 主要技术指标

（1）LD-8403 型消防按钮：

1) 工作电压：总线 24V；

2) 监视电流≤0.8mA；

3) 报警电流≤2mA；

4) 线制：消火栓报警按钮与控制器信号二总线连接，若需实现直接启泵控制及由泵控制箱动作点亮泵运行指示灯，需将消火栓报警按钮与泵控制箱用三总线连接；

5) 动作指示灯：

红色：报警按钮按下时此灯亮；

绿色：消防水泵运行时此灯亮；

6) 动作触点：无源常开触点，容量为 DC60V、0.1A，可用于直接启泵控制；

7) 使用环境：

温度：$-10\sim+50$℃；

相对湿度≤95%，不结露。

8) 外形尺寸：90mm×122mm×44mm

（2）LD-8404 型消防按钮

1) 工作电压：24V；

2) 监视电流≤0.5mA；

3) 报警电流≤5mA；

4) 线制：与报警控制器采用二总线连接，与电源采用二线连接，与消防泵采用三线制连接（一根 DC24V 有源输出线，一根回答输入线，一根公共地线）；

5) 使用环境：

温度：$-10\sim+50$℃；

相对湿度≤95%，不结露。

（二）布线及应用示例

这里仅介绍总线制与多线制的示例。

1. LD-8403 型智能编码消火栓报警按钮的应用（总线制）

LD-8403 型消防按钮接线端子示意如图2-65。

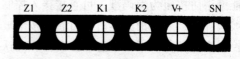

图 2-65　LD-8403 型消防按钮接线端子示意

其中：

Z1、Z2：与控制器信号二总线连接的端子，不分极性；

K1、K2：无源常开触点，用于直接启泵控制时，需外接 24V 电源；

V+、SN：DC24V 有源回答信号，接泵控制箱，连接此端子可实现泵控制箱动作直接点亮泵运行指示灯。

布线要求：信号总线 Z1、Z2 采用 RVS 型双绞线，截面积≥1.0mm²；控制线 K1、K2 及回答线 V+、SN 采用 BV 线，截面积≥1.5mm²。

总线制启泵方式应用示例：图 2-66 所示为消火栓报警按钮直接和信号二总线连接的总线方式。按下消防按钮，向报警器发出报警信号，控制器发出启泵命令并确认泵已启动后，点亮按钮上的信号运行灯。采用直接启泵方式需要向泵控制箱及报警按钮提供 DC24V 电源线。

2. LD-8404 型（海湾产品）智能型消火栓报警按钮多线制启泵方式（四线制）

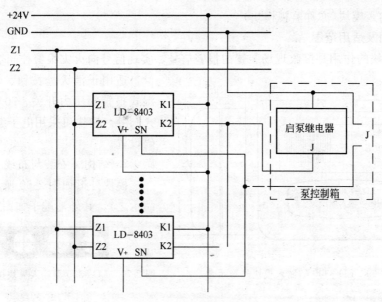

图 2-66 总线制方式

LD-8404 消防按钮接线端子示意如图 2-67 所示。

其中：

Z1、Z2：接控制器二总线，无极性；

24V、G：接直流 24V，有极性；

O、G：有源 DC24V 输出；

I、G：无源回答输入。

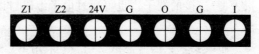

图 2-67 LD-8404 消防按钮接线端子示意

布线要求：信号 Z1、Z2 采用 RVS 型双绞线，截面积 $\geq 1.0 mm^2$；电源线 24V，G 采用 BV 线，截面积 $\geq 1.5 mm^2$。

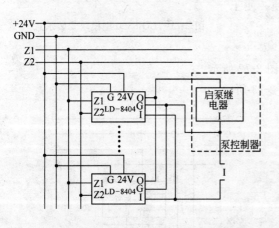

图 2-68 LD-8404 型消防按钮多线制启泵

LD-8404 按钮可采用总线启泵方式，参见图 2-66。也可采用多线制启泵方式，如图 2-68 所示。

这种方式中，消火栓报警按钮按下，O、G 端输出 DC24V 电源，可直接控制消防泵的启动，泵运行后，泵控制箱上的无源动作触点信号通过 I、G 端返回消火栓报警按钮，可以点亮消火栓按钮上的泵运行指示灯。

注：当设备启动电流较大时，应增加大电流切换模块(LD-8302)进行转换。

其外形尺寸和安装方法与手动报警按钮相同。

三、现场模块

现场模块可分为各种不同形式，下面分别阐述。

（一）输入模块（亦称监视模块）

1. 作用及适用范围

输入模块的作用是接收现场装置的报警信号，实现信号向火灾报警控制器的传输。适用于消火栓按钮、水流指示器、湿式报警阀压力开关、70℃或280℃防火阀等。模块可采用电子编码器完成编码设置。

2. 结构、安装与布线

模块外形如图2-69所示（以海湾产品之），其外形端子如图2-70所示。

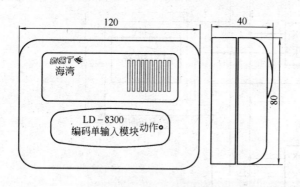

图2-69 LD-8300型输入模块外形示意

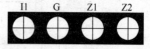

图2-70 LD-8300型输入模块接线端子示意

其中：

Z1、Z2：与控制器信号二总线连接的端子；

I1、G：与设备的无源常开触点（设备动作闭合报警型）连接的端子，也可通过电子编码器设置常闭输入。

布线要求：信号总线Z1、Z2采用RVS型双绞线，截面积$\geq 1.0 mm^2$；I1、G采用RV软线，截面积$\geq 1.0 mm^2$。

本模块采用明装，一般是墙上安装，当进线管预埋时，可将底盒安装在86H50型预埋盒上，底盒与盖间采用拔插式结构安装，拆卸简单方便，便于调试维修。具体安装如图2-71所示。

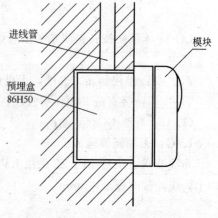

图2-71 LD-8300型模块安装示意

3. 应用示例

（1）与无需供电的现场设备连接方法如图2-72所示。

（2）与需供电的现场设备连接方法如图2-73所示。

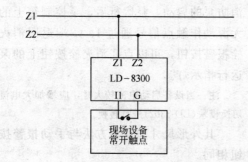

图2-72 单输入模块LD-8300
与无需供电设备连接示意

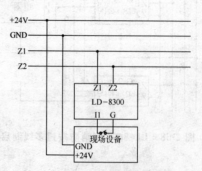

图2-73 单输入模块LD-8300与
需供电设备的连接示意

（二）智能型编码输入/输出模块

1. 单输入/输出模块

（1）特点：此模块用于将现场各种一次动作并有动作信号输出的被动型设备，如：排烟口、送风口、防火阀等，接入到控制总线上。

本模块采用电子编码器进行编码，模块内有一对常开、常闭触点，容量为DC24V、5A。模块具有直流24V电压输出，用于与继电器触点接成有源输出，满足现场的不同需求。另外模块还设有开关信号输入端，用来和现场设备的开关触点连接，以便对现场设备是否动作进行确认。应当注意的是，不应将模块触点直接接入交流控制回路，以防强交流干扰信号损坏模块或控制设备。

（2）结构特征、安装与布线。以海湾LD-8301模块为例，其外形尺寸及结构、安装方法均与LD-8300模块相同，其对外接线端子如图2-74所示。

图2-74 LD-8300型模块接线端子示意图

其中：

Z1、Z2：与无极性信号二总线连接的端子；

D1、D2：与控制器的DC24V电源连接的端子，不分极性；

V+、G：DC24V输出端子，用于向输出触点提供+24V信号，以便实现有源DC24V输出，输出触点容量为5A，DC24V；

I1、G：与被控制设备无源常开触点连接的端子，用于实现设备动作回答确认（可通过电子编码器设为常闭输入）；

NO1，COM1、NC1：模块的常开常闭输出端子；

布线要求：信号总线Z1、Z2采用RVS型双绞线，截面积$\geqslant 1.0 mm^2$；电源线D1、D2采用BV线，截面积$\geqslant 1.5 mm^2$；V+、I1、G、NO1、COM1、NC1采用RV线，截面积$\geqslant 1.0 mm^2$。

（3）使用方法。该模块直接驱动排烟口或防火阀等（电磁脱扣式），设备的接线示意如图2-75所示。

2. 双输入/输出模块

（1）特点。LD-8303双输入/输出模块是一种总线制控制接口，可用于完成对二步降防火卷帘门、水泵、排烟风机等双动作设备的控制。主要用于防火卷帘门的位置控制，能控制其从上位到中位，也能控制其从中位到下位，同时也能确认防火卷帘门是处于上、中、下的哪一位。该模块

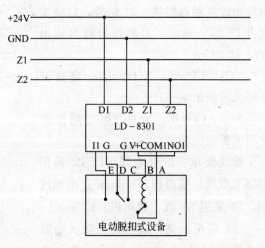

图2-75 LD-8301型模块控制电动脱扣式设备接线示意图

也可作为两个独立的 LD-8301 单输入/输出模块使用。

LD-8303 双输入/输出模块具有两个编码地址，两个编码地址连续，最大编码为 242，可接收来自控制器的二次不同动作的命令，具有二次不同控制输出和确认两个不同输入回答信号的功能。此模块所需输入信号为常开开关信号，一旦开关信号动作，LD-8303 模块将此开关信号通过联动总线送入控制器，联动控制器产生报警并显示出动作的地址号。当模块本身出现故障时，控制器也将产生报警并将模块编号显示出来。本模块具有两对常开、常闭触点，容量为 5A、DC24V，有源输出时可输出 1A、DC24V。

LD-8303 模块的编码方式为电子编码，在编入一编码地址后，另一个编码地址自动生成为：编入地址+1。该编码方式简便快捷，现场编码时使用海湾公司生产的 BMQ-1 型电子编码器进行。

（2）特征、安装与布线。

该模块外形尺寸结构及安装方法与 LD-8300 模块相同。其对外端子示意如图 2-76 所示。

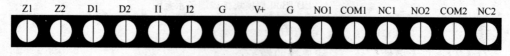

图 2-76　LD-8303 型模块接线端子示意

其中：

Z1、Z2：控制器来的信号总路线，无极性；

D1、D2：DC24V 电源，无极性；

I1、G：第一路无源输入端；

I2、G：第二路无源输入端；

V+、G：DC24V 输出端子，用于向输出控制触点提供+24 信号，以便实现有 DC24V 输出，有源输出时可输出 1A、DC24V；

NC1、COM1、NO1：第一路常开常闭无源输出端子；

NC2、COM2、NO2：第二路常开常闭无源输出端子。

布线要求：信号总线 Z1、Z2 采用 RVS 双绞线，截面积≥1.0mm²；电源线 D1、D2 采用 BV 线，截面积≥1.5mm²。

（3）应用示例。该模块与防火卷帘门电气控制箱（标准型）接线示意如图 2-77 所示。

（三）切换模块

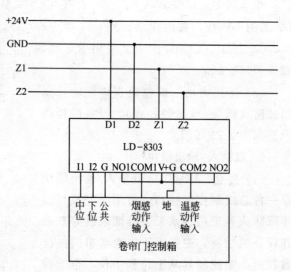

图 2-77　LD-8303 型模块与防火卷帘门电气控制箱接线示意

1. 特点

LD-8320A 模块是一种专门设计用于与 LD-8303 双输入/输出模块连接，实现控制器与被控设备之间作交流直流隔离及启动、停动双作用控制的接口部件。

本模块为一种非编码模块，不可与控制器的总线连接。模块有一对常开、常闭输出触点，可分别独立控制，容量 DC24V、5A，AC220V、5A。

2. 特征、安装与布线

该模块外形尺寸、结构及安装均与 LD-8300 型模块相同，其对外接线端子如图 2-78 所示。

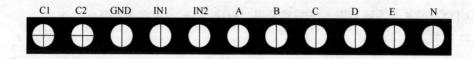

图 2-78　LD-8302A 型模型接线端子示意图

其中：

弱电端子如下：

C1：启动命令信号输入端子；

C2：停止命令信号输入端子；

GND：地线端子；

IN1：启动回答信号输出端子；

IN2：停止回答信号输出端子。

强电端子如下：

A、B：启动命令信号输出端子，为无源常开触点；

C、B：停止命令信号输出端子，为无源常闭触点；

D：启动回答信号输入端子，取自被控设备 AC220V 常开触点；

E：停止回答信号输入端子，取自被控设备 AC220V 常闭触点；

N：AC220 零线端子。

3. 应用方法

该模块要直接与 LD-8303 型双输入/输出模块连接使用。（如前 LD-8303 型双输入/输出模块）

综上几种模块介绍可知，模块对不同厂家型号各异，但其共同点是具有信号传递功能，是主动型设备与被动型设备的桥梁。在实际的工程设计中一定要注意模块的正确使用。

四、声光报警盒(亦称声光讯响器)

1. 声光讯响器的分类与使用

声光讯响器一般分为非编码型与编码型两种。编码型可直接接入报警控制器的信号二总线(需由电源系统提供二根 DC24V 电源线)，非编码型可直接由有源 24V 常开触点进行控制，例如用手动报警按钮的输出触点控制等。

声光讯响器的作用是：当现场发生火灾并被确认后，安装在现场的声光讯响器可由消防控制中心的火灾报警控制器启动，发出强烈的声光信号，以达到提醒人员注意的目的。

2. 声光讯响器的结构技术指标，安装及布线

不同厂家产品各异，以海湾产品为例。

（1）工作电压：24V；

（2）监视电流≤0.8mA；

（3）报警电流≤160mA；

（4）绘制：

1）HX-100B编码型声光讯响器与控制器无极信号二总线连接，还需二根DC24V电源线；

2）HX-100A非编码型声光讯响器采用二根线与DC24V有源常开触点连接；

（5）报警音响≥85dB；

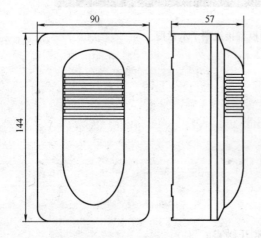

（6）使用环境：温度：-10～+50℃，相对湿度≤95%，不结露；

（7）外形尺寸：90mm×144mm×57mm，如图2-79所示。

安装方式：采用壁挂式安装，在普通高度空间下，以距顶棚0.2m处为宜，安在现场。

声光讯响器接线端子如图2-80所示。

图2-79 声光讯响器外形尺寸示意　　图2-80 声光讯响器接线端子示意

其中：

Z1、Z2：与火灾报警控制器信号二总线连接的端子，对于HX-100A型声光讯响器，此端子无效；

D1、D2：与DC24V电源线（HX-100B）或DC24V常开控制触点（HX-100A）连接的端子，无极性；

S1、G：外控输入端子。

布线要求：信号二总线Z1、Z2采用RVS型双绞线，截面积≥1.0mm²；电源线D1、D2采用BV线，截面积≥1.5mm²；S1、G采用RV线，截面积≥0.5mm²。

3. 应用示例

声光讯响器在使用中可直接与手动报警按钮的无源常开触点连接，如图2-81所示。

当发生火灾时，手动报警按钮可直接启动讯响器。

五、报警门灯及诱导灯

1. 报警门灯

门灯一般安装在巡视观察方便的地方，如会议室，餐厅，房间等门口上方，便于从外部了解内部的火灾探测器是否报警。

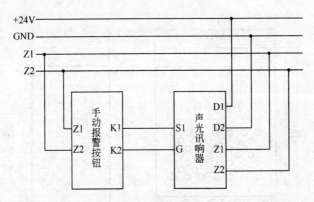

图 2-81 手动报警按钮直接控制编码声光讯响器示意

门灯可与对应的探测器并联使用,并与该探测器编码一致。当探测器报警时,门灯上的指示灯闪亮,在不进入室内的情况下就可知道室内的探测器已触发报警。

门灯处有一红色高亮度发光区,当对应的探测器触发时,该区红灯闪亮。

门灯的对外端子示意如图 2-82 所示。

其中:

Z1、Z2 为与对应探测器信号二总线的接线端子;

布线要求:直接接入信号二总线,无需其他布线。

图 2-82 门灯接线端子示意

2. 诱导灯(引导灯)

引导灯安装在各疏散通道上,均与消防控制中心控制器相接。当火灾时,在消防中心手动操作打开有关的引导灯,指示人员疏散通道。

六、总线中继器

1. 作用

中继器可作为总线信号输入与输出间的电气隔离,完成探测器总线的信号隔离传输,可增强整个系统的抗干扰能力,并且具有扩展探测器总线通信距离的功能。

2. 主要技术指标(以海湾 LD-8321 总线中继器为例)

(1) 总线输入距离≤1000m;

(2) 总线输出距离≤1000m;

(3) 电源电压:DC18V~DC24V;

(4) 静态功耗:静态电流<20mA;

(5) 带载能力及兼容性:可配接 1~242 点总线设备,兼容所有探测器总线设备;

(6) 隔离电压:总线输入与总线输出间隔离电压>1500V;

(7) 使用环境:

温度:-10℃~+50℃,

相对湿度:≤95%,不结露;

(8) 外形尺寸:85mm×128mm×56mm,如图 2-83 所示。

3. 安装与布线

中继器安在现场,墙上安装,采用 M3 螺钉固定。中继器对外接线端子如图 2-84 所示。

其中:

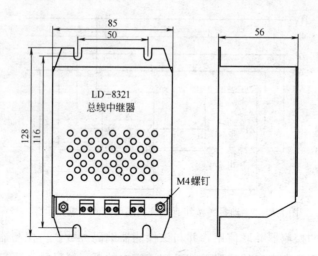

图 2-83 LD-8321 总线中继器外形示意

24VIN：DC18V～DC30V 电压输入端子；

Z1IN、Z2IN：无极性信号二总线输入端子，与控制器无极性信号二总线输出连接，距离应小于 1000m；

图 2-84 中继器接线端子示意

Z1O、Z2O：隔离无极性两总线输出端子。

布线要求：无极性信号二总线采用 RVS 双绞线，截面积$\geqslant 1.0 mm^2$；24V 电源线采用 BV 线，截面积$\geqslant 1.5 mm^2$。

七、总线隔离器

1. 总线隔离器的作用

总线隔离器用在传输总线上，对各分支线作短路时的隔离作用。它能自动使短路部分两端呈高阻态或开路状态，使之不损坏控制器，也不影响总线上其他部件的正常工作，当这部分短路故障消除时，能自动恢复这部分回路的正常工作，这种装置又称短路隔离器。

2. 主要技术指标（以海湾产品 LD-8313 为例）

(1) 工作电压：总线 24V；

(2) 隔离动作确认灯：红色；

(3) 动作电流：170mA（最多可接入 50 个编码设备），

270mA（最多可接入 100 个编码设备）；

(4) 使用环境：

温度：$-10 \sim +50$℃，

相对湿度$\leqslant 95\%$，不结露；

(5) 外形尺寸：120mm×80mm×40mm。

3. 布线

总线隔离器的接线端子如图 2-85 所示。

其中：

Z1、Z2：无极性信号二总线输入端子；

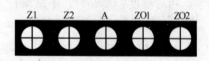

图 2-85 总线隔离器接线端子示意

ZO1、ZO2：无极性信号二总线输出端子，最多可接入50个编码设备(含各类探测器或编码模块)；

A：动作电流选择端子，与ZO1短接时，隔离器最多可接入100个编码设备(含各类探测器或编码模块)。

布线要求：直接与信号二总线连接，无需其他布线。可选用截面积≥1.0mm² 的RVS双绞线。

4. 应用示例

总线隔离器应接在各分支回路中以起到短路保护作用，如图2-86所示。

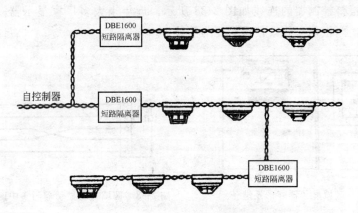

图 2-86　短路隔离器的应用示例

八、总线驱动器

1. 作用

增强线路的驱动能力。

2. 使用场所

(1) 当一台报警器监控的部件超过200件以上，每200件左右用一只；

(2) 所监控设备电流超过200mA，每200mA左右用一只；

(3) 当总线传输距离太长，太密，超长500m安装一只(也有厂家超过1000m安一只，应结合厂家产品而定)。

九、区域显示器

1. 作用及适用范围

当一个系统中不安区域报警器时，应在各报警区域安装区域装显示器，其作用是显示来自消防中心报警器的火警故障信息，适用于各防火监视分区或楼层。

2. 功能及特点

(1) 具有声报警功能。当火警或故障送入时，将发出两种不同的声报警(火警为变调音响，故障为长音响)。

(2) 具有控制输出功能。具备一对无源触点，其在火警信号存在时吸合，可用来控制一些警报器类的设备。

(3) 具有计时功能。在正常监视状态下，显示当前时间。

(4) 采用壁式结构，体积小，安装方便。

3. 接线

区域报警显示器的外形及端子如图 2-87 所示。

接线端子中：

　　D、K——继电器常开触点；

　GND——DC24V 负极；

　24V——DC24V 正极；

　　　T——通信总线数据发送端；

　　　R——通信总线数据发送端；

　　　G——通信总线逻辑地。

显示器与报警控制器的连线如图 2-88 所示。近年来大多厂家显示器一般为四根线，即两根电源线，两根信息线，使系统更为简化。

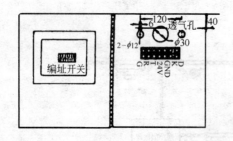 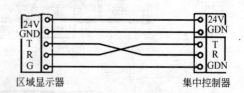

图 2-87　区域显示器外形及端子　　　　图 2-88　区域报警显示器与集中区域报警器接线

十、CRT 彩色显示系统

在消防系统的控制中必须采用微机显示系统，它包括系统的接口板、计算机、彩色监视器、打印机，是一种高智能化的显示系统。该系统采用现代化手段、现代化工具及现代化的科学技术代替以往庞大的模拟显示屏，其先进性对造型复杂的建筑群体更加突出。

1. CRT 报警显示系统的作用

CRT 报警显示系统是把所有与消防系统有关的建筑物的平面图形及报警区域和报警点存入计算机内，在火灾时，CRT 显示屏上能自动用声光显示部位，如用黄色（预警）和红色（火警）不断闪动，同时用不同的音响来反映各种探测器、报警按钮、消火栓、水喷淋等各种灭火系统和送风口、排烟口等的具体位置。用汉字和图形来进一步说明发生火灾的部位、时间及报警类型，打印机自动打印，以便记忆着火时间，进行事故分析和存档，给消防值班人员更直观更方便地提供火情和消防信息。

2. 对 CRT 报警显示系统的要求

随着计算机的不断更新换代，CRT 报警显示系统产品种类不断更新，在消防系统的设计过程中，选择合适的 CRT 系统是保证系统正常监控的必要条件，因此要求所选用的 CRT 系统必须具备下列功能：

(1) 报警时，自动显示及打印火灾监视平面中火灾点位置、报警探测器种类、火灾报警时间。

(2) 所有消火栓报警开关、手动报警开关、水流指示器、探测器等均应编码，且在 CRT 平面上建立相应的符号。利用不同的符号不同的颜色代表不同的设备，在报警时有明显的不同音响。

(3) 当火灾自动报警系统需进行手动检查时，显示并打印检查结果。

(4) 所具有的火警优先功能，应不受任何因素的影响。

第四节　火灾报警控制器

火灾报警控制器是火灾自动报警系统的心脏，是消防系统的指挥中心，控制器可为火灾探测器供电，接收、处理和传递探测点的故障及火警信号，并能发出声、光报警信号，同时显示及记录火灾发生的部位和时间，并能向联动控制器发出联动通知信号的报警控制装置。

一、火灾报警控制器的分类、功能及型号

（一）火灾报警控制器的分类

火灾报警控制器种类繁多，按不同角度有不同的分类，如图 2-89 所示。

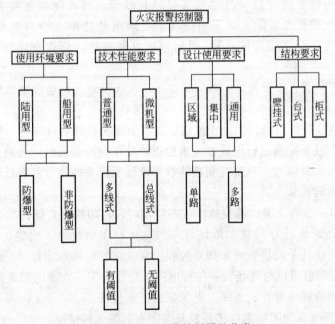

图 2-89　火灾报警控制器的分类

（二）火灾报警控制器的基本功能

（1）主备电源：在控制器中备有浮充备用电池，在控制器投入使用时，应将电源盒上方的主、备电开关全打开，当主电网有电时，控制器自动利用主电网供电，同时对电池充电，当主电网断电时，控制器会自动切换改用电池供电，以保证系统的正常运行，在主电供电时，面板主电指示灯亮，时钟口正常显示时分值。备电供电时，备电指示灯亮，时钟口只有秒点闪烁。无时分显示，这是节省用电，其内部仍在正常走时，当有故障或火警时，时钟口重又显示时分值，且锁定首次报警时间。在备电供电期间，控制器报类型号 26 和主电故障，此外，当电池电压下降到一定数值时，控制器还要报类型号 24 故障。当备电低于 20V 时关机，以防电池过放而损坏（这里以 JB-TB/2A6351 型微机通风火灾报警控制器为例）。

（2）火灾报警：当接收到探测器、手动报警开关、消火栓报警开关及输入模块所配接的设备发来的火警信号时，均可在报警器中报警，火灾指示灯亮并发出火灾变调音响，同

时显示首次报警地址号及总数。

（3）故障报警：系统在正常运行时，主控单元能对现场所有的设备（如探测器、手动报警开关、消火栓报警开关等）、控制器内部的关键电路及电源进行监视，一有异常立即报警。报警时，故障灯亮并发出长音故障音响，同时显示报警地址号及类型号（不同型号报警器编号不同）。

（4）时钟锁定，记录着火时间：系统中时钟走时是软件编程实现的，有年、月、日、时、分。每次开机时，时分值从00：00开始，月日值从01：01开始，所以需要调校。当有火警或故障时，时钟显示锁定，但内部能正常走时，火警或故障一旦恢复，时钟将显示实际时间。

（5）火警优先：在系统存在故障的情况下出现火警，则报警器能由报故障自动转变为报火警，而当火警被清除后又自动恢复报原有故障。当系统存在某些故障而又未被修复时，会影响火警优先功能，如下列情况下：1)电源故障；2)当本部位探测器损坏时本部位出现火警；3)总线部位故障（如信号线对地短路、总线开路与短路等）均会影响火警优先。

（6）调显火警：当火灾报警时，数码管显示首次火警地址，通过键盘操作可以调显其他的火警地址。

（7）自动巡检：报警系统长期处于监控状态，为提高报警的可靠性，控制器设置了检查键，供用户定期或不定期进行电模拟火警检查。处于检查状态时，凡是运行正常的部位均能向控制器发回火警信号。只要控制器能收到现场发回来的信号并有反应而报警，则说明系统处于正常的运行状态。

（8）自动打印：当有火警、部位故障或有联动时，打印机将自动打印记录火警、故障或联动的地址号，此地址号同显示地址号一致，并打印出故障、火警、联动的月、日、时、分。当对系统进行手动检查时，如果控制正常，则打印机自动打印正常（OK）。

（9）测试：控制器可以对现场设备信号电压、总线电压、内部电源电压进行测试。通过测量电压值，判断现场部件、总线、电源等的正常与否。

（10）部位的开放及关闭：部位的开放及关闭有以下几种情况：

1) 子系统中空置不用的部位（不装现场部件），在控制器软件制作中即被永久关闭。如需开放新部位应与制造厂联系；

2) 系统中暂时空置不用的部位，在控制器第一次开机时需要手动关闭；

3) 系统运行过程中，已被开放的部位其部件发生损坏后，在更新部件之前应暂时关闭，在更新部件之后将其开放。部位的暂时关闭及开放有以下几种方法：

a. 逐点关闭及逐点开放：在控制器正常运行中，将要关闭（或开放）的部位的报警地址显示号用操作键输入控制器，逐个地将其关闭或开放。被关闭的部位如果安装了现场部件则该部件不起作用，被开放部位如果未安装现场部件将报出该部位故障。对于多部件部位（指编码不同的部件具有相同的显示号），进行逐点关闭（或开放），是将该部位中的全部部件实现了关闭（或开放）。

b. 统一关闭及统一开放。统一关闭是在控制器报警（火警或故障）的情况下，通过操作键将当时存在的全部非正常部位进行关闭；统一开放是在控制器运行中，通过操作键将所有在运行中曾被关闭的部位进行开放。当部位是多部件部位时，统一关闭也只是关闭了该部位中的不正常部件。系统中只要有部位被关闭了,面板上的"隔离"灯就被点亮。

(11) 显示被关闭的部位:在系统运行过程中,已开放的部位在其部件出现故障后,为了维持整个系统正常运行,应将该部位关闭。但应能显示出被关闭的部位,以便人工监视部位的火情并及时更换部件。操作相应的功能键,控制器便顺序显示所有在运行中被关闭的部位。当部位是多部件部位时,这些部件中只要有一个是关闭的,它的部位号就能被显示出来。

(12) 输出:

1) 控制器中有 V 端子、VG 端子间输出 DC24V、2A。向本控制器所监视的某些现场部件和控制接口提供 24V 电源。

2) 控制器有端子 L1、L2,可用双绞线将多台控制器连通组成多区域集中报警系统,系统中有一台作集中报警控制器,其他作区域报警控制器。

3) 控制器有 GTRC 端子。用来同 CRT 联机,其输出信号是标准 RS232 信号。

(13) 联机控制:可分"自动"联动和"手动"启动两种方式,但都是总线联动控制方式。在联动方式时,先按 E 键与自动键,"自动"灯亮,使系统处于自动联动状态。当现场主动型设备(包括探测器)发生动作时,满足既定逻辑关系的被动型设备将自动被联动,联动逻辑因工程而异,出厂时已存贮于控制器中。手动启动在"手动允许"时才能实施,手动启动操作应按操作顺序进行。

无论是自动联动还是手动启动,应该动作的设备编号均应在控制板上显示,同时启动灯亮。已经发生动作的设备的编号也在此显示,同时回答灯亮。启动与回答能交替显示。

(14) 阈值设定:报警阈值(即提前设定的报警动作值)对于不同类型的探测器其大小不一,目前报警阈值是在控制器的软件中设定。这样控制器不仅具有智能化、高可靠性的火灾报警,而且可以按各探测部位所在应用场所的实际情况不同而灵活方便地设定其报警阈值,以便更加可靠地报警。

(三) 型号

火灾报警产品型号是按照《中华人民共和国专业标准》ZBC 81002—84 编制的,其型号意义如下:

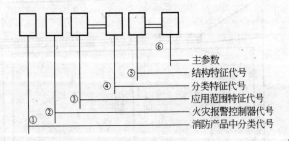

(1) J(警)——消防产品中的分类代号(火灾报警设备);
(2) B(报)——火灾报警控制代号;
(3) 应用范围特征代号:B(爆)——防爆型
　　　　　　　　　　　C(船)——船用型

非防爆型和非船用型可以省略，无需指明。

(4) 分类特征代号：D(单)——单路；Q(区)——区域；J(集)——集中；T(通)——通用，既可作集中报警，又可作区域报警；

(5) 结构特征代号：G(柜)——柜式；T(台)——台式；B(壁)——壁挂式；

(6) 主参数：一般表示报警器的路数。例如：40，表示40路。

型号举例：

JB-TB8-2700/063B：8路通用火灾报警控制器。

JB-JG-60-2700/065：60路柜式集中报警控制器。

JB-QB-40：40路壁挂式区域报警控制器。

二、火灾报警控制器的构造及工作原理

(一) 火灾报警控制器的构造

火灾报警控制器已完成了模拟化向数字化的转变，下面以二总线火灾报警控制器为例介绍其构造。

二总线火灾报警控制器集先进的微电子技术、微处理技术于一体，性能完善，控制方便、灵活。硬件结构包括微处理器(CPU)、电源、只读存贮器(ROM)、随机存储器(RAM)及显示、音响、打印机、总线、扩展槽等接口电路。JB-QT-GST5000型汉字液晶显示火灾报警控制器的外形结构为琴台式，如图2-90所示。

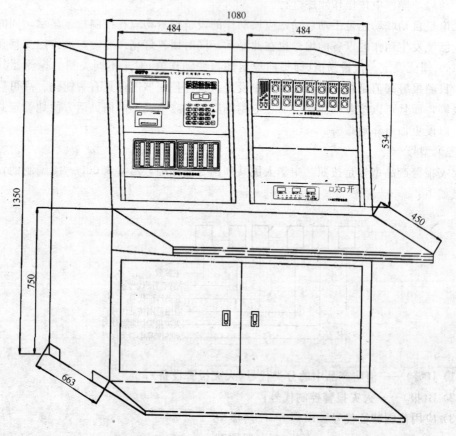

图2-90　JB-QT-GST5000型控制器外形示意

1. JB-QT-GST5000 型控制器特点

(1) 控制器采用琴台式结构，各信号总线回路板采用拔插设计，系统容量扩充简单、方便。

(2) 采用大屏幕汉字液晶显示器，各种报警状态信息均可以直观的以汉字方式显示在屏幕上，便于用户操作使用。

(3) 控制器设计高度智能化，与智能探测器一起可组成分布智能式火灾报警系统，可极大地降低误报，提高系统可靠性。

(4) 火灾报警及消防联动控制可按多机分体、分总线回路设计，也可以单机共总线回路设计，同时控制器设计了具有短线、断线检测及设备故障报警功能的多线制控制输出点，专门用于控制风机、水泵等重要设备，可以满足各种设计要求。

(5) 控制器可完成自动及手动控制外接消防被控设备，其中手动控制方式具备直接手动操作键控制输出及编码组合键手动控制输出两种方式，系统内的任一地址编码点既可由各种编码探测器占用，也可由各类编码模块占用，设计灵活方便。考虑到控制器自身电源系统容量较低，当控制器接有被控设备时，需另外设置 DC24V 电源系统。

(6) 控制器具有极强的现场编程能力，各回路设备间的交叉联动、各种汉字信息注释、总线制设备与多线制控制设备之间的相互联动等均可以现场编程设定。

(7) 控制器可外接火灾报警显示盘及彩色 CRT 显示系统等设备，满足各种系统配置要求。

(8) 进一步加强了控制器的消防联动控制功能，可配置多块 64 路手动消防启动盘，完成对总线制外控设备的手动控制，并可配置多块 14 路多线制控制盘，完成对消防控制系统中重要设备的控制。

(9) 控制器可加配联动控制用电源系统，标准化电源盘可提供 DC24V、6A 电源二总线。

(10) 控制器容量内的任一地址编码点，可由编码火灾探测器占用，也可由编码模块占用。

(11) 控制器可扩充消防广播控制盘和消防电话控制盘，组成消防广播和消防电话系统。

2. JB-QT-GST5000 型控制器主要技术指标

(1) 液晶屏规格：320×240 图形点阵，可显示 12 行汉字信息。

(2) 控制器容量：$a.$ 最多可带 40 个 242 地址编码点回路，最大容量为 9680 个地址编码点；$b.$ 可外接 64 台火灾显示盘，联网时最多可接 32 台其他类型控制器；$c.$ 多线制控制点及直接手动操作总线制控制点可按要求配置。

(3) 线制：$a.$ 控制器与探测器间采用无极性信号二总线连接，与各类控制模块间除无极性二总线外，还需外加二根 DC24V 电源总线；$b.$ 与其类同的控制器采用有极性二总线连接，对于火灾报警显示需外加两根 DC24V 电源供电总线。

(4) 使用环境：

温度：0～+40℃

相对湿度≤90%，不结露

(5) 电源：

主电：为交流 $220V^{+10\%}_{-15\%}$

控制器备电：DC24V，24Ah 密封铅电池

联动备电：DC24V，24Ah 密封铅电池

(6) 功耗≤150W

(7) 外形尺寸：500mm×700mm×170mm

3. 接线端子及布线要求

接线端子如图 2-91 所示。

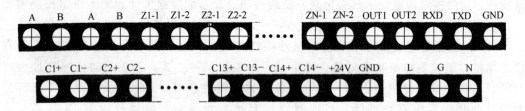

图 2-91　JB-QT-GST5000 控制器接线端子示意

其中：

A、B：连接其他各类控制器及火灾显示盘的通信总线端子；

ZN-1、ZN-2($N=1\sim18$)：无极性信号二总线；

OUT1、OUT2：火灾报警输出端子(无源常开控制点，报警时闭合)；

RXD、TXD、GND：连接彩色 CRT 系统的接线端子；

CN+、CN-($N=1\sim14$)：多线制控制输出端子；

+24V、GND：DC24V、6A 供电电源输出端子；

L、G、N：交流 220V 接线端子及机柜保护接地线端子；

布线要求：

DC24V、6A 供电电源线在竖井内采用 BV 线，截面积≥4.0mm^2，在平面采用 BV 线，截面积≥2.5mm^2，其余线路要求与 JB-QB-GST500 型控制器的要求相同。

从实例可见，火灾报警控制器的主要技术指标如下：

(1) 容量。容量是指能够接收火灾报警信号的回路数，以"M"表示。一般区域报警器 M 的数值等于探测器的数量。对于集中报警控制器，容量数值等于 M 乘以区域报警器的台数 N，即 M·N。

(2) 使用环境条件。主要指报警控制器能够正常工作的条件，即温度、湿度、风速、气压等项。要求陆用型环境条件为：温度-10~50℃，相对湿度≤92%(40℃)，风速<5m/s；气压为 85~106kPa。

(3) 工作电压。工作时，电压可采用 220V 交流电和 24~32V 直流电(备用)。备用电源应优先选用 24V。

(4) 满载功耗。指当火灾报警控制器容量不超过 10 路时，所有回路均处于报警状态所消耗的功率；当容量超过 10 路时，20%的回路(最少按 10 路计)处于报警状态所消耗的功率。使用时要求在系统工作可靠的前提下，尽可能减小满载功耗；同时要求在报警状态时，每一回路的最大工作电流不超过 200mA。

(5) 输出电压及允差。输出电压即指供给火灾探测器使用的工作电压，一般为直流24V，此时输出电压允差不大于0.48V。输出电流一般应大于0.5A。

(6) 空载功耗。即指系统处于工作状态时所消耗的电源功率。空载功耗表明了该系统日常工作费用的高低，因此功耗应是愈小愈好；同时要求系统处于工作状态时，每一报警回路的最大工作电流不超过20mA。

（二）火灾报警控制器的工作原理

正常无火灾状态下，液晶显示CPU内部软件电子时钟的时间，控制器为探测器供24V直流电。探测器二线并联是通过输出接口控制探测器的电源电路发出探测器编码信号和接收探测器回答信号而实现的。

火灾时，控制器接收到探测器发来的火警信号后，液晶显示火灾部位、电子钟停在首次火灾发生的时刻，同时控制器发出声光报警信号，打印机打印出火灾发生的时间和部位。当探测器编码电路故障，例如短路、线路断路、探头脱落等，控制器发出故障声、光报警，显示故障部位并打印。

三、区域与集中报警控制器的区别

（一）区域报警控制器

区域报警控制器由输入回路、光报警单元、声报警单元、自动监控单元、手动检查试验单元、输出回路和稳压电源及备用电源等组成，如图2-92所示。

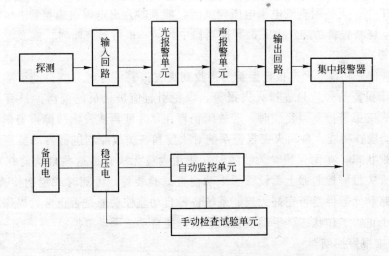

图2-92 区域报警控制器电路原理方框图

从图可看出，输入回路接收各火灾探测器送来的火灾报警信号或故障信号，由声光报警单元发出声响报警信号和显示其发生的部位，并通过输出回路控制有关的消防设备，向集中火灾报警控制器传送报警信号。自动监控单元起着监控各类故障的作用。通过手动检查试验单元，可以检查整个火灾报警系统是否处于正常工作状态。

区域火灾报警控制器的主要功能如下：

(1) 供电功能。供给火灾探测器稳定的工作电源，一般为DC24V，以保证火灾探测器稳定可靠地工作。

(2) 火警记忆功能。接受火灾探测器测到火灾参数后发来的火灾报警信号，迅速准确地进行转换处理,以声光形式报警,指示火灾发生的具体部位,并满足以下要求:火灾报警控制器一接受到火灾探测器发出的火灾报警信号后,应立即予以记忆或打印,以防止随信号来源的消失(如感温火灾探测器自行复原、火势大后烧毁火灾探测器或烧断传输线等)而消失。

在火灾探测器的供电电源线被烧结短路时,亦不应丢失已有的火灾信息,并能继续接受其他回路中的手动按钮或机械火灾探测器送来的火灾报警信号。

(3) 消声后再声响功能。在接收某一回路火灾探测器发来的火灾报警信号发出声报警信号后,可通过火灾控制器上的消声按钮人为消声。如果火灾报警控制器此时又接收到其他回路火灾探测器发来的火灾报警信号时,它仍能产生声光报警,以及时引起值班人员的注意。

(4) 输出控制功能。具有一对以上的输出控制接点,供火警时切断通风空调设备的电源,关闭防火门或启动自动消防施救设备,以阻止火灾的进一步蔓延。

(5) 监视传输线切断功能。监控连接火灾探测器的传输导线,一旦发生断线的情况,立即以区别于火警的声光形式发出故障报警信号,并指示故障发生的具体部位,以便及时维修。

(6) 主备电源自动转换功能。火灾报警控制器使用的主电源是交流220V市电,其直流备用电源一般为镍镉电池或铅酸维护电池。当市电停电或出现故障时能自动地转换到备用直流电源工作。当备用直流电源电压偏低时,能及时发出电源故障报警。

(7) 熔丝烧断告警功能。火灾报警控制器中任何一根熔丝烧断时,能及时以各种形式发出故障报警。

(8) 火警优先功能。火灾报警控制器接收到火灾报警信号时,能自动切除原先可能存在的其他故障报警信号,只进行火灾报警,以免引起值班人员的混淆。只有当火情排除后,人工将火灾报警控制器复位时,若故障仍存在,才能再次发出故障报警信号。

(9) 手动检查功能。自动火灾报警系统对火警和各类故障均进行自动监视。但平时该系统处于监视状态,在无火警、无故障时,使用人员无法知道这些自动监视功能是否完好,所以在火灾报警控制器上都设置了手动检查试验装置,可随时或定期检查系统各部、各环节的电路和元器件是否完好无损、系统各种自动监控功能是否正常,以保证自动火灾报警系统处于正常工作状态。手动检查试验后,能自动或手动复原。

(二) 集中报警控制器

集中报警控制器由输入回路、光报警单元、声报警单元、自动监控单元、手动检查试验单元和稳压电源、备用电源等电源组成,如图2-93所示。

集中火灾报警控制器的电路除输入单元和显示单元的构成与要求和区域火灾报警控制器有所不同外,其基本组成部分与区域火灾报警控制器大同小异。

输入单元的构成与要求,是和信号采集与传递方式密切相关的。目前国内火灾报警控制器的信号传输方式主要有以下四种:

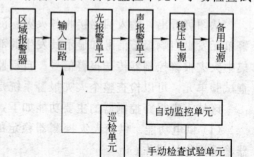

图2-93 集中火灾报警控制器电路原理方框图

1. 对应的有线传输方式

这种方式简单可靠。但在探测报警的回路数多时，传输线的数量也相应增多，从而带来工程投资大、施工布线工程工作量大等问题，故只适用于范围较小的报警系统。当集中报警控制器采用这种传输方式时，它只能显示区域号而不能显示探测部位号。

2. 分时巡回检测方式

采用脉冲分配器，将振荡器产生的连续方波转换成先后时序的选通信号，按顺序逐个选通每一报警回路的探测器，选通信号的数量等于巡检的点数，从总的信号线上接受被选通探测器送来的火警信号。这种方式减少了部分传输线路，但由于采用数码显示火警部位号，在几个火灾探测回路同时送来火警信号时，其部位的显示就不能一目了然了，而且需要配接微型机或复示器来弥补无记忆功能的不足。

3. 混合传输方式

这种传输方式可分为两种形式：

（1）区域火灾报警控制器采用一一对应的有线传输方式，所有区域火灾报警控制器的部位号与输出信号并联在一起，与各区域火灾报警控制器的选通线全部连接到集中火灾报警控制器上；而集中火灾报警控制器采用分时巡回检测方式，逐个选通各区域火灾报警控制器的输出信号。这种形式，信号传输原理较为清晰，线路适中，在报警速度和可靠方面能得到较好的保证。

（2）区域火灾报警控制器采用分时巡回检测方式，区域火灾报警控制器到集中火灾报警控制器的传输，采用区域通信线加几根总线的总线传输方法。这种形式，使区域火灾报警控制器到集中火灾报警控制器的集中传输线大大减少。

4. 总线制编码传输方式

近年来国内一些单位研制的总线制地址编码传输方式的火灾报警控制器，其信号传输方式的最大优点是大大减少了火灾报警控制器和各火灾探测器的传输线。区域火灾报警控制器到所有火灾探测器的连线总共只有 2～4 根，连接着上百只火灾探测器，这样也能辨别是哪一个火灾探测器处于火灾报警状态或故障报警状态。

这种传输方式使火灾报警控制器在接受某个火灾探测器的状态信号前，先发出该火灾探测器的串行地址编码。该火灾探测器将当时所处的工作状态（正常监视、火灾报警或故障告警）信号发回，由火灾报警控制器进行判别、报警显示等。

在区域火灾报警控制器和集中火灾报警控制器信号传输上，采用数据总线方式或 RS232、RS424 等标准串行接口，用几根线就满足了所有区域火灾报警控制器到集中火灾报警控制器的信号传输。

这个传输方式使传输线数量大大减少，给整个火灾自动报警系统的施工安装带来了方便，降低了传输线路的投资费用和安装费用。

集中报警控制器可分为主要功能和辅助功能，主要功能分两类：

一类集中火灾报警控制器仅反映某一区域火灾报警控制器所监护的范围内有无火警或故障，具体是哪一个部位号不显示。这类集中火灾报警控制器的实际功能与区域火灾报警控制器相同，只是使用级别不同而已。采用这种集中火灾报警控制器构成的火灾自动报警系统，线路较少，维护方便，但不能知道具体是哪一个部位有火警。

另一类集中报警控制器不但能反映区域号，还能显示部位号。这类集中火灾报警控制器一般不能直接连接探测器，不提供火灾探测器使用的工作电源，而只能与相应配套的区域火灾报警控制器连接。集中报警控制器能对它与各区域火灾报警控制器之间的传输线进行断线故障监视。其他功能与区域报警器相同。

辅助功能有以下四个方面：

（1）记时：记录探测器发来的第一个火灾报警信号时间，为公安消防部门调查火因提供准确的时间依据。

（2）打印：为了查阅文字记录，采用打印机将火灾或故障发生的时间、部位及性质打印出来。

（3）事故广播：发生火灾时，为减少二次灾害，仅接通火灾层及上、下各一层，以便于指挥人员疏散和扑救。

（4）电话：火灾时，控制器能自动接通专用电话线路，以尽快组织扑救，减少损失。

四、火灾报警控制器的接线

接线形式根据不同产品有不同线制，如三线制、四线制、两线制、全总线制及二总线制等，这里仅介绍传统的两线制及现代的全总线制两种。

1. 两线制

两线制的接线计算方法因不同厂家的产品有所区别，以下介绍的计算方法具有一般性。

区域报警器的输入线数等于 $n+1$ 根，n 为报警部位数。

区域报警器的输出线数等于是 $10+\dfrac{n}{10}+4$，式中：n 为区域报警器所监视的部位数目；10 为部位显示器的个数；$n/10$ 为巡检分组的线数；4 包括：地线一根，层号线一根，故障线一根，总检线一根。

集中报警器的输入线数为 $10+n/10+S+3$，式中：S 为集中报警器所控制区域报警器的台数；3 为故障线一根，总检线一根，地线一根。

【例 2-6】 某高层建筑的层数为 50 层，每层一台区域报警器，每台区域报警器带 50 个报警点，每个报警点有一只探测器，试计算报警器的线数并画出布线图。

【解】 区域报警器的输入线数为 $50+1=51$ 根，区域报警器的输出线数为 $10+\dfrac{50}{10}+4=19$ 根；

集中报警器的输入线数为 $10+\dfrac{50}{10}+50+3=68$ 根。

两线制接线如图 2-94 所示，这种接线大多在小型系统中应用，目前已很少使用。

2. 址编码全总线火灾自动报警系统接线

这种接线方式大系统中显示出其明显的优势，接线非常简单，给设计和施工带来了较大的方便，大大减少了施工工期。

区域报警器输入线为 5 根，即 P、S、T、G 及 V 线，即电源线、信号线、巡检控制线、回路地线及 DC24V 线。

区域报警器输出线数等于集中报警器接出的六条总线，即 P_0、S_0、T_0、G_0、C_0、D_0，C_0 为同步线，D_0 为数据线。所以称之为四全总线（或称总线）是因为该系统中所使用的探测器、手动报警按钮等设备均采用 P、S、T、G 四根出线引至区域报警器上。其布

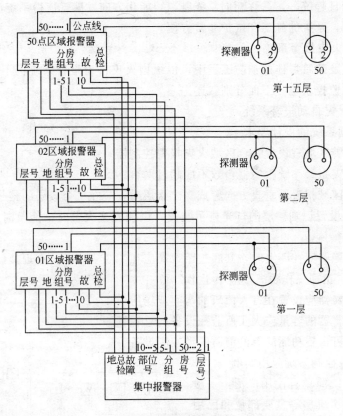

图 2-94 两线制的接线

线如图 2-95 所示。

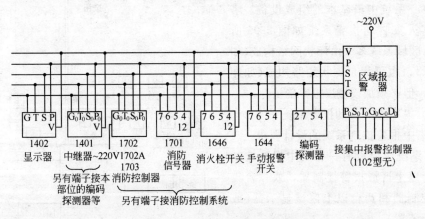

图 2-95 采用四全总线的接线示意

第五节 火灾自动报警系统及应用示例

随着新消防产品的不断出现，火灾自动报警系统也由传统火灾自动报警系统向现代火灾报警系统发展。虽然生产厂家较多，其所能监控的范围随不同报警设备也有所不同，但设备的基本功能日趋统一，并逐渐向总线制、智能化方向发展，使得系统误报率降低，且由于采用总线制，系统的施工和维护非常方便。

一、传统型火灾报警系统

在高层建筑及建筑群体的消防工程中，传统型火灾自动报警系统仍不失为一种实用、有效的重要消防监控系统，下面分别叙述。

（一）区域火灾自动报警系统

1. 报警控制系统的设计要求

（1）一个报警区域宜设置一台区域火灾报警控制器；

（2）区域火灾报警系统报警器台数不应超过两台；

（3）当一台区域报警器垂直方向警戒多个楼层时，应在每个数层的楼梯口或消防电梯前室等明显部位设置识别楼层的灯光显示装置，以便发生火警时，能及时找到火警区域，并迅速采取相应措施。

（4）区域报警器安在墙上时，其底边距地高应在1.3～1.5m，靠近其门轴的侧面距墙不应小于0.5m，正面操作距离不应小于1.2m。

（5）区域报警器应设置在有人值班的房间或场所。

（6）区域报警器的容量应大于所监控设备的总容量。

（7）系统中可设置功能简单的消防联动控制设备。

2. 区域报警控制系统应用实例

区域报警系统简单且使用广泛，一般在工矿企业的计算机房等重要部位和民用建筑的塔楼式公寓、写字楼等处采用区域报警系统，另外，还可作为集中报警系统和控制中心系统中最基本的组成设备。塔楼式公寓火灾自动报警系统如图2-96所示。目前区域系统多数由环状网络构成（如右边所示），也可能是支状线路构成（如左边所示），但必须加设楼层报警确认灯。

（二）集中火灾自动报警系统

1. 集中报警控制系统的设计要求

（1）系统中应设有一台集中报警控制器和两台以上区域报警控制器，或一台集中报警控制器和两台以上区域显示器（或灯光显示装置）。

（2）集中报警控制器应设置在有专人值班的消防控制室或值班室内。

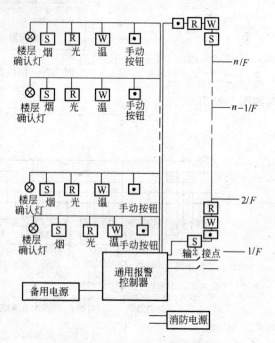

图2-96 公寓火灾自动报警示意图

（3）集中报警控制器应能显示火灾报警部位信号和控制信号，亦可进行联动控制。

（4）系统中应设置消防联动控制设备。

（5）集中报警控制器及消防联动设备等在消防控制室内的布置应符合下列要求：

1）设备面盘前操作距离，单列布置时不应小于1.5m，双列布置时不应小于2m。

2) 在值班人员经常工作的一面，设备面盘至墙的距离不应小于3m。
3) 设备面盘的排列长度大于4m时，其两端应设置宽度不小于1m的通道。
4) 设备面盘后的维修距离不宜小于1m。
5) 集中火灾报警控制器安装在墙上时，其底边距地高度为1.3～1.5m，靠近其门轴的侧面距墙不应小于0.5m，正面操作距离不应小于1.2m。

2. 集中报警控制器应用实例

集中报警控制系统在一级中档宾馆、饭店用得比较多。根据宾馆、饭店的管理情况，集中报警控制器(或楼层显示器)设在各楼层服务台，管理比较方便，宾馆、饭店火灾自动报警系统如图2-97所示。

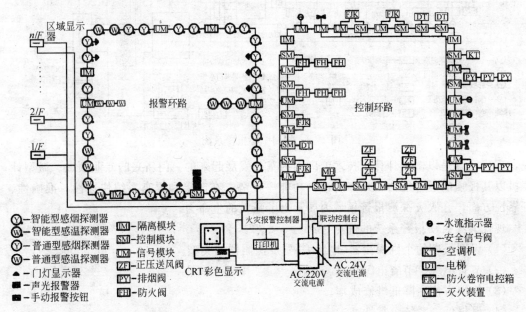

图 2-97 集中火灾报警系统

(三) 控制中心报警系统

控制中心报警系统主要用于大型宾馆、饭店、商场、办公楼等。此外，多用在大型建筑群和大型综合楼工程中。图2-98为控制中心报警系统。发生火灾后区域报警器报到集中报警控制器，集中报警器发声光信号同时向联动部分发出指令。当每层的探测器、手动报警按钮的报警信号送同层区控。同层的防排烟阀门、防火卷帘等对火灾影响大的重要设备直接经母线送到集控。误动作不会造成损失的设备由区控联动。联动的回授信号也进入区控，然后经母线送到集控。必须经过确认才能动作的设备则由控制中心，如水流指示器信号、分区断电、事故广播、电梯返底指令等。控制中心配有IBM-PC微机系统。将集控接口来的信号经处理、加工、翻译，在彩色CRT显示器上用平面模拟图形显示出来，便于正确判断和采取有效措施。火灾报警和处理过程，经加密处理后存入硬盘，同时由打印机打印给出，供分析记录事故用。全部显示、操作设备集中安装在一个控制台上。控制台上除CRT显示器外，还有立面模拟盘和防火分区指示盘。

二、现代型(智能型)火灾报警系统

现代系统比传统系统能够较好地实现火灾探测和报警系统应具备的各项功能，也可以

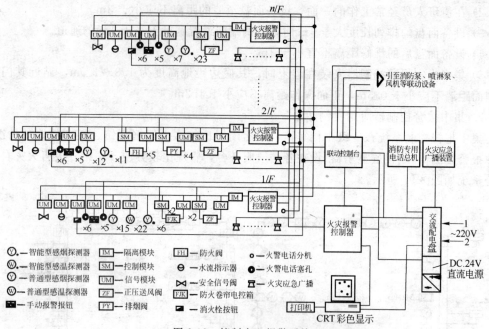

图 2-98 控制中心报警系统

说,现代系统是以微型计算机技术的应用为基础发展起来的一门新兴的专业领域。微型计算机以其极强的运算能力、众多的逻辑功能等优势,在改善和提高系统快速性、准确性、可靠性方面,在火灾探测报警领域内展示出了强大的生命力。

现代火灾自动报警系统的优点有:

(1) 识别报警的个别探测器(地址编码)及探测器的类型。

(2) 节省电缆、节省电源功率。

(3) 使用方便,降低维修成本。

(4) 误报低,系统可靠性高。

某些现代系统还具有的功能:

(1) 长期记录探测器特性。

(2) 提供为火灾调查用的永久性的年代报警记录等。

(3) 提供火灾部位的字母—数字显示的设备,该设备安装在建筑的关键位置上。至少可指示四种状态,即故障、正常运行、预报警和火警状态。在控制器上调整探测器参量、线路短路和开路时,系统准确动作,用隔离器可方便地切除或拆换故障的器件,扩大了对系统故障的自动监控能力。

(4) 自动补偿探测器灵敏度漂移。

(5) 自动地检测系统重要组件的真实状态,改进火灾探测能力。

(6) 具有与传统系统的接口。

(一) 现代火灾自动报警系统的主要形式

1. 可寻址开关量报警系统

如图 2-99 所示为可寻址开关量报警系统,其主要特点是探测报警回路与联动控制回路分开。

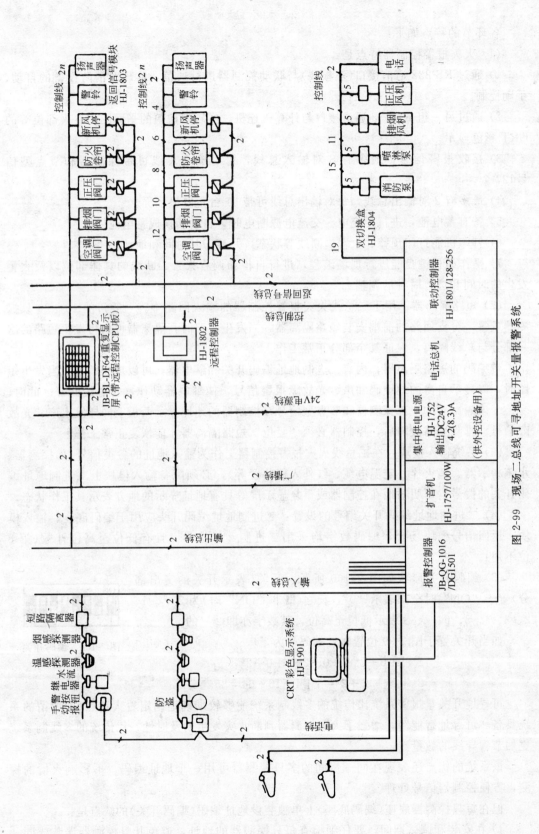

图2-99 现场二总线可寻地址开关量报警系统

各环节的特点如下：

(1) 火灾报警控制器特点是：

1) 通过 RS-232 通信接口（三根线）与联动控制器进行通信，实现对消防设备的自动、手动控制。

2) 通过另一组 RS-232 通道接口与计算机连机，实现对建筑的平面图、着火部位等的 CRT 彩色显示。

3) 接收报警信号，最多有 8 对输入总线，每对输入总线可带探测器和节点型信号127个。

4) 最多有 2 对输出总线，每对输出总线可带 31 台重复显示屏。

5) 备有蓄电池，进行浮充电。交流电源断电时，自动切换成蓄电池供电。

6) 打印机能打印预警、火警、断线等状态，并打印其时间和地址。

7) 操作编程键盘能进行现场编程，进行自检和调看火警、断线的具体部位以及火警发生的时间和进行时钟的调整。

(2) 短路隔离器：用于二总线火灾报警控制器的输入回路中。一般每隔 10～20 只探测器或每一分支回路的前端安装短路隔离器，当发生短路时，隔离器可以将发生短路的这一部分与总线隔离，保证其余部分正常工作。

带编码的短路隔离器，内有二进制地址编码开关和继电器，可以现场编号。当发生短路时，以显示自身的地址码和声、光故障报警信号，使继电器动作，与总线断开。此时，受控于该隔离器的全部探测器和节点型信号在控制器的地址显示面板上同样发出声、光故障信号。排除短路故障后，控制器必须"复位"短路隔离器才能恢复正常工作。

(3) 系统输入模块：在二总线火灾报警控制器上作为输入地址的各类信号（如探测器、水流指示器、消火栓、定温电缆、红外入侵装置等），必须配备输入模块上二进制地址编码开关的拨号，可明显地在控制器或重复显示屏等具有地址显示的地方表示其工作状态。

(4) 二进制地址编码开关编号的设置：二进制地址编码开头应用于编码底座、输入模块、返回信号模块场合，编码数字均采用二进制 2^{n-1} 拨号，且有低位至高位计数（第 8 位不用）。

(5) 编码开关形状如图 2-100 所示。开关（表示开关的突出部分）置于"ON"时全部表示"0"，反之（既非"ON"时）为 2^{n-1}。1、2、3、4、5、6、7、8 表示低位至高位，其数字亦即 2^{n-1} 的 n。

图 2-100 编码开关

如当开关置于图 2-99 位置时，编码号为

$$2^{1-1}+0+2^{3-1}+0+2^{5-1}+0+2^{7-1}$$
$$=2^0+2^2+2^4+2^6=1+4+16+64=85$$

可寻址开关量报警系统比传统的多线制系统能够较准确地确定着火地点（即所谓的系统具备"可寻址智能"），增强了火灾探测器判断火灾发生的及时性，比传统的多线制系统更加节省导线的数量。

该系统的优点还表现在同一房间的多只探测器可用一个地址编码，不影响火情的探测，方便控制器信号处理。

但在每只探测器底座（编码底座）上单独装设地址编码（编码开关）的缺点是：

1) 在安装和调试期间，要仔细检查每只探测器的地址，避免几只探测器误装成同一地址编码(同一房间内除外)。

2) 编码开关本身要求较高的可靠性,以防止受环境(灰尘、腐蚀、潮湿)的影响。在顶棚式不容易接近的地点,调整地址编码较费时间,甚至不容易更换地址编码。

2. 链式不赋址的火灾报警系统

为克服上述地址编码的缺点,目前已研制出不专门设址的多路传输技术,既所谓链式结构,如图 2-101 所示。探测器的寻址是使各个开关顺序动作,每个开关有一定延时,不同的延时电流脉冲分别代表正常、故障和报警三种状态。其特点是不需要拨号开关,也就是不需要赋址,在现场把探测器一个接一个地串入回路即可。

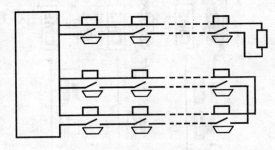

图 2-101 链式多路传输示意

例如在大型集中的 DMS7000 中央消防保安监控管理系统中,火灾自动报警系统就采用链式不赋址的多路传输技术。

DMS7000 中央管理系统是一种由集中数据通信和微机组成的系统。它能将多至 64 台 CZ10 型消防控制分机、500 多个控制面板、52000 多个探测点(或控制输出及接收反馈信号模块)的整个建筑群(或地区)的消防保安监控工作管理起来,适用于建筑结构复杂、人口密集的大型建筑或楼群。此系统集消防、保安、大厦管理等各种功能于一体,如图 2-102 所示,能提供情报作预测,在紧急事故发生时自动采取应急措施(如控制自动灭火系统动作等)以控制事态发展,使事故损失减至最低。同时,CZ10 消防控制分机也能独立运作。当消防控制台机与中央管理系统之间的通信中断时,每台消防控制分机仍能保持探测、报警和控制功能。

DMS7000 火灾自动报警系统如图 2-103 所示。

DMS7000 中央管理系统采用普通的 $1mm^2$ 或 $1.5mm^2$ 铜芯塑料绝缘导线,并需要特殊的屏蔽传输电缆。系统的连接网络包括探测点与 CZ10 消防控制分机的连接及 CZ10 消防控制分机与 DMS7000 中央管理系统的连接,均为环形连接方式。这种连接方式的优点为网络线路中的任何一部分发生任何故障(如开路或短路)时,系统都不会受到影响,整个控制系统会自动转为双向供电及接收信号,系统依然继续正常工作。与此同时,控制机的脉冲电路会自动查出故障点、故障类别,反映故障的地区、位置、故障设备等等,并发出声光报警,引导操作人员检查维修。资料数据会同时自动打印记录。当故障点处理完毕后,控制机将系统自检一次,证实全部正常后,控制机自动将故障信号取消,自动打印记录系统恢复正常运行的时间。

当系统的某个保护区域发生火警时,该保护区内的探测器将本身所设定的报警参数与现场环境参数逐一比较,确认后发出火警信号送至控制机,该火警信号同时在 CZ10 消防控制机 DMS7000 中央管理系统显示终端上显示。DMS7000 显示终端以时间为顺序显示火警信号,并从顶端至底部填满显示区。较低等级的信号显示会自动优先让较高等级的信号超越,具有较高等级的信号采用背景颜色显示,保证信号能受到注意。当火警状态复位后,火警显示会自动在终端显示上消失。

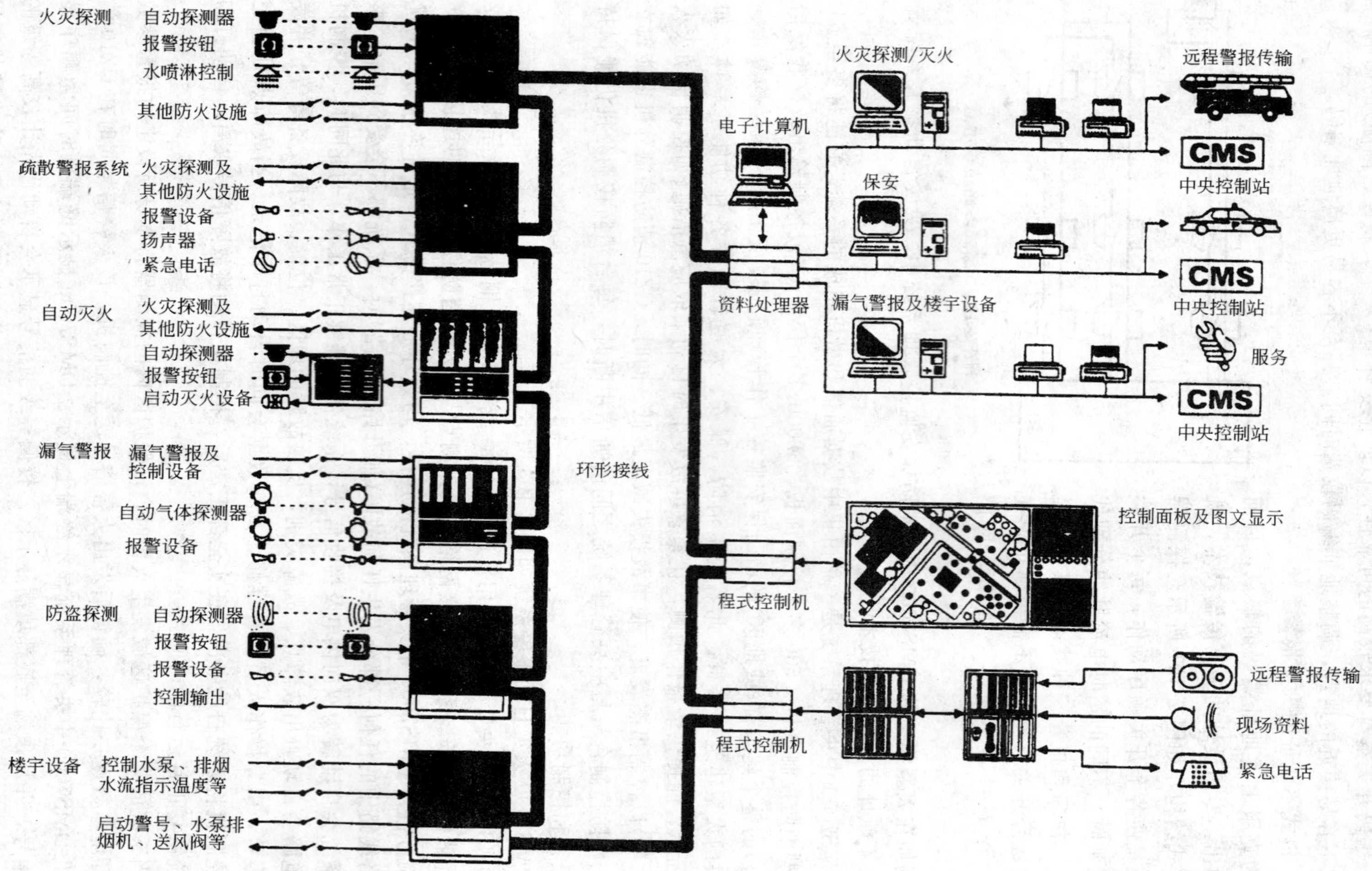

图 2-102 DMS 7000 中央管理系统

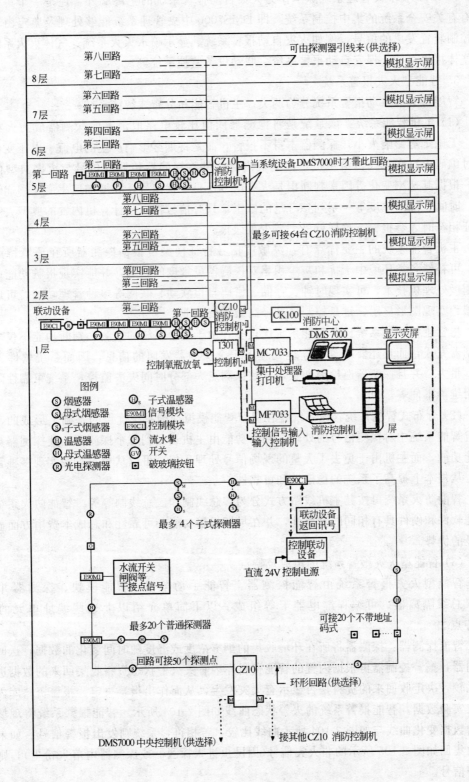

图 2-103 DMS7000 火灾自动报警系统

DMS7000中央管理系统除了作为火灾自动报警系统的主终端外，还是一个集中处理所有有关安全系统的集中控制系统，即DMS7000中央管理系统能够处理及鉴定由不同系统控制装置发出的信号，例如火灾自动报警系统、显示喷水灭火系统、气体灭火系统、可燃气体报警系统、保安自动报警系统、联动设备监控系统等。

3. 智能型火灾报警系统

智能型火灾自动报警系统分为两类：主机智能和分布式智能系统。

（1）主机智能系统：该系统是将探测器阈值比较电路取消，使探测器成为火灾传感器，无论烟雾影响大小，探测器本身不报警，而是将烟雾影响产生的电流、电压变化信号通过编码电路和总线传给主机，由主机内置软件将探测器传回的信号与火警典型信号比较，根据其速率变化等因素判断出是火灾信号还是干扰信号，并增加速率变化、连续变化量、时间、阈值幅度等一系列参考量的修正，只有信号特征与计算机内置的典型火灾信号特征相符时才会报警，这样就极大减少了误报。

主机智能系统的主要优点有：灵敏度信号特征模型可根据探测器所在环境特点来设定；可补偿各类环境中干扰和灰尘积累对探测器灵敏度的影响，并能实现报脏功能；主机采用微处理机技术，可实现时钟、存储、密码自检联动、联网等多种管理功能；可通过软件编程实现图形显示、键盘控制、翻译高级扩展功能。

尽管主机智能系统比非智能系统优点多，由于整个系统的监测、判断功能不仅全部要控制器完成，而且还要一刻不停地处理上千个探测器发回的信息，因而系统软件程序复杂、量大，并且探测器巡检周期长，导致探测点大部分时间失去监控，系统可靠性降低和使用维护不便等。

（2）分布式智能系统：该系统是在保留智能模拟探测系统优点的基础上形成的，它将主机智能系统中对探测信号的处理、判断功能由主机返回到每个探测器，使探测器真正有智能功能，而主机由于免去了大量的现场信号处理负担，可以从容不迫地实现多种管理功能，从根本上提高了系统的稳定性和可靠性。

智能防火系统可按其主机线路方式分为多总线制和二总线制等等。智能防火系统的特点是软件和硬件具有相同的重要性，并在早期报警功能、可靠性和总成本费用方面显示出明显的优势。

（3）智能型火灾报警系统的组成及特点：

智能型火灾报警系统由智能探测器、智能手动按钮、智能模块、探测器并联接口、总线隔离器、可编程继电器卡等组成。以下简单介绍以上这些编址单元的作用及特点。

智能探测器：探测器将所在环境收集的烟雾浓度或温度随时间变化的数据，送回报警控制器，报警控制器再根据内置的智能资料库内有关火警状态资料收集回来的数据进行分析比较，决定收回来的资料是否显示有火灾发生，从而作出报警决定。报警资料库内存有火灾实验数据。智能报警系统的火警状态曲线如图2-104所示。智能报警系统将现场收回来的数据变化曲线与如图2-104所示曲线比较，若相符，系统则发出报警信号。如果从现场收集回如图2-105所示的非火灾信号（因昆虫进入探测器或探测器内落入粉尘），则不发报警信号。

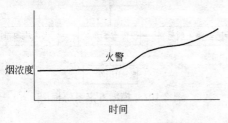
图 2-104　火警状态曲线

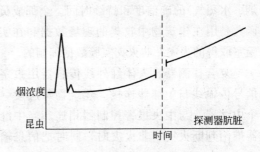
图 2-105　非火警状态曲线

图 2-104 与图 2-105 比较，图 2-105 中由昆虫和粉尘引起的烟雾浓度超过火灾发生时的烟雾浓度，如果是非智能型报警系统必然发出误报信号，可见智能系统判断火警的方法使误报率大大降低，减少了由于误报启动各种灭火设备所造成的损失。

智能探测器的种类随着不同厂家的不断开发而越来越多，目前比较常用的有智能离子感烟探测器、智能感温探测器、智能感光探测器等。其他智能型设备的作用同非智能相似，这里不再叙述。

智能火灾报警系统的特点为：

1) 为全面有效地反映被监视环境的各种细微变化，智能系统采用了设有专用芯片的模拟量探测器。对温度和灰尘等影响实施自动补偿，对电干扰及分布参数的影响进行自动处理，从而为实现各种智能特性、解决无灾误报和准确报警奠定了技术基础。

2) 系统采用了大容量的控制矩阵和交叉查寻软件包，以软件编程替代了硬件组合，提高了消防联动的灵活性和可修改性。

3) 系统采用主一从式网络结构，解决了对不同工程的适应性，又提高系统运行的可靠性。

4) 利用全总线计算机通信技术，既完成了总线报警，又实现了总线联动控制，彻底避免了控制输出与执行机构之间的长距离穿管布线，大大方便了系统布线设计和现场施工。

5) 具有丰富的自动诊断功能，为系统维护及正常运行提供了有利条件。

(4) 智能火灾报警系统：

1) 由复合探测器组成的智能火灾报警系统：据报道，日本已研制出由光电感烟、热敏电阻感温、高分子固体电解质电化电池感一氧化碳气体三种传感器合成一体的实用型复合探测器组成的现代系统。复合探测器的形状如图 2-106 所示。

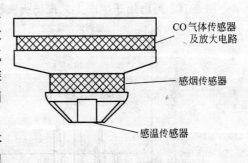
图 2-106　复合火灾探测器

该系统配有确定火灾现场是否有人的人体红外线传感器和电话自动应答系统（也可用电视监控系统），使系统误报率进一步下降。

判断火灾和非火灾现象用专家系统与模糊技术结合而成的模糊专家系统进行，如图 2-107 所示。判断结论用全部成员函数形式表示。判断的依据是各种现象（火焰、阴燃、吸烟、水蒸气)的确信度和持续时间。全部成员函数是用在建筑物中收集的现场数据和在实验室取得的火灾、非火灾实验数据编制的。

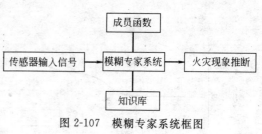

图 2-107 模糊专家系统框图

复合探测器、人体红外线传感器用数字信号传输线与中继器连接。建筑物每层设一个中继器，与中央报警控制器相连。当中继器推论判断火灾、非火灾时，同时把信息输入中央报警控制器。如果是火灾，则要分析火灾状况。为了实用和小型化，中央报警控制器采用液晶显示器。在显示器上，中继器送来的薰烟浓度、温度、一氧化碳浓度的变化，模糊专家系统推论计算出火灾、非火灾的确信度，用曲线和圆图分割形式显示，现场是否有人也一目了然。电话自动应答系统还可把情况准确地通知防灾中心。

2) Algo Rex 火灾探测系统：1994 年，瑞士推出 Algo Rex 火灾探测系统。该系统技术关键是采用算法、神经网络和模糊逻辑结合，共同实现决策过程。它在探测器内补偿了污染和温度对散射光传感器的影响，并对信号进行了数字滤波，用神经网络对信号的幅度、动态范围和持续时间等特点进行处理后，输出四种级别的报警信号。可以说，Algo Rex 系统代表了当今火灾探测系统的最高水平。

a. 算法：Algo Rex 系统的算法是指探测器连续地记录被探测的现象，分析其数学分量，例如频繁事件的发展趋势、持续时间、上升速率和幅值等，探测器连续地将这些数据与预编程序的模式进行比较，如果存在有根据的怀疑，探测器将对火灾报警控制器报告有关的危险等级。

危险等级划分如下：

危险等级"0"（正常状态）。

危险等级"1"（微弱的扰动，较高的警惕性）→无立即报警的必要。

危险等级"2"（扰动，能导致火灾迹象）→警告。

危险等级"3"（确认为火灾现象）→报火警。

不同危险等级的响应阈值，可按各种探测器的要求编程。由于系统智能分布，所选危险等级的响应阈值因环境条件变化可自动地调整，即灵敏度自动补偿。

图 2-108 列出用于生产工艺现场火灾探测器的一种算法。

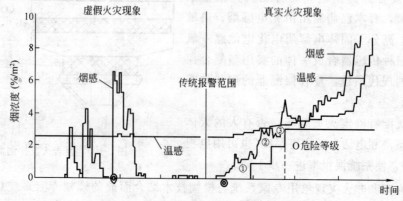

图 2-108 生产工艺现场火灾探测器的一种算法

b. 模糊逻辑：不再根据严格的是/否判断支配控制过程，而是要考虑中间值，将"很弱—弱—中等—强—很强"这些概念按照某些规则换成适当的控制指令。例如，根据一种规则可简短地表示出"不多的烟—温度急剧地上升—启动报警"或者"不多的烟—无温升—警告"。

c. 神经网络：在探测器中的信号处理是一连续的过程，但为适应要求，各程序步骤可同时进行。正如在人脑中所有神经细胞是连锁起来的并且可以同时交换彼此的数据一样，在所有包含的元件之间同时使用算法和模糊逻辑评估过程。模仿人的大脑，这一非常有效的处理数据的方法被称为"神经网络"。

该系统由火灾报警控制器和感温探测器、光电感烟探测器、光电、感温复合的多参数探测器、显示器和操作终端机、手动报警按钮、输入和输出线性模块及其他现代系统所需的辅助装置组成。

火灾报警控制器是系统的中央数据库，负责内外部通信，通过"拟真试验"确认来自探测器的信号数据，并在必要时发出报警。

显示器的操作终端机有一个清晰的 8 行、320 个字符的液晶显示器，按照信息重要程度用彩色显示信息，并有一个逻辑叠加的光导操作次序。

对探测器的设计已经科学化，电子器件都是密封的，但没有封装，对环境温、湿度适应性较强，灵敏度恒定，维护方便。探测器本身具有微处理器的处理能力和自诊断能力，可对它们的具体应用做到参数化，不受诸如蜂窝电话之类电磁干扰的影响，具有高级的自负责性。与中央数据库连接，同控制器一样具有分析和计算能力。

该系统的一个突出优点是设有公司多年实验和现场试验收集的火灾序列提问档程序库，即中央数据库。可利用这些算法、神经网络和模糊逻辑的结合识别和解释火灾现象，同时排除环境特性。该系统的其他优点是控制器体积小、控制器超薄、小口径、造形美观、自纠错、减少维修、系统容量大、可扩展，即使在主机处理机发生故障时系统仍可继续工作等。

4. 高灵敏度空气采样报警系统(HSSD)

(1) HSSD 在火灾预防上的重要作用：

1) 在提前作出火灾预报中的重要作用。据英国的火灾统计资料表明，着火后，发现火灾的时间与死亡率呈明显的倍数关系。如在 5min 内发现，死亡率是 0.31%；5~30min 内发现，死亡率是 0.81%；30min 以上发现，死亡率高达 2.65%。因此，着火后，尽量提前作出准确预报，对挽救人的生命和减少财产损失显得非常重要。

HSSD 可以提前一个多小时发出三级火警信号(一、二级为预警信号，三级为火警信号)，使火灾事故及时消灭于萌芽之中。英国的《消防杂志》曾刊载了该系统使用中两个火警事故的实例，很能说明问题。一个是发生在一般的写字楼内，在一把靠近暖炉口的塑料软垫椅子，因塑料面被稍微烤糊(宽约 1cm)，放出少量的烟气，被 HSSD 系统探测到，发生了第一级火警预报信号，这一预警时间比塑料面被引燃提前一个多小时。这是我们现有的感烟探测器望尘莫及的。另一个例子是涉及一台大型计算机电路板的故障。HSSD 管路直接装到机柜顶部面板内，当电路板因故障刚刚过热，释放出微量烟气分子后，就被 HSSD 探测到，并发出第一级火警预报信号。这时，夜间值班人员马上电话通知工程技术人员来处理。当处理人员赶到机房时，系统又发出第二级火警预报信号。此时，计算机房内仍未见到有烟,只是微微感到一些焦糊气味。打开机柜,才发现电路板上有三个元件已碳化。这起事故因提前一个多小时预报,损失只限于电路板,及时地避免了昂贵的整台计算机毁于一旦。

HSSD 在世界范围内已得到广泛应用,现已成为保护许多重要企业、政府机构以及各种重要场所如计算机房、电信中心、电子设备与装置及艺术珍品库等处的火灾防御系统的重要组成部分。澳大利亚政府甚至明文规定所有计算机场所都必须安装这种探测系统。

2) 在限制哈龙使用中的重要作用:1987 年 24 国签署的关于保护臭氧层的蒙特利尔议定书,对五种制冷剂和三种哈龙(即卤代烷 1211、1301、2402)灭火剂作出限制使用的规定,其最后使用期限只允许延长至 2010 年,这必引起世界消防工业出现一场重大的变革。一方面,世界各国,尤其是发达国家都在相继采取措施减少使用量,并大力研究开发哈龙的替代技术和代用品;另一方面,为了减少哈龙在贮存和维修中的非灭火性排放,各国也特别重视哈龙的的回收和检测新技术的研究。

近年来,由于各国的积极努力,在哈龙替代和回收技术的研究方面已取得了一些可喜的进展。但是,哈龙具有高度有效的灭火特性、破坏性小、毒性低、长期存放不变质以及灭火不留痕迹等优点。因此,任何一个系统或代用品都不大可能迅速成为其理想的替代物。

可采用 HSSD 与原有的哈龙灭火系统结合安装的方案。由于前者能在可燃物质引燃之前就能很好地探测其过热,从而提供了充足的预警时间,可进行有效的人为干预,而不急于启动哈龙灭火。因此,使哈龙从第一线火灾防御的重要地位降格为火灾的备用设备。这样,就有效地限制和减少了哈龙的使用,充分地发挥了 HSSD 提前预报的重要作用。

(2) HSSD 火灾探测器:国际上将 HSSD 火灾探测器定义为通过管道抽取被保护空间空气样本到中心检测点以监视被保护空间内烟雾是否存在的火灾探测器。该探测器能够通过测试空气样本了解烟雾浓度,并根据预先确定的响应阈值给出相应的报警信号。

1) HSSD 氙灯光电探测器:其测量室基本结构如图 2-109 所示。其探测量光源一般是采用氙闪光灯,安装在测量室的顶部位置。测量室内被涂以黑色吸光材料,在测量室的一端装有一系列带有一定孔径的盘片,透过它们使测量室中心部位的光线能集中

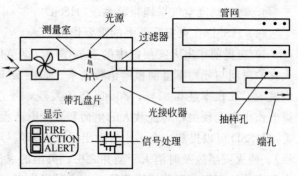

图 2-109 HSSD 氙灯光电探测器

到一个硅光电接收管上。当测量室中有烟粒子通过时,烟粒子将光线向各方向散射的大部分散射光被测量室的黑色墙壁所吸收,但在中心部分的散射光线则可通过带孔的盘片到达光电接收管产生一个小的光电流脉冲。它直接探测测量室中心的烟粒子总数(光电脉冲的直流电压),能较好地测量出在测量室中心的烟粒子。为了探测的一致性和可靠性,闪光灯的充电电压必须被精确控制,以保证每次闪光的能量相同。在探测

器测量室的前面，通常装有一个空气过滤装置，以预先滤除灰尘等直径在 25mm 以上的粒子。

这类探测器的标准灵敏度一般为 0.1%/m，最高可达到减光率在 0.05%/m，系统本身带有旋转式真空气泵或风扇，气流速度被控制在 5m/s，抽样管长度可达到 100m，抽样管数可达 10 根，管径一般在 20mm 左右。

氙灯光电探测器的特点是：由于其闪光灯需在 2kV 电压下以每分钟 20 次的频率闪光，其连续工作寿命只有 2 年，另外由于灰尘等因素造成探测器不到 2 年就可能使测量系统失效。为了解决这些问题出现了激光粒子计数工作方式的 HSSD 激光探测器。

2) HSSD 激光探测器：其测量室基本结构如图 2-110 所示。在测量室结构设计上，测量光速方向、光接收器接收方向及气流流动方向被分别设在互相垂直的轴线方向上，以保证在空气样本中无烟粒子的情况下，无光信号以及单个烟粒子产生的光脉冲信号被光接收器接收。其测量光源为半导体激光室，激光器发出的光束经水平校准器后，经物镜并穿过测量室避透孔聚焦在测量室中心。聚焦点（既测量区）的光束很窄，大约为 100um。光束经聚焦后，散开直射到测量室外部的吸光材料上，被吸光材料吸收，以防止光的反射作用。

在进入测量室的空气样本中无烟粒子存在时，没有光的散射现象，光接收器接收不到光信号，无信号输出，在空气样本中有烟粒子存在的情况下，烟粒子使光束发生散射，由于结构设计的保证，仅仅由在聚焦点上的烟粒子产生的散射光可被光接收器接收到，并产生一光电脉冲输出信号，脉冲信号被作为一个烟粒子计数。图 2-111 给出了典型的输出脉冲信号序列。

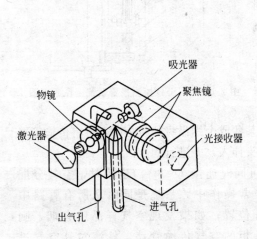

图 2-110 HSSD 激光探测器

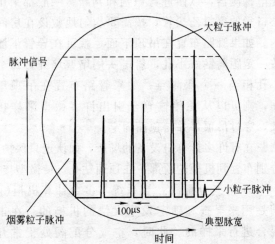

图 2-111 HSSD 激光深测器输出的粒子计数脉冲信号

被记录下的脉冲数，经进一步的运算处理后，与预先设定的各报警级别响应阈值相比较，如达到某一报警阈值，则给出相应的报警信号。从图 2-111 中也可以看出，产生高幅值脉冲的大粒子（如粒子径大于 $10\mu m$）和产生微小粒子或干扰信号，在脉冲信号处理过程中可以被去除，这相当于起到了大粒子过滤器及抗干扰电路作用。因此，该原理的探测器在测量室入口处不需要使用过滤器。

这种探测器的灵敏度一般为减光率0.1%/m，最高灵敏度可达减光率0.005%/m。系统本身带有旋转式风扇，管道中气流速度为3～6m/s（根据设计时输入的参数可自动调节），采样孔最多为40个，一般管径尺寸为19mm。

采用这种原理的探测器，由于其光源为普通固态半导体激光器（与激光唱机使用的激光器相同），故其光源的使用寿命（可达10年）远远高于氙闪光灯的使用寿命。另外，由于其测量室的设计特点加上其脉冲计数工作方式，使其几乎不受光源老化及由于测量室长期工作受污染后所产生的背景干扰信号的影响，从而提高了探测的可靠性；同时其不需要加装过滤器，可长期免去维护工作。但是，该种探测器有粒子浓度分辨范围（如每秒钟通过测量区的烟粒子数不超过5000个），当空气样本中的粒子浓度超过该范围时（这种情况在不清洁的空间极有可能发生），同一时刻出现在测量区的数个粒子所产生的散射光将复合在一起被光接收器接收，产生一个光电脉冲信号，导致不能正确进行探测。并且，数个烟粒子的复合信号可能产生的脉冲信号幅值较高，极有可能在脉冲信号处理过程中被作为大粒子信号去除，增加了漏报警的可能性。因此，该种探测器特别适用于保护洁净空间的重要保护对象。

(3) HSSD的组成及工作原理：HSSD由空气样管路传输系统、空气分配阀、空气过滤器、抽气泵、氙灯光电探测器及报警控制器等组成，其系统工作原理如图2-112所示。

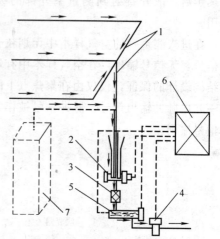

图2-112 HSSD探测报警系统工作原理图

1) 空气采样管路传输系统：它的作用是将监测空间或机柜中的空气样品及时、动态地传送到光电探测器，以便进行识别和判断。一般都采用小口径的聚氯乙烯管，按需要均匀地敷设在房间内。如果管路布置在吊顶下面，就可在导管下侧按一定距离钻好小孔，管端头用堵塞堵死，每个小孔相当一个探测点；如果管路布置在吊顶里面，则可以从主传输管子引出许多微型采样接头，穿过吊顶，并与顶面固定。

在有许多计算机设备的场所，如认定只保护某些或个别昂贵的机柜时，可将传输管路分别布置到机柜的顶部，在顶面钻孔，使微型接头伸入，并进行固定。

2) 空气分配阀：当系统与多台计算机柜（可同时连接7～8台）连接时，空气分配阀是用来寻查和确定发生火情的机柜的。在正常操作中，系统是同时从所有管路中混合进行采样的。此时，空气分配阀处于常开位置；如果发现空气样品中有烟，则启动空气分配阀，分别依次开通或关闭各设备柜的空气传输管路，轮流对其空气进行采样，从而确定是哪台设备出了问题。空气分配阀采用电磁控制方式，设有自动控制和手动控制回路。

3) 空气过滤器：它是用来滤掉空气采样管路中直径大于25μm的尘粒。因为，大于25μm直径的尘粒将会给氙灯光电探测器的正常工作台造成困难。而且，可燃物质因过热分解或燃烧生成的烟粒子一般都在0.01～10μm之间。因此，滤除空气样品中大于 25μm 的尘粒是不会造成采样空气失真的,也不会带来其他任何不利的影响。

4) 氙灯光电探测器:当空气样品被抽气泵抽至探测器,使暴露在氙灯发出的强闪烁光中,这些悬浮在气流中的粒子,会对光产生较强的散射,使光电接受器收到的光强度随烟粒子的含量发生变化,输出相应的电信号,进行放大、整形、A/D 转换,送入报警控制器计算和处理。氙灯是一种广谱光源,它的光十分接近太阳光的频带和光强度。其光谱包含了全部的可见光谱带(400~700nm),并延伸到紫外光区(200~400nm)和红外光区(700~1200nm)及其以外的范围。因此,它对各种粒径的烟粒都会产生较强的散射效应,具有显著的敏感性。

研究证明,这种探测器对空气样品中的烟雾强度($\mu g/m^3$)能作出线性响应,与烟粒子大小无关。它比普通型感烟探测器具有高得多的灵敏度,能在火灾发展的各个阶段很好地完成探测任务,被认为是最可靠和最适用的探测器。

5) 抽气泵:它是将被监测空间的空气样品连续不断地抽入氙灯光电探测器,使探测器中的空气流不断地更新和补充,最后由气泵出口排出。这样,探测器可实时地检测到一系列空气样品的烟雾强度数据。为了使空气采样能迅速传送到探测器,抽气泵在需要的容积流量情况下,升压比要高、能耗要小、寿命要长。一般通过 90m 长的管路,其响应时间不应超过 60s。

6) 报警控制器:一般来说,本系统的控制器与现有的火灾自动报警控制器并无多大差别,只要设计时考虑周全,就可实现两者相互通用的目的。它们的主要功能可归纳如下:

a. 探测器采集的信号,经放大、整形、A/D 转换,传送给控制器,由 CPU 进行计算和处理,得到一系列烟强度数据,并以线条图形显示出烟强度级别;同时,又实时地与存贮器中设定的三级报警信号值进行比较,判断是否发生火情,并相应发出启动空气分配阀的指令。该三级烟强度设定值可在现场按需要进行调整。

b. 本系统具有自诊断功能,可对自身的故障和故障部位作出判断,发出故障信号,显示故障部位,并记录。

c. 当控制器发出第三级火警信号后,可自动或手动驱动外部的声光报警设备、消防广播以及其他联动灭火设备等。

d. 该系统具有较完善的显示、打印功能。

(二) 智能消防系统的集成和联网

1. 智能消防系统的集成

(1) 智能消防系统集成的意义:智能建筑是信息时代的必然产物,是信息技术与现代建筑的巧妙的集成。智能建筑用于要求安全、可靠、舒适及反应灵敏高的场所,因此消防自动化(FA)作为楼宇自动化(BA)系统的子系统其安全运行是非常关键的,对消防系统进行集成化控制是保证其安全运行、统一管理和监控的必要手段。

所谓消防系统的集成就是通过中央监控系统,把智能消防系统和供配电、音响广播、电梯等装置联系在一起实现联动控制,并进一步与整个建筑物的通信、办公和保安系统联网,以实现整个建筑物的综合治理自动化。

(2) 国内外消防系统集成现状的比较:系统集成技术的运用,从目前看国内外差别很大。

在国外，一些著名的消防自动化系统产品一般都可作为楼宇自控系统(BAS)的子系统实现上述功能。例如美国江森公司 METASYS 系统，属于系统集成模式的计算机网络系统，内含消防自动化系统(FAS)。霍尼韦尔 EXCEL5000 系统，内含消防自动化系统(FAS)和保安系统(SMS)，也属子系统集成模式的计算机网络系统，并有集成系统管理软件包，系统的软、硬件采用模块化、冗余、热备份等技术，系统可靠性高，还有系统自诊断，系统可维修性强；缺点在于图形和界面还未中文化，集成系统造价高。

在国内，一般智能建筑中消防自动化系统大多呈独立状态，自成体系，并未纳入 BA 系统中。这种自成体系的消防系统与楼宇、保安等系统相互独立，互联性差，当发生全局事件时，不能与其他系统配合联动形成集中解决事件的功能。

由于近几年来内含 FAS 的 BAS 进口产品完整地进入国内市场，且已被采用，故国内智能建筑中已将消防智能自动化系统作为 BA 系统的子系统纳入，例如上海金茂大厦的消防系统，包括 FAS 在内的 20 个弱电子系统，从设计方案上实现了一体化集成的功能。

2. 智能消防系统的联网

建筑智能化的集成模式有一体化集成模式；以 BA 和 OA 为主，面向物业管理的集成电路模式；BMS 集成模式及子系统集成模式四种，这里仅以 BMS 集成为例进行说明。

BMS 实现 BAS 与火灾自动报警系统、安全检查防范系统之间的集成。这种集成一般基于 BAS 平台，增加信息通信协议转换、控制管理模块，主要实现对 FAS 和 SAS 的集中监视与联动。各子系统均以 BAS 为核心，运行在 BAS 的中央监控计算机上。这种系统简单、造价低、可实现联动功能。国内大部分智能建筑采用这种集成模式。BMS 集成模式示意如图 2-113 所示。

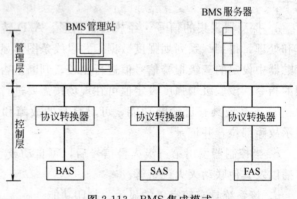

图 2-113 BMS 集成模式

传统火灾自动报警系统与现代火灾自动报警系统之间的区别主要在于探测器本身性能。由开关量探测器改为模拟量传感器是一个质的飞跃，将烟浓度、上升速率或其他感受参数以模拟值传给控制器，使系统确定火灾的数据处理能力和智能程度大为增加，减少了误报警的概率。区别之二在于，信号处理方法做了彻底改进，即把探测器中模拟信号不断送到控制器评估或判断，控制器用适当算法判别虚假或真实火警，判断其发展程度和探测受污染的状态。这一信号处理技术，意味着系统具有较高"智能"化。

现代火灾自动报警系统迅速发展的另一方面是复合探测器和多种新型探测器不断涌现，探测性能越来越完善。多传感器、多判据探测器技术发展，多个传感器从火灾不同现象获得信号，并从这些信号寻出多样的报警和诊断判据。高灵敏吸气式激光粒子计数型火灾报警系统、分布式光纤温度探测报警系统、计算机火灾探测与防盗保安实时监控系统、电力线传输火灾自动报警系统等新技术已获得应用。近年来，红外光束感烟探测器、缆式线型定温火灾探测器、可燃气体探测器等在消防工程中日渐增多，也已经有相应的新产品标准和设计规范。

为了便于读者对火灾自动报警系统的了解及便于进行课程设计，给出图 2-114～图 2-127，火灾报警新产品可参见附录。仅供选择参考。

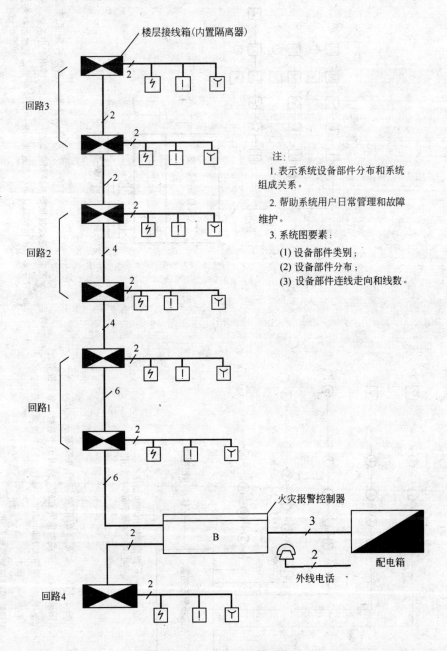

图 2-114 火灾自动报警系统图

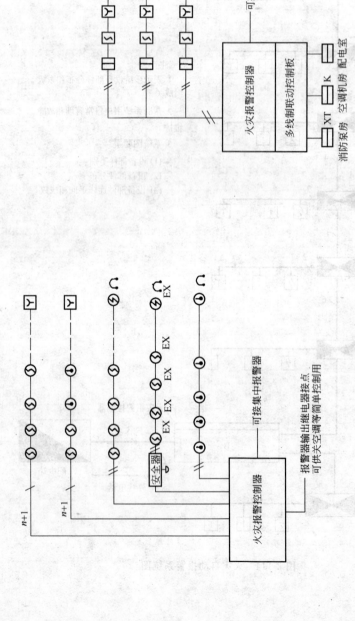

图 2-115 火灾自动报警与消防控制系统图
注：1. 本图采用 n+1 多线制报警方式，适用于小系统，节省投资。
2. 在车库、仓库等大开间房间，可数个同类探测器并接，全占一个点。
3. 连接防爆类探测器较方便。

图 2-116 火灾自动报警与消防控制系统
注：1. 本图采用总线制报警多线制可编程控制方式，使用方便，节省投资。
2. 对于多个小型建筑，可实现区域、集中两地报警、就地控制方式，可靠性较高。

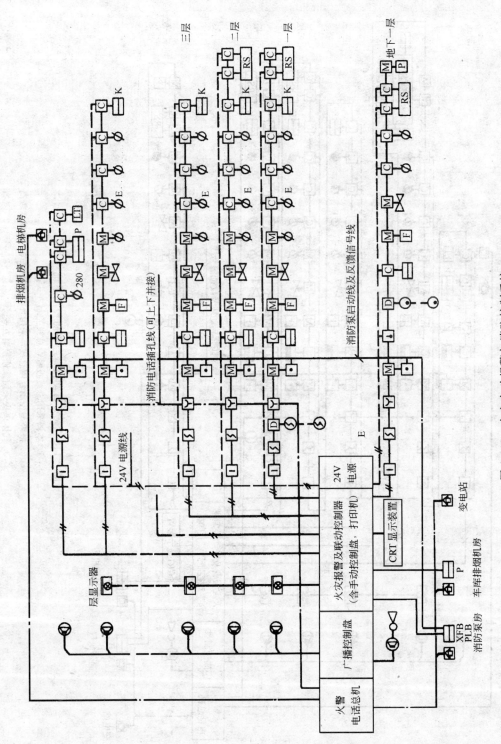

图 2-117 火灾自动报警与消防控制系统

注：1. 本图采用总线报警、总线控制方式。2. 报警与控制合用总线，以分支型连接。

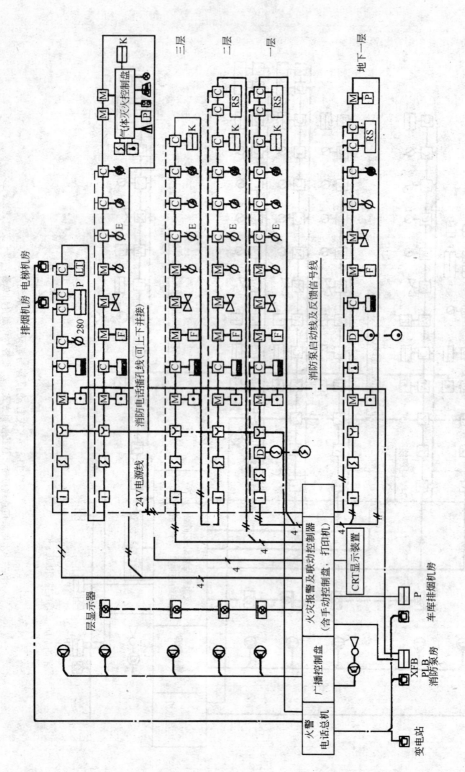

图 2-118 火灾自动报警与消防控制系统

注：1. 本图采用总线报警、总线控制方式。
2. 报警与控制合用总线，采用环型连接方式，可靠性较高。
3. 气体灭火采用就地控制方式。

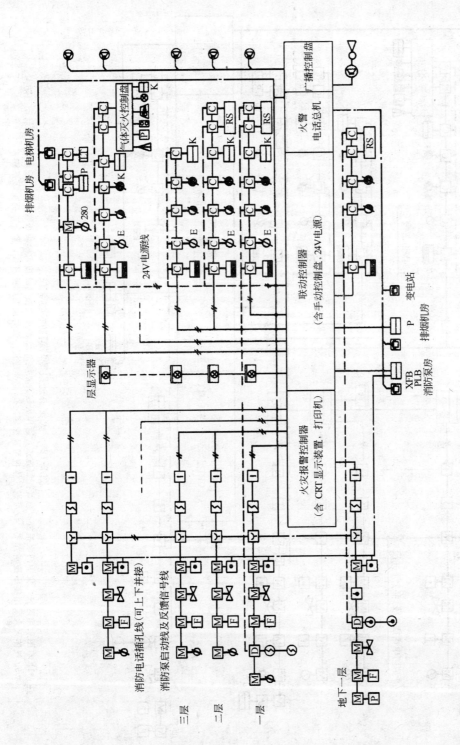

图 2-119 火灾自动报警与消防控制系统

注：1. 本图采用总线报警、总线控制方式。
2. 报警与控制总线分开，采用分支型连接方式。
3. 气体灭火采用集中控制方式。

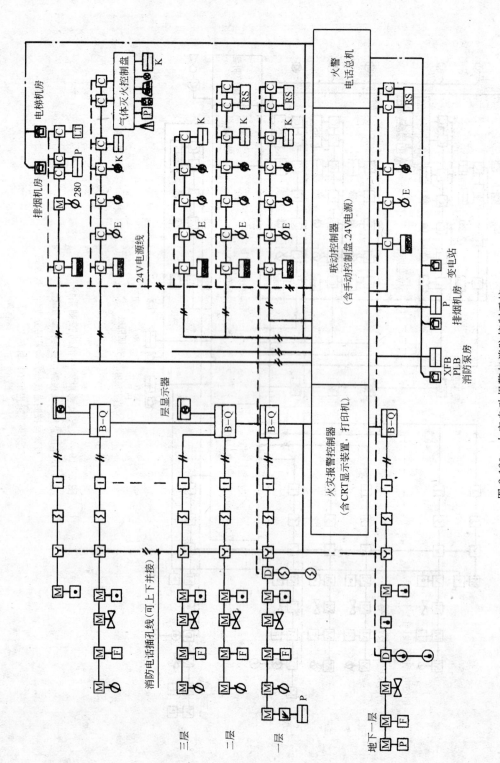

图 2-120 火灾自动报警与消防控制系统

注：1. 本图采用区域、集中两级报警，总线控制方式，适用于较大系统。2. 消火栓按钮经输入模块报警，并经控制器编程启动消防泵。
3. 气体灭火采用集中控制方式，设可燃气体报警及控制。4. 此类建筑一般另设有广播系统，紧急广播见该系统。

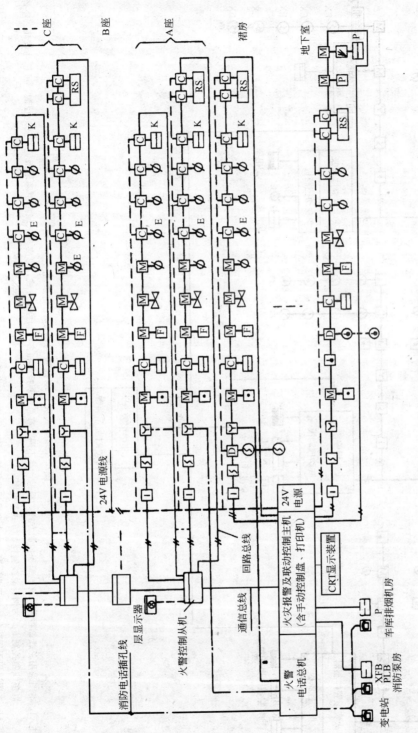

图 2-121 火灾自动报警与消防控制系统

注：1. 本图采用主机、从机报警方式，以通信总线连接成网，适用于建筑群或多个建筑联网的大型系统。
2. 根据产品不同，通信线可用连成主干型或环型。
3. 各回路控制全用总线，采用环型连接方式，可靠性较高。
4. 此类建筑一般另设有广播系统，紧急广播见该系统图。

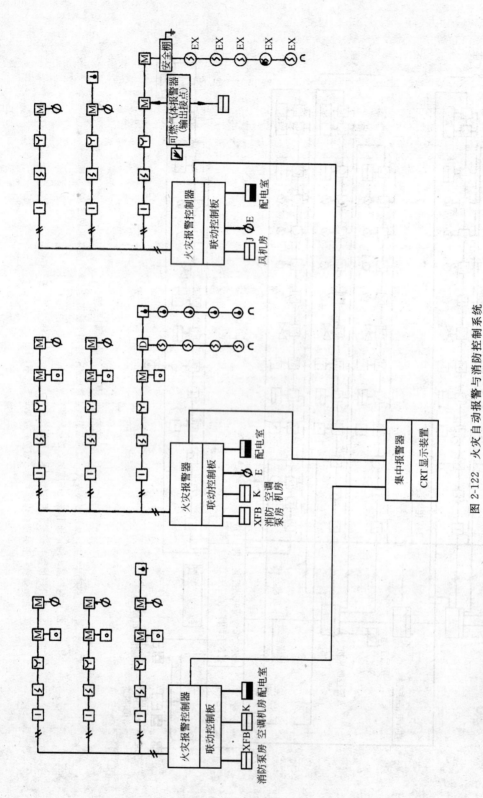

图 2-122 火灾自动报警与消防控制系统

注：1. 本图采用总线制报警、就地编程控制方式、根据产品不同、有总线制控制和多线制控制方式，可实现区域集中两地报警、可靠性较高。本图以多线制控制方式为例，总线制控制方式参见图 2-121。

2. 本图适用于比较分散的工业厂房、中小型民用建筑等，使用方便，节省投资。

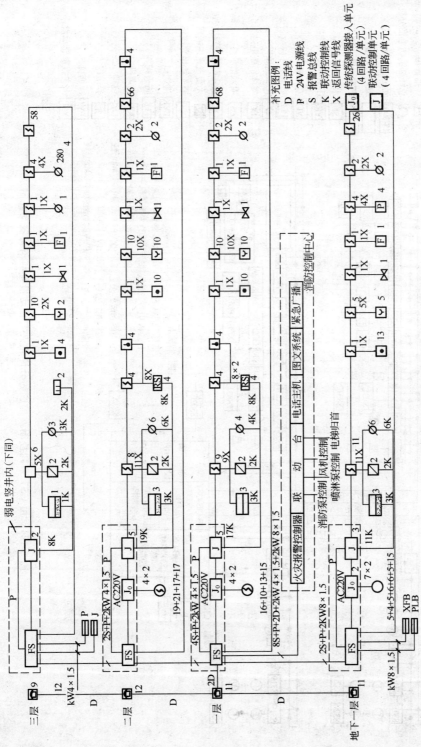

图 2-123 火灾自动报警与消防控制系统

本系统图为工程应用举例。

总线为环路路连接；传感探测器接入单元集中放置于弱电竖井内，放射形配线至楼层各点；返回信号均就近接至地码址探测器；消防泵与防排烟风机均由消防联动控制台直接配线控制。

本建筑另设有广播系统，紧急广播见该系统。

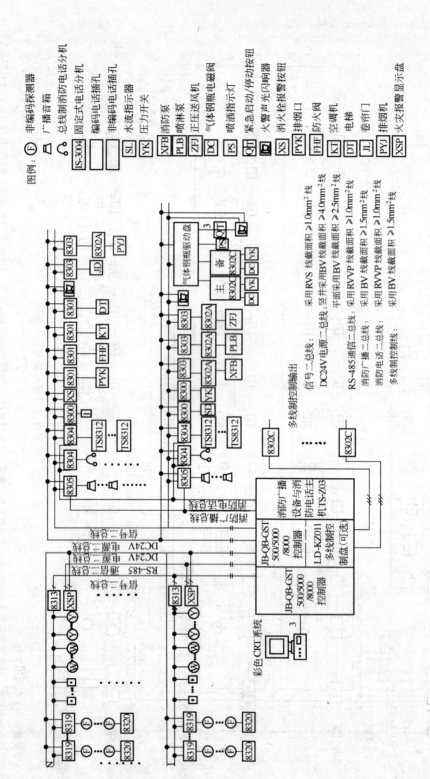

图 2-124 由 CST 系列控制器构成的分体火灾自动报警与消防联动控制系统

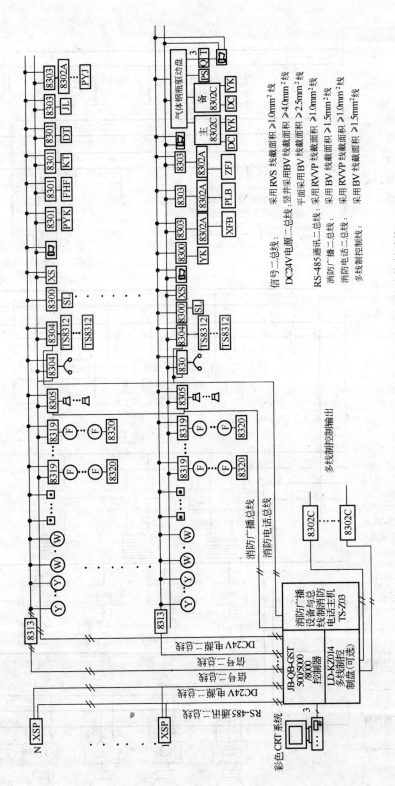

图 2-125 作防火分区的一体化火灾自动报警与消防联动控制系统

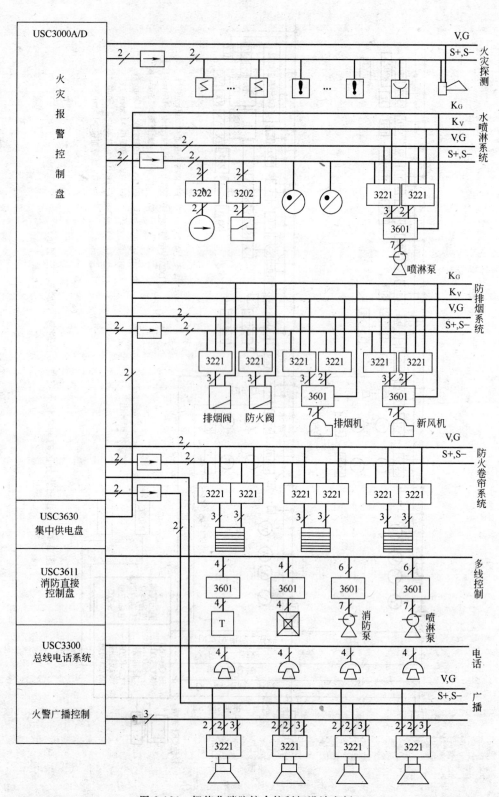

图 2-126 智能化消防综合控制柜设计实例

符号	名称	符号	名称
 ⧖	编码感烟探测器	 ⌀	消防泵、喷淋泵
 ⧗	普通感烟探测器	 ⌂	排烟机、送风机
 !	编码感温探测器	 ◺	防火、排烟阀
 ⓘ	普通感温探测器	 ☰	防火卷帘
 ↙	煤气探测器	 ⌀	防火阀
 Y	编码手动报警按钮	 T	电梯迫降
 Ⓨ	普通手动报警按钮	 ⊠	空调断电
 ◐	编码消火栓按钮	 ⏛	压力开关
 ◑	普通消火栓按钮	 ⊖	水流指示器
 →	短路隔离器	 ⛉	湿式报警阀
 冂	电话插口	 ⊠	电源控制箱
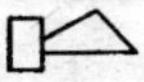 ◤	声光报警器	 ⌂	电话
 ▤	楼层显示器	3202	报警输入中继器
 ⌂	警铃	3221	控制输出中继器
 ⊖	气体释放灯、门灯	3203	红外光束中继器
 ⌂	广播扬声器	3601	双切换盒

图 2-127 常用符号

本 章 小 结

火灾自动报警系统是本书的核心部分。本章共分五小节，先概述了火灾自动报警系统的形成发展和组成，又对探测器的分类、型号及构造原理进行了说明，对探测器的选择和布置及线制进行了详细的阐述，通过一系列实例验证了不同布置方法的特点，以供读者设计时选用。对现场配套附件及模块如手动报警开关、消火栓报警开关、报警中继器、楼层（区域）显示器、模块（接口）、总线驱动器、总线（短路）隔离器、声光报警盒、CRT 彩色显示系统等的构造及用途进行了叙述。火灾自动报警控制器是火灾自动报警系统的心脏，对火灾报警控制器的构造、功能布线及区域和集中报警器的区别进行了说明，最后是火灾自动报警系统及应用示例，分别对区域报警系统、集中报警系统、控制中心报警系统进行了详细分析，并对智能报警系统及智能消防系统的集成和联网进行了概述。

总之，通过本章理论知识的学习和基本技能实训，可弄明白火灾自动报警系统的相关规范、工程设计的基本内容和基本方法，学会识读火灾自动报警系统的施工图，为从事消防设计和施工打下基础。

思 考 题 与 习 题

1. 火灾自动报警系统由哪几部分组成？各部分的作用是什么？
2. 探测器分为几种？
3. 下列型号代表的意义如何？
   (1) JTY-LZ-101；
   (2) JTW-DZ-262/062；
   (3) JTW-BD-C-KA-Ⅱ。
4. 什么叫灵敏度？什么叫感烟（温）探测器的灵敏度？
5. 感烟、温、光探测器有何区别？
6. 选择探测器主要应考虑哪些方面的因素？
7. 智能探测器的特点是什么？
8. 布置探测器时应考虑哪些方面的问题？
9. 已知某计算机房，房间高度为 8m，地面面积为 15m×20m，房顶坡度为 14°，属于二级保护对象，试：(1)确定探测器种类；(2)确定探测器的数量；(3)布置探测器。
10. 已知某锅炉房，房间高度为 4m，地面面积为 10m×20m，房顶坡度为 10°，属于二级保护对象，试：(1)确定探测器种类；(2)确定探测器的数量；(3)布置探测器。
11. 怎样用电子编码器编出 18.20？
12. 已知某高层建筑规模为 40 层，每层为一个探测区域，每层有 45 只探测器，手动报警开关等有 20 个，系统中设有一台集中报警控制器，试问该系统中还应有什么其他设备？为什么？
13. 已知某综合楼为 18 层，每一层设一台区域报警控制器，每台区域报警器所带设备为 30 个报警点，每个报警点安一只探测器，如果采用两线、总线制布线，布线图绘出后会有何不同？
14. 报警器的功能是什么？
15. 手动报警按钮与消火栓报警按钮的区别是什么？
16. 区域报警器与楼层显示器的区别是什么？
17. 输入模块、输出模块、总线驱动器、总线隔离器的作用是什么？
18. 火灾报警控制器有哪些种类？

19. 分别在七位、八位编码开关中编出106、28、66号。
20. 区域及集中报警控制器的设计要求有哪些？
21. 模块、总线隔离器、手动报警开关安装在什么部位？
22. 简述HSSD激光探测器的工作原理及特点。

第三章 自动执行灭火系统

[**本章任务**] 了解自动灭火系统的分类、灭火的基本方法及执行灭火的基本功能，掌握室内消火栓系统及自动喷洒水系统的构成、全电压及降压的电气控制原理及安装情况，明白气体灭火系统的构成及原理，能进行施工。

教学方法：建议采用项目教学法(结合工程实际或实训基地进行)。

第一节 概 论

高层建筑或建筑群体着火后，应主要做好两方面的工作：一是有组织有步骤的紧急疏散，二是进行灭火。为将火灾损失降到最低限度，必须采取最有效的灭火方法。灭火方式有两种：一种是人工灭火，动用消防车、云梯车、消火栓、灭火弹、灭火器等器械进行灭火。这种灭火方法具有直观、灵活及工程造价低等优点，缺点是：消防车、云梯车等所能达到的高度十分有限，灭火人员接近火灾现场困难、灭火缓慢、危险性大。另一种是自动灭火，自动灭火又分为自动喷水灭火系统和固定式喷洒灭火剂系统两种。

一、分类及基本功能

(一) 分类

1. 自动喷水灭火系统的分类

(1) 湿式喷水灭火系统；

(2) 室内消火栓灭火系统；

(3) 干式喷水灭火系统；

(4) 干湿两用灭火系统；

(5) 预作用喷水灭火系统；

(6) 雨淋灭火系统；

(7) 水幕系统；

(8) 水喷雾灭火系统；

(9) 轻装简易系统；

(10) 泡沫雨淋系统；

(11) 大水滴(附加化学品)系统；

(12) 自动启动系统。

2. 固定式喷洒灭火剂系统的分类

(1) 泡沫灭火系统；

(2) 干粉灭火系统；

(3) 二氧化碳灭火系统；

(4) 卤代烷灭火系统；

(5) 气溶胶灭火系统。

(二) 基本功能

(1) 能在火灾发生后,自动地进行喷水灭火;

(2) 能在喷水灭火的同时发出警报。

二、灭火的基本方法

燃烧是一种发热放光的化学反应。要达到燃烧必须同时具备三个条件,即:(1)有可燃物(汽油、甲烷、木材、氢气、纸张等);(2)有助燃物(如高锰酸钾、氯、氯化钾、溴、氧等);(3)有火源(如高热、化学能、电火、明火等)。一般灭火方法有以下三种:

1. 化学抑制法

灭火器:二氧化碳、卤代烷等。将灭火剂施放到燃烧区上,就可以起到中断燃烧的化学连锁反应,达到灭火的目的。

2. 冷却法

灭火器:水。将灭火器喷于燃烧物上,通过吸热使温度降低到燃点以下,火随之熄灭。

3. 窒息法

灭火器:泡沫。这种方法是阻止空气流入燃放区域,即将泡沫喷射到燃烧液体上,将火窒息;或用不燃物质进行隔离(如用石棉布、浸水棉被覆盖在燃烧物上,使燃烧物因缺氧而窒息)。

总之,灭火剂的种类很多,目前应用的灭火剂有泡沫(有低倍数泡沫、高倍数泡沫)、卤代烷1211、二氧化碳、四氯化碳、干粉、水等。但比较而言用水灭火具有方便、有效、价格低廉的优点,因此被广泛使用。然而由于水和泡沫都会造成设备污染,在有些场所下(如档案室、图书馆、文物馆、精密仪器设备、电子计算机房等)应采用卤素和二氧化碳等灭火剂灭火。常用的卤代烷(卤素)灭火剂如表3-1所示。

一般常用的卤代烷灭火剂　　　　表3-1

介质代号	名　称	化学式	介质代号	名　称	化学式
1101	一氯一溴甲烷	CH_2BrCl	1301	三氟一溴甲烷	$CBrF_3$
1211	二氟一氯一溴甲烷	$CBrClF_2$	2404	四氟二溴乙烷	$CBrF_3CBrF$
1202	二氯二溴甲烷(红P912)	CBr_2F_2			

表3-1中列有五种卤素灭火剂,最常用的"1211"和"1301"灭火剂具有无污染、毒性小、易氧化、电器绝缘性能好、体积小、灭火能力强、灭火迅速、化学性能稳定等优点。

在实际工程设计中,应根据现场的实际情况来选择和确定灭火方法和灭火剂,以达到最理想的灭火效果。

本章主要对室内消火栓系统,自动喷洒水系统及气体灭火等几种常用的系统进行较详细的阐述。

第二节　室内消火栓灭火系统

一、消火栓灭火系统简介

采用消火栓灭火是最常用的灭火方式,它由蓄水池、加压送水装置(水泵)及室内消火栓等主要设备构成，如图3-1所示。这些设备的电气控制包括水池的水位控制、消防用水和加压水泵的启动。水位控制应能显示出水位的变化情况和高、低水位报警及控制水泵的开停。室内消火栓系统由水枪、水龙带、消火栓、消防管道等组成。水枪嘴口径不应小于19mm，水笼带直径有50mm、65mm两种，水龙带长度一般不超过25m，消火栓直径应根据水的流量确定，一般口径有50mm与65mm两种。为保证喷水枪在灭火时具有足够的水压，需要采用加压设备，常用的加压设备有两种：消防水泵和气压给水装置。采用消防水泵时，在每个消火栓内设置消防按钮，灭火时用小锤击碎按钮上的玻璃小窗，按钮不受压而复位，从而通过控制电路启动消防水泵，水压增高后，灭火水管有水，用水枪喷水灭火。采用气压给水装置时，由于采用了气压水罐，并以气水分离器来保证供水压力，所以水泵功率较小，可采用电按点压力表，通过测量供水压力来控制水泵的启动。

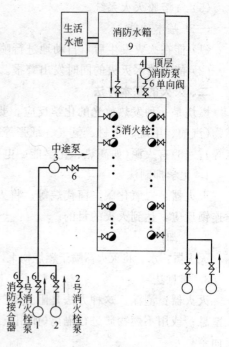

图3-1 室内消火栓系统

高位水箱与管网构成水灭火的供水系统，在没有火灾情况下，规定高位水箱的蓄水量应能提供火灾初期消防水泵投入前100mm的消防用水。10min后的灭火用水要由消防水泵从低位蓄水池或市区供水管网将水注入室内消防管网。

消防水箱应设置在屋顶，宜与其他用水的水箱合用，使水处于流动状态，以防消防用水长期静止而使水质变坏发臭。

当建筑高度≤50m时的消防供水系统如图3-2所示。当建筑高度≤50m时，应设置两个水箱，用联络管在水箱底部将它们连接起来，并在联络管上安设阀门，此阀门应处在敞开状态。图中单向阀的作用：防止消防水泵启动后消防管网的水不能进入水箱。联络管连接水箱示意图如图3-3所示。高度超过50m的供水系统如图3-4所示。

二、室内消防水泵的电气控制

（一）对室内消防水泵的控制要求

由前所示知，室内消火栓灭火系统由消火栓、消防水泵、管网、压力传感器及电气控制电路组成，其系统框图如图3-5所示。从图中可见消火栓灭火系统属于闭环控制系统。当发生火灾

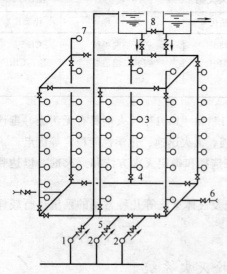

图3-2 供水示意图(高度≤50m)
1—生活泵；2—消防泵；3—消防栓和远距离启动消防水泵按钮；4—阀门；5—单向阀；6—水泵接合器；7—屋顶消防栓；8—高位水箱

时,控制电路接到消火栓泵启动指令发出消防水泵启动的主令信号后,消防水泵电动机启动,向室内管网提供消防用水,压力传感器用以监视管网水压,并将监测水压信号送至消防控制电路,形成反馈的闭环控制。

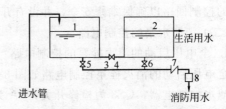

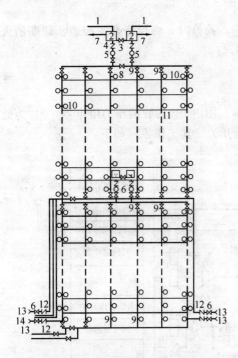

图3-4 联络管连接水箱示意图
1、2—生活、生产、消防合用水箱；
3—联络管；4—联络管上敞开阀门；
5、6—阀门；7—单向阀门；
8—水流报警启动器

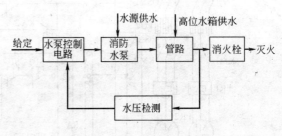

图3-3 供水示意图(高度＞50m)
1—生产、生活进水管；2—水箱；3—水箱连接管；4—单向阀；5—水力射流蓄电器；6—阀门；7—连生产、生活管网；8—管网分隔阀门；9—消防竖管阀门；10—消火栓；11—消防竖管；12—单向阀；13—水泵接合器；14—消防进水管

图3-5 消火栓火系统框图

1. 对消防水泵控制的三种方法有

(1)由消防按钮控制消防水泵的启停：当火灾发生时,用小锤击碎消防按钮的玻璃罩,按钮盒中按钮自动弹出,接通消防泵电路。

(2)由水流报警启动器,控制消防水泵的启停,前面图3-4中8为水流报警启动器。当发生火灾时,高位箱向管网供水时,水流冲击水流报警启动器,于是即可发出火灾报警,又可快速发出控制消防泵启动信号。

(3)由消防中心发出主令信号控制消防泵启停：当发生火灾时,灾区探测器将所测信号送至消防中心的报警控制器,再由报警控制器发出启动消防水泵的联动信号。

2. 对消火栓灭火系统的要求

(1)消防按钮必须选用打碎玻璃才能启动的按钮,为了便于平时对断线或接触不良进行监视和线路检测,消防按钮应采用串联接法。

(2)消防按钮启动后,消火栓泵应自动投入运行,同时应在建筑物内部发出声光报警,通告住户。在控制室的信号盘上也应有声光显示,应能表明火灾地点和消防泵的运行状态。

(3)为了防止消防泵误启动使管网水压过高而导致管网爆裂,需加设管网压力监视保护,当水压达到一定压力时,压力继电器动作,使消火栓泵自动投入运行。

(4)消火栓工作泵发生故障需要强投时,应使备用泵自动投入运行,也可以手动强投。

(5)泵房应设有检修用开关和启动、停止按钮,检修时,将检修开关接通,切断消火栓泵的控制回路以确保维修安全,并设有开关信号灯。

(二)消防水泵的控制电路

1. 全电压启动的消火栓泵的控制电路

全电压启动的消火栓泵控制电路如图3-6所示。图中BP为管网压力继电器,SL为低位水池水位继电器,QS3为检修开关,SA为转换开关。其工作原理如下:

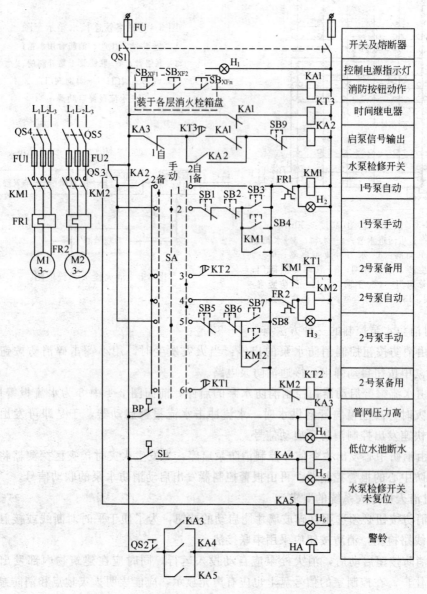

图3-6 消防按钮串联全电压启动的消防泵控制电路

(1) 1号为工作泵，2号为备用泵：将 QS4、QS5 合上，转换开关 SA 转至左位，即"1自，2备"，检修开关 QS3 放在右位，电源开关 QS1 合上，QS2 合上，为启动做好准备。

如某楼层出现火情，用小锤将该楼层的消防按钮玻璃击碎，其内部按钮因不受压而断开（即 $SB_{XF1} \sim SB_{XFn}$ 中任一个断开），使中间继电器 KA1 线圈失电，时间继电器 KT3 线圈通电，经过延时 KT3 常开触头闭合，使中间继电器 KA2 线圈通电，接触器 KM1 线圈通电，消防泵电机 M1 启动运转，进行灭火，信号灯 H2 亮。需停止时，按下消防中心控制屏上总停止按钮 SB9 即可。

如 1 号故障，2 号自动投入过程：

出现火情时，设 KM1 机械卡住，其触头不动作，使时间继电器 KT1 线圈通电，经延时后 KT1 触头闭合，使接触器 KM2 线圈通电，2 号泵电机启动运转，信号灯 H3 亮。

(2) 其他状态下的工作情况：如需手动强投时，将 SA 转至"手动"位置，按下 SB3（SB4），KM1 通电动作，1 号泵电机运转。如需 2 号泵运转时，按 SB7(SB8) 即可。

当管网压力过高时，压继电器 BP 闭合，使中间继电器 KA3 通电动作，信号灯 H4 亮，警铃 HA 响。

当低位水池水位低于设定水位时，水位继电器 SL 闭合，中间继电器 KA4 通电，同时信号灯 H5 亮，警铃 HA 响。

当需要检修时，将 QS3 置于左位，中间继电器 KA5 通电动作，同时信号灯 H5 亮，警铃 HA 响。

2. 带备用电源自投的 Y-△降压启动的消火栓泵控制电路

两台互备用自投消火栓给水泵星—三角降压启动控制电路如图 3-7 所示。

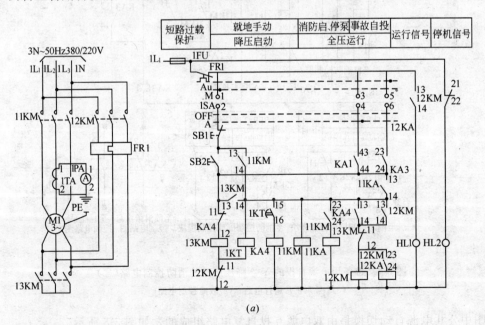

图 3-7 带备用电源自投的 Y-△降压启动的消防控制电路（一）

(a) 1 号泵正常运行电路

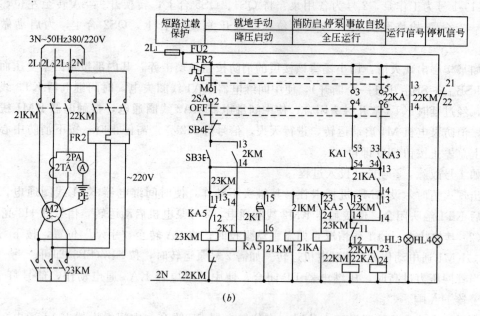

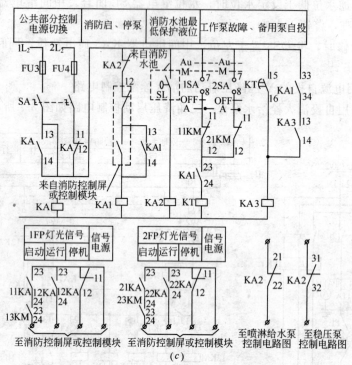

图 3-7 带备用电源自投的 Y-△降压启动的消防控制电路（二）
(b) 2号泵正常运行电路；(c) 故障控制电路

图中公共电源自动切换是由双电源互投自复电路组成的，如图 3-8 所示。

(1) 双电源互投自复电路原理：甲、乙电源正常供电时，指示灯 HL1、HL2 均亮，中间继电器 KA1、KA2 线圈通电，合上 QF1、QF2、QF3，合上旋钮开关 SA1，接触器 KM1 线圈

124

通电，甲电源向 KM1 所带母线供电，指示灯 HL3 亮。合上旋钮开关 SA2，接触器 KM2 线圈通电，乙电源向 KM2 所带负荷供电，指示灯 HL4 亮。

当甲电源停电时，KA1、KM1 线圈失电释放，其触头复位，使接触器 KM3 线圈通电，乙电源通过 KM3 向两段母线供电，指示灯 HL5 亮。

当甲电源恢复供电时，KA1 重新通电，其常闭触点断开，使 KM3 失电释放，KM3 触点复位，使 KM1 重新通电，甲电源恢复供电。

当负荷侧发生故障使 QF1 掉闸时，由于 KA1 仍处于吸合状态，其常闭触点的断开，使 KM3 不通电。

乙电源停电时，动作过程相同。

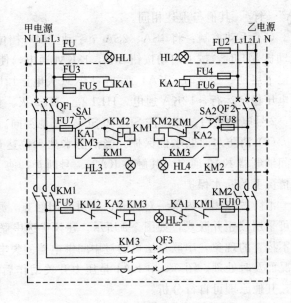

图 3-8 两路电源互投自复电路

(2) 公共部分控制电源切换：合上控制电源开关 SA，中间继电器 KA 线圈通电，KA_{13-14} 号触头闭合，送上 $1L_2$ 号电源号电源，KA_{11-12} 号触头断开，切断 $2L_2$ 号电源，使公共部分控制电路有电。当 1 号电源 $1L_2$ 无电时，KA 线圈失电，其触头复位，KA_{11-12} 号触头闭合，为公共部分送出 2 号电源，即 $2L_2$，确保线路正常工作。

(3) 正常情况下的自动控制：令 1 号消防泵电动机 M1 为工作泵，2 号电动机 M2 为备用泵，将选择开关 1SA 至工作"A"档位，其 3-4、7-8 号触头闭合，将选择开关 2SA 至自动"Au"档位，其 5-6 号触头闭合，做好火警下的 1 号泵启动，2 号泵备用准备。当火灾来临时，来自消防控制室或控制模块的常开触点闭合（此触点瞬间即 0.2s 闭合，然后断开）使中间继电器 KA1 线圈通电，其触点动作，其中 $KA1_{43-44}$ 号触头闭合，使接触器 13KM 线圈通电，其触头动作，主触头闭合，使电机尾端接在一起，其 $13KM_{13-14}$ 号触头闭合，接触器 11KM、时间继电器 1KT 通电，中间继电器 11KA 通电，11KM 主触头闭合，1 号电动机 M1 星接下降压启动。经延时后 1KT 闭合，切换中间继电器 KA4 线圈通电，使接触器 13KM 失电释放，接触器 12KM 线圈通电，M1 在三角形接法下全电压稳定运行，中间继电器 12KA 线圈通电，运行信号灯 HL1 亮，停机信号灯 HL2 灭。

当火灾扑灭时，来自消防控制室或控制模块的常闭触点断开，KA1 失电，使 11KM、11KA、12KM、12KA 同时失电，HL1 灭，HL2 亮。

(4) 故障下备用泵的自动投入：当 1 号故障时，如接触器 11KM 机械卡住，时间继电器 KT 线圈通电，经延时后中间继电器 KA3 线圈通电，使接触器 23KM 通电，将电机尾端相接，接触器 21KM 和时间继电器 2KT 同时通电，21KM 通电，2 号备用电动机 M2 在星接下降压启动。经延时后，切换继电器 KA5 通电，使 23KM 失电，接触器 22KM 通电，电动机 M2 在三角形接法下全电压稳定运行。中间继电器 22KM 通电，2 号泵运行信号灯 HL3 亮，停泵信号灯 HL4 灭。

综上分析可知，如果 2 号泵工作，1 号泵备用，只要将 1SA 至"Au"档位，2SA 至

125

"A"档位,其他与上述相同。

(5) 手动控制:将1SA、2SA至手动"M"档位,其1-2号触头闭合,需要启动1号电动机M1时,按下启动按钮SB1,13KM通电,使11KM和1KT同时通电,M1在星形接法下启动,经延时,KA4通电,13KM失电,12KM通电,电动机M1在三角形接法下全电压稳定运行,12KA通电,HL1亮,HL2灭。停止时按下SB2即可。

2号电动机启、停应按SB3和SB4,其他类同。

(6) 消防水池低水位保护:当消防水池水位达最低保护水位时,液位开关SL闭合,中间继电器KA2通电,其触头$KA2_{11-12}$号断开,使KA1失电,电动机停止,实现自动控制情况下的断水保护。

消防按钮因其内部一对常开、一对常闭触点,可采用按钮串联式,如前图3-6所示,也可采用按钮并联式,如图3-9所示。建议优选串联接法,原因是:消防按钮有长期不用也不检查的现象,串联接法可通过中间继电器的失电去发现因按钮接触不好或断线故障的情况而及时处理。图3-9中KA1是压力开关动作后由消防中心发指令闭合,可启动消防泵,其他原理可自行分析。

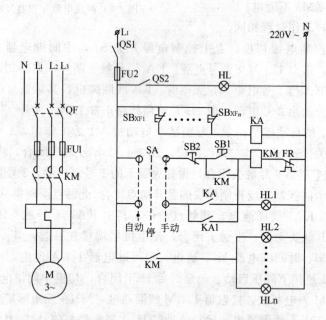

图3-9 常闭触点并联的全电压启动的消防水泵

三、室内消火栓灭火系统设计

消火栓灭火系统的设计主要是以下几个方面的内容:一是有关要求;二是水压及流量计算;三是消火栓设备的布置与安装,下面分别介绍。

1. 对室内消火栓灭火系统的设计要求

根据《民用建筑电气设计规范》(JGJ/T-16-92)有关规定,其设计要求如下:

(1) 消防按钮控制回路应采用50V以下的安全电压:因为发生火灾时,人要操作按钮,为保证人身安全必须采用安全电压。

(2) 应优先采用消防按钮直接启动消防水泵的方式:当发生火灾时,击碎消防按钮的玻璃后，通过其触点动作，此信号直接送泵房控制柜中启动消防泵。

(3) 消防控制室对消火栓灭火系统有如下控制、显示功能：

1) 控制消防泵的启、停；

2) 显示消火按钮的工作部位；

3) 显示消防水泵的工作、故障状态：消防水泵工作电源显示、各台消防水泵的启动显示均为消防水泵工作状态显示；采用接触器触点回馈到控制室；而水泵电机断电、过载及短路则属于故障状态显示。故障显示通常由空气开关或热继电器的触点回馈到消防控制室。

2. 消火栓用水的水压及流量计算

为了满足室内灭火需要，喷水枪应有足够的充实水柱。一般低标准的高层建筑，最小的水枪的充实水柱长度不应小于7m，以确保初级火灾扑救的成功。

消火栓所需水压由水枪喷嘴压力与水带压力损失决定。水枪喷嘴压力如下式：

$$P = 9806.65 \cdot \alpha \cdot L \tag{3-1}$$

式中　P——直水流水枪喷嘴压力(Pa)；

　　　α——水枪喷嘴压力系数(可由表3-2中查得)；

　　　L——充实水柱长度(m)。

水枪喷嘴压力系数 α 值　　　　表3-2

充实水柱长度 (m)	水枪喷嘴口径(mm)				
	13	16	19	22	25
7	1.33	1.32	1.28	1.15	1.15
10	1.50	1.40	1.35	1.22	1.21
13	1.85	1.69	1.58	1.38	1.46
15	2.20	1.93	1.80	1.70	1.63
20	4.91	3.50	2.95	2.60	1.95

室内消火栓内水龙带压力损失可由下式计算：

$$\Delta P = 9806.65 \cdot n \cdot \eta \cdot q \tag{3-2}$$

式中　ΔP——水龙带压力损失(Pa)；

　　　n——水龙带系数；

　　　η——水龙带阻力系数(可从表3-3中查取)；

　　　q——水龙带水流量(dm^3/s)。

麻质水带水压阻力系数 η　　　　表3-3

名　称	水带直径(mm)		
	50	65	75
麻质水带	0.3000	0.086	0.030

于是消火栓出水口所需要的水压为

$$P_\Sigma = P + \Delta P \quad Pa \tag{3-3}$$

低层建筑或火灾危险性不大的高层建筑，水枪喷嘴水压应不小于 $68.6 \times 10^3 Pa$(充实水柱长度为7m)，火灾危险性较大的高层建筑，水枪喷嘴水压应不小于 $98.07 \times 10^3 Pa$(充实水柱长度为10m)，重要的高层建筑，水枪喷嘴压力应不小于 $127.5 \times 10^3 Pa$(充实水柱长度为13m）。因此式（3-3）中水枪喷嘴压力 P 也可根据建筑物的具体特点，分别取上述几种情况下水枪喷嘴压力值，再估算麻质水带压力损失，便可近似地求出消火栓所需水压。

消火栓灭火系统所需消防用水量是由同时使用水枪数量（水柱股数）和每个水枪用水量（每股柱流量 dm^3/s）共同决定的。实际设计时，可先求出水枪喷嘴水压，再由下式经验地估算出水枪的水流量：

$$q=0.01\sqrt{\beta \cdot P}$$

式中　q——直水流水情的水流量（dm^3/s）；
　　　β——水枪喷嘴流量系数（β 取值可参见表3-4）；
　　　p——直水流水情喷嘴压力（Pa）。

水枪喷嘴流量系数 β　　　　表3-4

喷嘴口径 d(mm)	13	16	19	22	25
β 值	0.346	0.793	1.577	2.836	4.728

根据每个水枪的水流量，再乘以同时使用的水枪个数，便可求出消火栓灭火系统所需的水量。

工程设计中，室内消火栓灭火系统用水量也可参考表3-5及表3-6查得。

一般建筑物室内消火栓给水系统消防用水量　　　　表3-5

建筑物类型		体积、层数或座位数	水柱股数	每股水量(dm^3/s)
厂　房		不　限	2	2.5
库　房		≤4层	1	5.0
		>4层	2	5.0
民用建筑	火车站、展览馆	5001~25000m^3	1	2.5
		25001~50000m^3	2	2.5
	医院、商店等	>50000m^3	2	5.0
		5001~25000m^3	1	2.5
		>25000m^3	2	2.5
	剧院、电影院、体育馆、礼堂等	801~1000 个座位	2	2.5
		>1000 个座位	2	5.0
	单元式住宅	>6层	2	2.5
	其他民用住宅	≤6层	2	5.0

高层建筑室内外消防栓灭火系统用水量　　　　表3-6

建筑类型	建筑高度(m)	消防用水量(dm^3/s)		每根竖管最小流量(dm^3/s)	每支水枪最小流量(dm^3/s)
		室内	室外		
单元式住宅和一般塔式住宅	≤50	10	15	10	5
	>50	20	15	10	5
通廊式住宅、重要塔式住宅、一般的旅馆、办公室医院等	≤50	20	20	10	5
	>50	30	20	15	5
重要旅馆、办公楼、教学楼、医院等；以及百货大楼、展览馆、科研楼、图书馆、邮电大楼等	≤50	30	30	15	5
	>50	40	30	15	5

3. 正确布置与安装室内消火栓设备

消防人员手持喷水枪在火灾现场灭火，由于消火栓箱的位置，水龙带长度及水枪充实水柱长度都是确定的，所以一支喷水枪的灭火范围是有限的。为了保证在被保护区域哪怕是最不利地点都能得到消火栓灭火系统的保护，并且考虑到室内消火栓的布置与安置直接影响灭火能力与灭火效果，因此应注意以下几点：

（1）消火栓的布置应能保证从喷水枪射出的水流不仅要射入火焰，而且还要具有足够的流量及水压；

（2）如果在同一楼层内设置多个消火栓，应确保同层相邻两支水枪的充实水柱能同时到达室内任何一点。

基于以上考虑，并充分注意到消火栓的保护半径、最大保护宽度等影响，为有效扑灭室内火灾，消火栓的布置间距最好在25m，手提式水枪的喷嘴口径多为19mm。

消火栓的安装注意事项如下：

（1）应选择公安部指定的消防产品生产厂家生产的消火栓设备；

（2）安装前须进行仔细检查，并熟悉安装方法；

（3）消火栓的安放位置要有明显的指示标志，且便于识别、便于操作、便于维修管理；

（4）消火栓栓口距楼面高度应在1.20m左右，同时栓口出水方向应与安置消火栓的墙面成90°角。

第三节 自动喷洒水灭火系统

自动喷水灭火系统是目前世界上采用最广泛的一种固定式消防设施。从19世纪中叶开始使用，至今已有100多年的历史，它具有价格低廉、灭火效率高的特点。据统计，灭火成功率在96%以上，有的已达99%。在一些发达国家(如美、英、日、德等)的消防规范中，几乎所有的建筑都要求有自动喷水灭火系统。有的国家(如美、日等)已将其应用在住宅中了。我国随着工业与民用建筑的飞速发展，消防法规正逐步完善，自动喷水灭火系统在宾馆、公寓、高层建筑、石油化工中得到了广泛的使用。

一、基本功能及分类

（一）基本功能

（1）能在火灾发生后，自动地进行喷水灭火；

（2）能在喷水灭火的同时发出警报。

（二）自动喷水灭火系统的分类

从不同的角度得到不同的分类，这里分以下4类进行介绍：

1. 闭式系统

采用闭式喷洒水的自动喷水灭火系统。可分为以下四个系统：

（1）湿式系统：准工作状态时管道内充满用于启动系统的有压水的闭式系统。

（2）干式系统：准工作状态时管道内充满用于启动系统的有压气体的闭式系统。

（3）预作用系统：准工作状态时配水管道内不充水，由火灾自动报警系统自动开启雨淋报警阀后，转换为湿式系统的闭式系统。

(4) 重复启闭预作用系统：能在扑灭火灾后自动关阀、复燃时再次开阀喷水的预作用系统。

2. 雨淋系统

由火灾自动报警系统或传动管控制，自动开启雨淋报警阀和启动供水泵后，向开式洒水喷头供水的自动喷水灭火系统。亦称开式系统。

3. 水幕系统

由开式洒水喷头或水幕喷头、雨淋报警阀组或感温雨淋阀以及水流报警装置（水流指示器或压力开关）等组成，用于挡烟防火和冷却分隔物的喷水系统。

(1) 防火分隔水幕：密集喷洒形成水墙或水帘的水幕。

(2) 防护冷却水幕：冷却防火卷帘等分隔物的水幕。

4. 自动喷水-泡沫联用系统

配置供给泡沫混合液的设备后，组成既可喷水又可喷泡沫的自动喷水灭火系统。

二、湿式自动喷水灭火系统

（一）系统简介

自动喷水灭火属于固定式灭火系统。它分秒不离开值勤岗位，不怕浓烟烈火，随时监视火灾，是最安全可靠的灭火装置，适用于温度不低于4℃（低于4℃受冻）和不高于70℃（高于70℃失控，会误动作造成火灾）的场所。

1. 系统的组成

湿式喷水灭火系统是由喷头、报警止回阀、延迟器、水力警铃、压力开关（安于管上）、水流指示器、管道系统、供水设施、报警装置及控制盘等组成，如图3-10所示，主要部件如表3-7所示，其相互关系如图3-11所示。报警阀前后的管道内充满压力水。

主要部件表　　　　表3-7

编号	名称	用途	编号	名称	用途
1	高位水箱	储存初期火灾用水	13	水池	储存1h火灾用水
2	水力警铃	发出音响报警信号	14	压力开关	自动报警或自动控制
3	湿式报警阀	系统控制阀，输出报警水流	15	感烟探测器	感知火灾，自动报警
4	消防水泵接合器	消防车供水口	16	延迟器	克服水压液动引起的误报警
5	控制箱	接收电信号并发出指令	17	消防安全指示阀	显示阀门启闭状态
6	压力罐	自动启闭消防水泵	18	放水阀	试警铃阀
7	消防水泵	专用消防增压泵	19	放水阀	检修系统时，放空用
8	进水管	水源管	20	排水漏斗（或管）	排走系统的出水
9	排水管	末端试水装置排水	21	压力表	指示系统压力
10	末端试水装置	实验系统功能	22	节流孔板	减压
11	闭式喷头	感知火灾，出水灭火	23	水表	计量末端实验装置出水量
12	水流指示器	输出电信号，指示火灾区域	24	过滤器	过滤水中杂质

2. 湿式喷水系统附件

(1) 水流指示器（水流开关）：其作用是把水的流动转换成电信号报警。其电接点即可直接启动消防水泵，也可接通电警铃报警。在保护面积小的场所（如小型商店、高层公寓

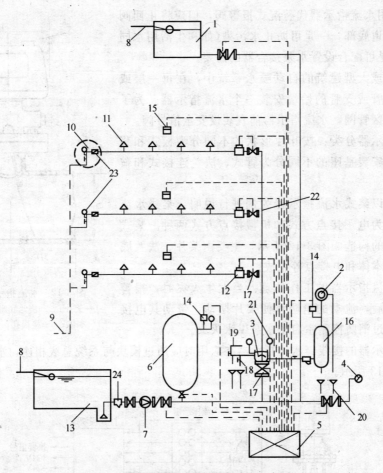

图 3-10 湿式自动喷水灭火系统示意图

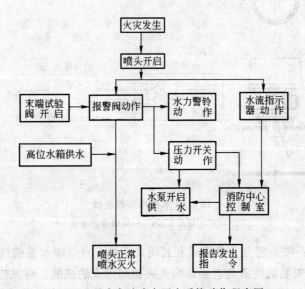

图 3-11 湿式自动喷水灭火系统动作程序图

等),可以用水流指示器代替湿式报警阀,但应将止回阀设置于主管道底部,一是可防止水污染(如和生活用水同水源),二是可配合设置水泵接合器的需要。

在多层或大型建筑的自动喷水系统中,在每一层或每分区的干管或支管的始端安装一个水流指示器。为了便于检修分区管网,水流指示器前宜装设安全信号阀。

水流指示器分类:按叶片形状的不同分为板式和桨式两种;按安装基座的不同分为管式、法兰连接式和鞍座式三种。

这里仅以桨式水流指示器为例进行说明。桨式水流指示器又分为电子接点方式和机械接点方式两种。桨式水流指示器的构造如图3-12所示,主要由桨片、法兰底座、螺栓、本体和电接点等组成。

桨式水流指示器的工作原理:当发生火灾时,报警阀自动开启后,流动的消防水使桨片摆动,带动其电接点动作,通过消防控制室启动水泵供水灭火。

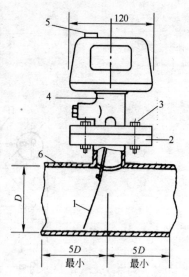

图 3-12 水流指示器示意
1—桨片;2—法兰底座;3—螺栓;
4—本体;5—接线孔;6—喷水管道

水流指示器的接线:水流指示器在应用时应通过模块与系统总线相连,水流指示器的接线如图3-13所示。

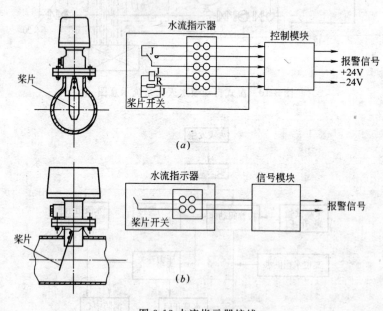

图 3-13 水流指示器接线
(a)电子接点方式;(b)机械接点方式

(2)洒水喷头:喷头可分为开启式和封闭式两种。它是喷水系统的重要组成部分,因此其性质、质量和安装的优劣会直接影响火灾初期灭火的成败,可见选择时必须注意。

1)封闭式喷头:可以分为易熔合金式、双金属片式和玻璃球式三种。应用最多的是玻璃球式喷头,如图3-14所示。喷头布置在房间顶棚下边,与支管相连。喷头主要技术参数如表 3-8 所示，动作温度级别如表 3-9 所示。

玻璃球式喷淋头主要技术参数 表 3-8

型号	直径(mm)	通水口径(mm)	接口螺纹(in)	温度级别(℃)	炸裂温度范围	玻璃球色标	最高环境温度(℃)	流量系数 $K(\%)$
ZST-15 系列	15	11	1/2	57 68 79 93	±15%	橙 红 黄 绿	27 38 49 63	80

玻璃球式喷淋头动作温度级别 表 3-9

动作温度(℃)	安装环境最高允许温度(℃)	颜色	动作温度(℃)	安装环境最高允许温度(℃)	颜色
57	38	橙	141	121	蓝
68	49	红	182	160	紫
79	60	黄	227	204	黑
93	74	绿	260	238	黑

在正常情况下，喷头处于封闭状态。火灾时，开启喷水是由感温部件（充液玻璃球）控制的，当装有热敏液体的玻璃球达到动作温度（57、68、79、93、141、182、227、260℃）时，球内液体膨胀，使内压力增大，玻璃球炸裂，密封垫脱开，喷出压力水，喷水后，由于压力降低压力开关动作，将水压信号变为电信号向喷淋泵控制装置发出启动信号，保证喷头有水喷出。同时，流动的消防水使主管道分支处的水流指示器电接点动作，接通延时电路（延时 20～30s），通过继电器触点，发出声光信号给控制室，以识别火灾区域。

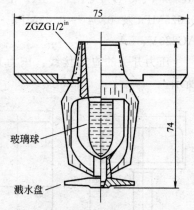

图 3-14 玻璃球式喷淋头

综上可知，喷头具有探测火情、启动水流指示器、扑灭早期火灾的重要作用。其特点是：结构新颖、耐腐蚀性强、动作灵敏、性能稳定。

适用范围：高（多）层建筑、仓库、地下工程、宾馆等适用水灭火的场所。

2）开启式喷头：按其结构可分为双臂下垂型、单臂下垂型、双臂直立型、和双臂边墙型四种，如图 3-15 所示，其主要参数见表 3-10。

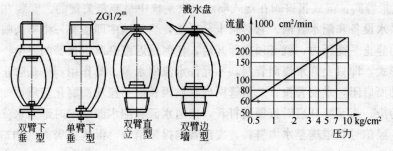

图 3-15 开启式喷淋头

开启式喷淋头的主要技术参数　　　　表3-10

型号名称	直径(mm)	接管螺纹(in)	外型尺寸(mm) 高	外型尺寸(mm) 宽	流量系统 K(%)
ZSTK—15	15	ZG1/2	74	46	80

开启式喷头与雨淋阀(或手动喷水阀)、供水管网以及探测器、控制装置等组成雨淋灭火系统。

开启式喷头的特点是：外形美观，结构新颖，价格低廉，性能稳定，可靠性强。

适用范围：易燃、易爆品加工现场或储存仓库以及剧场舞台上部的葡萄棚下部等处。

(3) 压力开关：ZSJY、ZSJY25和ZSJY50三种压力开关的外形如图3-16所示。

压力开关的原理是：当湿式报警阀阀瓣开启后，其触点动作，发出电信号至报警控制箱从而启动消防泵。报警管路上如装有延迟器，则压力开关应装在延迟器之后。以上三种压力开关都有一对常开触点，作自动报警式自动控制用。压力开关的特点：ZSJY型：1) 膜片驱动，工作压力为0.07～1MPa之间可调。2)适用于空气水介质。3)可用交直流电，工作电压为：AC220V、380V；DC12V、24V、36V、48V；触点所能承受的电容量：AC220V、5A，DC12V、3A，接线电缆外径20mm。ZSJY25、50型：工作压力为0.02～0.025MPa及0.04～0.05MPa。用弹簧接线柱给接线带来了方便，触点容量为AC220V、5A。

压力开关的应用接线：压力开关用在系统中需经模块与报警总线连接，如图3-17所示。

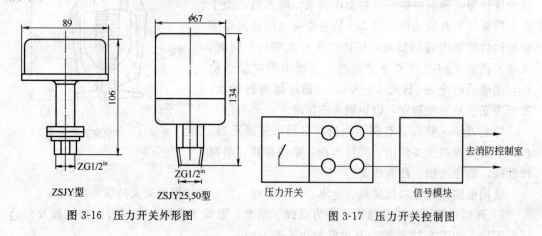

图3-16　压力开关外形图　　　　图3-17　压力开关控制图

(4) 湿式报警阀：湿式报警阀在湿式喷水灭火系统中是非常关键的。安装在总供水干管上，连接供水设备和配水管网。它必须十分灵敏，当管网中即使有一个喷头喷水，破坏了阀门上下的静止平衡压力，就必须立即开启，任何延迟都会耽误报警的发生。它一般采用止回阀的形式，即只允许水流向管网，不允许水流回水源。其作用：一是防止随着供水水源压力波动而启闭，虚发警报；二是管网内水质因长期不流动而腐化变质，如让它流回水源将产生污染。当系统开启时报警阀打开，接通水源和配水源。同时部分水流通过阀座上的环形槽，经信号管道送至水力警铃，发出音响报警信号。湿式报警阀的构造如图3-18所示。

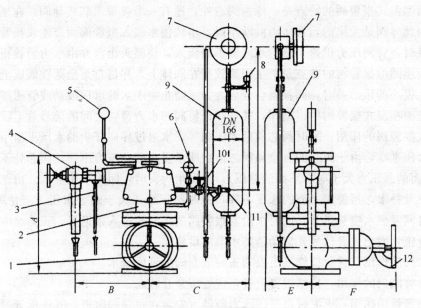

图 3-18 湿示报警阀
1—控制阀；2—报警阀；3—试警铃阀；4—防水阀；5、6—压力表；7—水利警铃；
8—压力开关；9—延时器；10—警铃管阀门；11—滤网；12—软锁

控制阀的作用：上端连接报警阀，下端连接进水立管，是检修管网及灭火后更换喷头时关闭水源的部件。它应一直保持常开状态，以确保系统使用。因此用环形软锁将闸门手轮锁在开启状态，也可以用安全信号阀显示其开启状态。

湿式报警阀的分类：有导阀型（如图 3-19 所示）和隔板座圈形（如图 3-20 所示）两种。

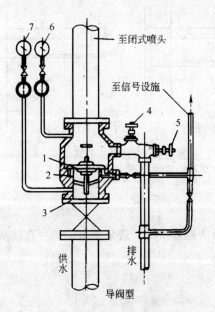

图 3-19 导阀型湿式报警阀
1—报警阀及阀芯；2—阀座凹槽；3—总闸阀；4—试铃阀；5—排水阀；6—阀后压力表；7—阀前压力表

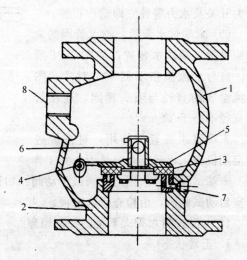

图 3-20 隔板座圈型报警阀构造示意
1—阀体；2—铜座圈；3—胶垫；4—锁轴；5—阀瓣；6—球形止回阀；7—延时器接口；8—防水阀接口

导阀型湿式报警阀的特点是：除主阀芯外，还有一个弹簧承载式导阀，在压力正常波动范围内此导阀是关闭的，在压力波动小时，不致使水流入报警阀而产生误报警，只有在火灾发生时，管网压力迅速下降，水才能不断流入，使喷头出水并由水力警铃报警。

隔板座圈型报警阀的特点是：主阀瓣铰接在阀体上，并借自重坐落在阀座上，当阀板上下产生很小的压力差时，阀板就会开启。为了防止由于水源水压波动或管道渗漏而引起的隔板座圈型湿式报警阀的误动作，往往在报警阀和水力警铃之间的信号管上设延迟器。

湿式报警阀的作用：平时阀芯前后水压相等，水通过导向杆中的水压平衡小孔保持阀板前后水压平衡，由于阀芯的自重和阀芯前后所承受水的总压力不同，阀芯处于关闭状态（阀芯上面的总压力大于阀芯下面的总压力）。发生火灾时，闭式喷头喷水，由于水压平衡小孔来不及补水，报警阀上面的水压下降，此时阀下水压大于阀上水压，于是阀板开启，向洒水管网及洒水喷头供水，同时水沿着报警阀的环形槽进入延迟器、压力继电器及水力警铃等设施，发出火警信号并启动消防水泵等设施。

放水阀的作用：进行检修或更换喷头时放空阀后管网余水。

警铃管阀门的作用：检修报警设备，应处于常开状态。

水力警铃的作用：火灾时报警。水力警铃宜安装在报警阀附近，其连接管的长度不宜超过6m，高度不宜超过2m，以保证驱动水力警铃的水流有一定的水压，并不得安装在受雨淋和曝晒的场所，以免影响其性能。电动报警不得代替水力警铃。

延迟器的作用：它是一个罐式容器，安装在报警阀与水力警铃之间，用以防止由于水源压力突然发生变化而引起报警阀短暂开启，或对因报警阀局部渗漏而进入警铃管道的水流起一个暂时容纳作用，从而避免虚假报警。只有在火灾真正发生时，喷头和报警阀相继打开，水流源源不断地大量流入延迟器，经30s左右充满整个容器，然后冲入水力警铃。

试警铃阀的作用：进行人工试验检查，打开试警铃阀泄水，报警阀能自动打开，水流应迅速充满延迟器，并使压力开关及水力警铃立即动作报警。

(5) 末端试水装置：喷水管网的末端应设置末端试水装置，如图3-21所示。宜与水流指示器一一对应。图中流量表的直径与喷头相同，连接管道直径不小于20mm。

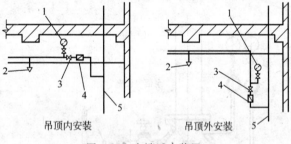

图3-21 末端试水装置
1—压力表；2—闭式喷头；3—末端试验阀；
4—流量计；5—排水管

末端试水装置的作用：对系统进行定期检查，以确定系统是否正常工作。

末端试验阀可采用电磁阀或手动阀。如设有消防控制室时，若采用电磁阀可直接从控制室启动试验阀，给检查带来方便。

(二) 湿式喷水灭火系统的控制原理

1. 正常状态

在无火灾时，管网压力水由高位水箱提供，使管网内充满不流动的压力水，处于准工作状态。

2. 火灾状态

当发生火灾时，灾区现场温度快速上升，使闭式喷头中玻璃球炸裂，喷头打开喷水灭火。管网压力下降，使湿式报警阀自动开启，准备输送喷淋泵（消防水泵）的消防供水。管网中设置的水流指示器感应到水流动时，发出电信号，同时压力开关检测到降低了的水压，并将水压信号送入湿式报警控制箱，启动喷淋泵，消防控制室同时接到信号，当水压超过一定值时，停止喷淋泵。

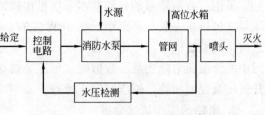

图 3-22 喷淋泵闭环控制示意

从上述喷淋泵的控制过程可见，它是一个闭环控制过程，可用图 3-22 描述。

（三）全电压启动的湿式自动喷水灭火系统

1. 电气线路的组成

在高层建筑及建筑群体中，每座楼宇的喷水系统所用的泵一般为 2～3 台。采用两台泵时，平时管网中压力水来自高位水池，当喷头喷水，管道里有消防水流动时，流水指示器启动消防泵，向管网补充压力水。平时一台工作，一台备用，当一台因故障停转，接触器触点不动作时，备用泵立即投入运行，两台可互为备用。图 3-23 为两台泵的全电压启

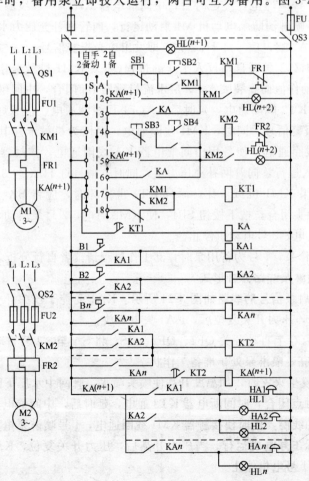

图 3-23 全电压启动的喷淋泵控制电路

137

动的喷淋泵电路，图中 B1、B2、Bn 为区域水流指示器。如果分区较多可有 n 个水流指示器及 n 个继电器与之配合。

采用三台消防泵的自动喷水系统也比较常见，三台泵中其中两台为压力泵，一台为恒压泵。恒压泵一般功率很小，在 5kW 左右，其作用是使消防管网中水压保持在一定范围之内。此系统的管网不得与自来水或高位水池相连，管网消防用水来自消防贮水池，当管网中的渗漏压力降到某一数值时，恒压泵启动补压。当达到一定压力后，所接压力开关断开恒压泵控制回路，恒压泵停止运行。

2. 电路的工作情况分析

(1) 正常工作(即 1 号泵工作，2 号泵备用)时：将 QS1、QS2、QS3 合上，将转换开关 SA 至"1 自，2 备"位置，其 SA 的 2、6、7 号触头闭合，电源信号灯 HL$(n+1)$ 亮，做好火灾下的运行准备。

如二层着火，且火势使灾区现场温度达到热敏玻璃球发热程度时，二楼的喷头爆裂并喷出水流。由于喷水后压力降低，压力开关动作，向消防中心发去信号(此图中未画出)，同时管网里有消防水流动时，水流指示器 B2 闭合，使中间继电器 KA2 线圈通电，KA2 触头使时间继电器 KT2 线圈通电，经延时后，中间继电器 KA$(n+1)$ 线圈通电，使接触器 KM1 线圈通电，1 号喷淋消防泵电动机 M1 启动运行，向管网补充压力水，信号灯 HL$(n+1)$ 亮，同时警铃 HA2 响，信号灯 HL2 亮，即发出声光报警信号。

(2) 当 1 号泵故障时，2 号泵自动投入工作的过程(如果 KM1 机械卡住)：如 n 层着火，n 层喷头因室温达动作值而爆裂喷水，n 层水流指示器 Bn 闭合，中间继电器 KAn 线圈通电，使时间继电器 KT2 线圈通电，延时后 KA$(n+1)$ 线圈通电，信号灯 HLn 亮，警铃 HLn 响，发出声光报警信号，同时，KM1 线圈通电，但因为机械卡住其触头不动作，于是时间继电器 KT1 线圈通电，使备用中间继电器 KA 线圈通电，接触器 KM2 线圈通电，2 号备用泵自动投入运行，向管网补充压力水，同时，信号灯 HL$(n+3)$ 亮。

(3) 手动强投：如果 KM1 机械卡住，而且 KT1 也损坏时，应将 SA 至"手动"位置，其 SA 的 1、4 号触头闭合，按下按钮 SB4，使 KM2 通电，2 号泵启动，停止时按下按钮 SB3，KM2 线圈失电，2 号电动机停止。

那么如果 2 号为工作泵，1 号为备用泵时，其工作过程请读者自行分析。

3. 全电压启动的喷淋泵线路另种形式

以压力开关动作发启泵信号的线路如图 3-24 所示。KA1 受控于压力开关，压力开关动作时，KA1 通电闭合，压力开关复位后，KA1 失电释放。

(1) 正常无火灾时：合上自动开关 QF1、QF2、QS，将 SA 至"1 号自动，2 号备用"位置，电源指示灯 HL 亮，喷淋泵处于准备工作状态。

(2) 火灾状态：当发生火灾时，如温度升高使喷头喷水，管网中水压下降，压力开关动作，使继电器 KA1 触点闭合，时间断电器 KT3 通电，延时后，中间继电器 KA 线圈通电自锁，并断开 KT3 的线圈，同时使接触器 KM1 线圈通电，1 号喷淋泵电机 M1 启动加压，信号灯 HL1 亮显示 1 号电机运行。当压力升高后，压力开关复位，KA1 失电释放，KA 失电、KM1 失电、1 号电机停止。

(3) 故障时备用泵自动投入：当发生火灾时，如果 1 号电机不动作，时间继电器 KT1 线圈通电，延时后其触头使接触器 KM2 线圈通电，备用泵 2 号电机 M2 启动加压。

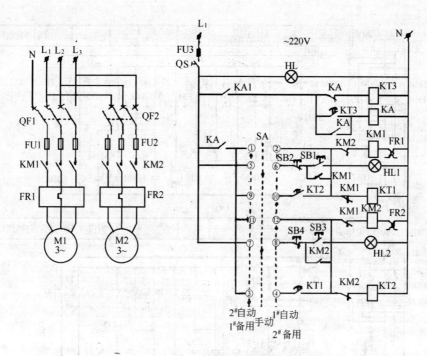

图 3-24 全压启动喷淋泵控制电路(压力开关控制)

(4) 手动控制：当自动环节故障时，将 SA 至于"手动"位置，按 SB1~SB4 便可启动 1 号(2 号)喷淋泵电机。

也可以 2 号工作、1 号备用，其原理自行分析。

以上两个全电压启动线路中，前图为水流指示器发信号动作，后图为压力开关发信号动作，即水流指示器、压力开关将水流转换成火灾报警信号，控制报警控制柜(箱)发出声光报警并显示灭火地址。工程中，水流指示器有可能由于管路水流压力突变，或受水锤影响等而误发信号，也可能因选型不当、灵敏度不高、安装质量不好等而使其动作不可靠。因此消防泵(喷淋泵)的启停应采用能准确反映管网水压的压力开关，让其直接作用于喷淋泵启停回路，而无需与火灾报警控制器作联动控制。但消防控制室仍需设置喷淋泵的启停，以确保无误。

(四) 降压启动的喷淋泵电机控制

采用两路电源互投且自耦变压器降压启动的线路如图 3-25 所示。图中 SP 为点接点压力表触点，KT3、KT4 为电流时间转换器，其触点可延时动作，1PA、2PA 为电流表，1TA、2TA 为电流互感器。线路工作过程分析如下。

(1) 公共部分控制电源切换：合上控制电源开关 SA，中间继电器 KA 线圈通电，KA_{13-14} 号触头闭合，送上 $1L_1$ 号电源，KA_{11-12} 号触头断开，切断 $2L_2$ 号电源，使公共部分控制电路有电。当 1 号电源 $1L_1$ 无电时，KA 线圈失电，其触头复位，KA_{11-12} 号触头闭合，为公共部分送出 2 号电源，即 $2L_2$，确保线路正常工作。

(2) 正常情况下的自动控制：令 1 号为工作泵，2 号为备用泵，将电源控制开关 SA 合上，引入 1 号电源 $1L_1$，将选择开关 1SA 至工作"A"档位，其 3-4、7-8 号触头闭合，当消防水池水位不低于低水位时，$KA2_{21-22}$ 闭合，当发生火灾时，水流指示器和压力开关

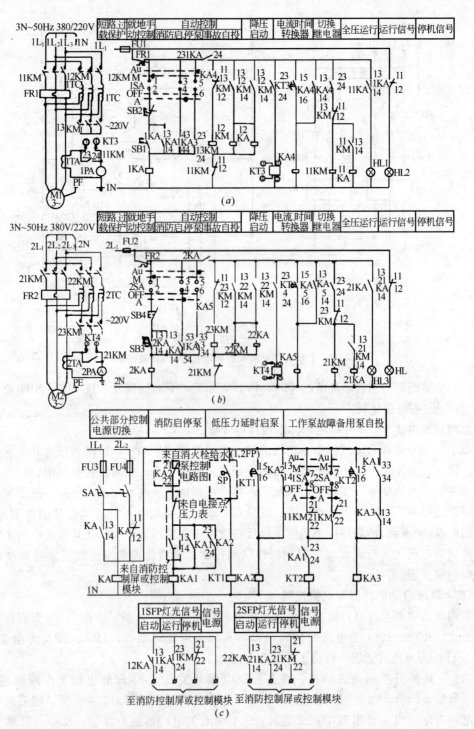

图 3-25 带自备电源的两台互备自投自耦变压器降压喷淋给水泵的控制电路
(a) 1号泵正常运行电路；(b) 2号泵正常运行电路；(c) 故障控制电路

相"与"后，向来自消防控制屏或控制模块的常开触点发出闭合信号，即发来启动喷淋泵信号，中间继电器 KA1 线圈通电，使中间继电器 1KA 通电自锁，$1KA_{23-24}$ 号触头闭合，使接触器 13KM 线圈通电，13KM$_{13-14}$ 号触头使接触器 12KM 通电，其主触头闭合，1 号喷淋泵电动机 M1 串联自耦变压器 1TC 降压启动，12KM 触头使中间继电器 12KA、电流时间转换器 KT3 线圈通电，经过延时后，当 M1 达到额定工作电流时，即从主回路 KT3$_{3-4}$ 号触电引来电流变化时，KT3$_{15-16}$ 号触头闭合，使切换继电器 KA4 线圈通电，13KM 失电释放，使 11KM 通电，1TC 被切除，M1 全电压稳定运行，并使中间继电器 11KA 通电，其触头使运行信号灯 HL1 亮，停泵信号灯 HL2 灭。另外，11KM$_{11-12}$ 号触头断开，使 12KM、12KA 失电，启动结束，加压喷淋灭火。

(3) 故障时备用泵的自动投入：当出现故障时，在火灾发生后，如 11KM 机械卡住，11KM 线圈虽通电，但是其触头不动作，使时间继电器 KT2 线圈通电，经延时后，中间继电器 KA3 线圈通电，使继电器 2KA 线圈通电，其触头使接触器 23KM 线圈通，接触器 22KM 线圈随之通电，2 号备用泵电动机 M2 串联自耦变压器 2TC 降压启动。中间继电器 22KA 和电流时间转换 KT4 线圈通电，经延时后，当 M2 达到额定电流时，KT4 触点闭合，使切换继电器 KA5 线圈通电，23KM 失电，22KM 失电，使接触器 21KM 线圈通电，切除 2TC，电动机 M2 全电压稳定运行，中间继电器 21KA 通电，使运行信号灯 HL3 亮，停机信号灯 HL4 灭，加压喷淋灭火。当火被扑灭后，来自消防控制屏或控制模块触点断开，KA1 失电、KT2 失电，使 KA3 失电，2KA 失电，21KM、21KA 均失电，M2 失电，M2 停止，HL3 灭，HL4 亮。

(4) 手动控制：将开关 1SA、2SA 至手动"M"档位，如启动 2 号电动机 M2，按下启动按钮 SB3，2KA 通电，使 23KM 线圈通电，22KM 线圈也通电，电动机 M2 串联 2TC 降压启动，22KA、KT4 线圈通电，经过延时，当 M2 的电流达到额定电流时，KT4 触头闭合，使 KA5 线圈通电，断开 23KM，接通 21KM，切除 2TC，M2 全电压稳定运行。21KM 使 21KA 线圈通电，HL3 亮，HL4 灭。停止时，按下停止按钮 SB4 即可。1 号电动机手动控制类同。

(5) 低压力延时启泵：来自消防控制室或控制模块的常开触点因压力低，压力继电器使之断开，此时，如果消防水池水位低于低水位，压力也低，来自消火栓给水泵控制电路的 KA2$_{21-22}$ 号触头断开，喷淋泵无法启动，但是由于水位低，压力也低，使来自电接点压力表的下限电接点 SP 闭合，使时间继电器 KT1 线圈通电，经过延时后，使中间继电器 KA2 线圈通电，KA2$_{23-24}$ 号触头闭合，这时水位已开始升高，来自消防水泵控制电路的 KA2$_{21-22}$ 号闭合，使 KA1 通电，此时就可以启动喷淋泵电动机了，称之为低压力延时启泵。

(五) 稳压泵及其应用

1. 线路的组成

两台互备自投稳压泵全电压启动电路如图 3-26 所示。图中来自电接点压力表的上限电接点 SP2 和下限电接点 SP1. 分别控制高压力延时停泵和低压力延时启泵。另外，来自消火栓给水泵控制电路中的常闭触点 KA2$_{31-32}$，当消防水池水位过低时是断开的，以其控制低水位停泵。

2. 线路的工作原理

(1) 正常下的自动控制：令 1 号为工作泵，2 号为备用泵，将选择开关 1SA 至工作"A"位置，其 3-4、7-8 号触头闭合，将 2SA 至自动"Au"档位，其 5-6 号触头闭合，做好准备。稳压泵是用来稳定水的压力的，它将在电接点压力表的控制下启动和停止，以确保水的压力降到在设计规定的压力范围之内，达到正常供给消防用水的目的。

当消防水池压力降至电接点压力表下限值时，SP1 闭合，使时间继电器 KT1 线圈通电。经延时后，其常开触头闭合，使中间继电器 KA1 线圈通电，接触器 KM1 通电、运

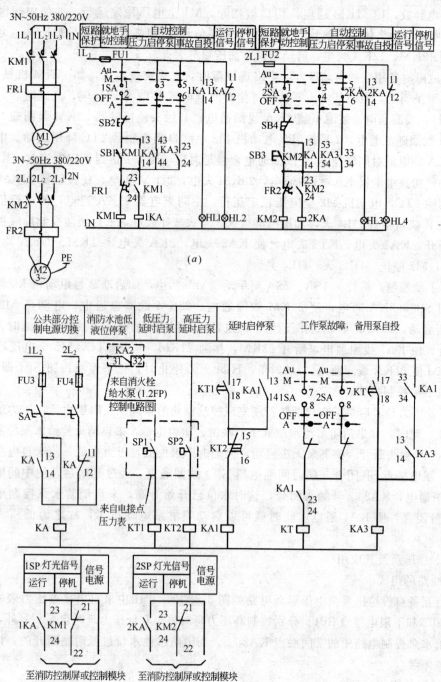

图 3-26 稳压泵全电压启动线路
(a)正常运行电路；(b)事故控制电路

行信号灯 HL1 亮,停泵信号灯 HL2 灭。随着稳压泵的运行,压力不断提高,当压力升为电接点压力表高压力值时,其上限电接点 SP2 闭合,使时间继电器 KT2 通电,其触头经延时断开,KA1 失电释放,使 KM1 线圈失电,1KA 线圈失电,稳压泵停止运行,HL1 灭,HL2 亮,如此在电接点压力表控制之下,稳压泵自动间歇运行。

(2) 故障时备用泵的投入:如果由于某种原因 M1 不启动,接触器 KM1 不动作,使时间继电器 KT 通电,经过延时其触头闭合,使备用继电器 KA3 通电,触头使 KM2 通电,2 号备用稳压泵 M2。自动投入运行加压,同时 2KA 通电,运行信号灯 HL3 亮,停泵信号灯 HL4 灭。随着 M2 运行压力升高,当压力达到设定的最高压力值时,SP2 闭合,时间继电器 KT2 线圈通电,经延时后其触头断开,使 KA1 线圈失电,$KA1_{22-24}$ 断开,KT 失电释放,KA3 失电,KM2、1KA 均失电,M2 停止,HL3 灭,HL4 亮。

(3) 手动控制:将开关 1SA、2SA 至手动"M"档位,其 1-2 号触头闭合。如果启动 M1,可按下启动按钮 SB1,KM1 线圈通电,稳压泵 M1 启动,同时 1KA 通电,HL1 亮,HL2 灭,停止时按 SB2 即可。2 号泵启动及停止按 SB3 和 SB4 便可实现。

第四节 卤代烷灭火系统

在表 3-1 中介绍了几种卤代烷灭火剂,对其特点已有所了解。这是仅以 1211 灭火系统为对象介绍 1211 的灭火效能,通过组合分配系统着重介绍有管网式灭火系统。并给出系统的系统图和平面图,以便于施工及工程造价的识读。

一、概述

1. 系统的分类

根据灭火的方式、系统结构、加压方式及所使用的灭火剂种类进行分类,如下所示:

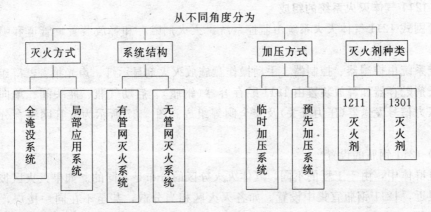

2. 适用范围

卤代烷 1211、1301 灭火系统可用于扑救下列火灾:

(1) 可燃气体火灾,如煤气、甲烷、乙烯等的火灾;

(2) 液体火灾,如甲醇、乙醇、丙酮、苯、煤油、汽油、柴油等的火灾;

(3) 固体的表面火灾,如木材、纸张等的表面火灾,对固体深位火灾具有一定的控火能力;

(4) 电气火灾，如电子设备、变配电设备、发电机组、电缆等带电设备及电气线路的火灾；

(5) 热塑性塑料火灾。

3. 系统的设置

根据《建筑设计防火规范》(GBJ 16—87)规定，下列部位应设置卤代烷灭火设备：

(1) 省级或超过 100 万人口城市电视发射塔微波室；

(2) 超过 50 万人口城市通信机房；

(3) 大中型电子计算机房或贵重设备室；

(4) 省级或藏书量超过 100 万册的图书馆，以及中央、省、市级的文物资料的珍藏室；

(5) 中央和省、市级的档案库的重要部位。

根据《人民防空工程设计防火规范》(GBJ 98—87)规定，下列部位应设置卤代烷灭火装置：油浸变压器室、电子计算机房、通信机房、图书、资料、档案库、柴油发电机室。

根据《高层民用建筑设计防火规范》(GB 50045—95)规定，高层建筑的下列房间，应设置卤代烷灭火装置：

(1) 大、中型计算机房；

(2) 珍藏室；

(3) 自备发电机房；

(4) 贵重设备室。

除此之外，金库、软件室、精密仪器室、印刷机、空调机、浸渍油坛、喷涂设备、冷冻装置、中小型油库、化工油漆仓库、车库、船仓和隧道等场所都可用卤代烷灭火装置进行有效的灭火。

二、1211 气体灭火系统的组成

有管网式 1211 气体灭火系统由监控系统、灭火剂贮存和释放装置、管道和喷嘴三部分组成。

监控系统由控测器、控制器、手动操作盘施放灭火剂显示灯、声光报警器等组成。

灭火剂贮存器和释放装置由 1211 贮存容器(钢瓶)、启动气瓶、瓶头阀、单向阀、分配阀、压力信号发送器(压力开关)及安全阀等组成。图 3-27 所示为有管网组合分配型灭火系统。

(一) 1211 钢瓶的设置

建筑群体中，由于工程的不同，气体灭火分区的分布是不同的。如果灭火区彼此相邻或相距很近，1211 钢瓶宜集中设置。如各灭火区相当分散，甚至不在同一楼层，钢瓶则应分区设置。

1. 1211 钢瓶的集中设置

采用管网灭火系统，通过管路分配，钢瓶可以跨区公用。但在钢瓶间需设置钢瓶分盘，在分盘上设有区灯、放气灯和声光报警音响等。当火灾发生需灭火时，先打开气体分配管路阀门(选择阀)，再打开钢瓶的气动瓶头阀，将灭火剂喷洒到火灾防护区。

2. 1211 的分区设置

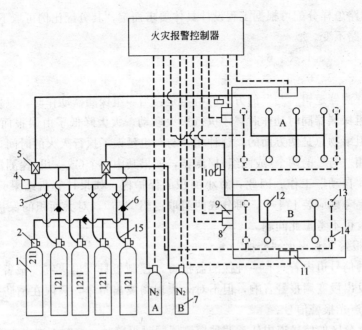

图 3-27 1211组合分配型灭火系统构成图
1—贮存容器；2—容器阀；3—液体单向阀；4—安全阀；5—选择阀；
6—气体单向阀；7—启动气瓶；8—施放灭火剂显示灯；9—手动操作盘；
10—压力信号器；11—声报警器；12—喷嘴；13—感温探测器；
14—感烟探测器；15—高压软管

这种设置方式无集中钢瓶间，自然也无钢瓶分盘，但每个区应独自设一个现场分盘。在分盘上设有烟、温报警指示灯、灭火报警音响、灭火区指示灯、放气灯等。另外，分盘上一般装有备用继电器，其触点可供在放气前的延时过程中关闭本区电动门窗、进风阀、回风阀等或关停相应的风机。

3. 1211灭火系统灭火分区划分的有关要求

(1) 灭火分区应以固定的封闭空间来划分；

(2) 当采用管网灭火系统时，一个灭火分区的防护面积不宜大于$500m^2$，容积不宜大于$2000m^3$；

(3) 采用无管网灭火装置时，一个灭火分区的防护面积不宜大于$100m^2$，容积不宜大于$300m^3$，且设置的无管网灭火装置数不应超过8个。无管网灭火装置是将贮存灭火剂容器、阀门和喷嘴等组合在一起的灭火装置。

(二) 气体灭火系统控制的基本方式

每个灭火区都有信号道、灭火驱动道，并设有紧急启动、紧急切断按钮和手动、自动方式的选择开关等。另外，在消防工程中，1211灭火系统应作为独立单元处理，即需要1211保护的场所的火灾报警、灭火控制等不应参与一般的系统报警，但是1211灭火的结果应在消防控制中心显示。

1. 报警信号道感烟、感温回路的分配

每个报警信号道内共有10个报警回路，分为感烟、感温两组。感烟探测回路之间取逻辑"或"，感温探测回路之间也取逻辑"或"，而后两组再取逻辑"与"构成灭火条件。

这10个报警回路怎样分配可根据工程设计具体要求而定,其分配比例可取下列任意一种,但总数保持10路不变。

感烟回路:2、3、4、5、6、7、8;

感温回路:8、7、6、5、4、3、2。

采用两组探测器逻辑"与"的方式的特点是:当一组探测器动作时,只发出预报警信号,只有当两组探测器同时动作时,才执行灭火联动。大大降低了由误报而引起的误喷,减少了损失。但事物总是两方面的,这种相"与"也延误了执行灭火的时间,使火势可能扩大。另外,相"与"的两个(或两组)探测器,如果其中一个(或一组)探测器损坏,将使整个系统无法"自动"工作。因此,对小面积的保护区,如果计算机结果只需两个探测器,从可靠性上考虑应装上4个,再分成两组取逻辑"与",对大面积的保护区,因为探测器数量较多,可不考虑此问题。

2. 火灾"报警"和灭火"警报"

在灭火区的信号道内若只有一种探测器报警,控制柜只发出火灾"报警",即信号道内房号灯亮,发出慢变调报警音响,但不对灭火现场发出指令,只限在消防控制中心(消防值班室)内有声光报警信号。

当任一灭火分区的信号道内任意两种探测器同时报警时,控制柜则由火灾"报警"立即转变为灭火"警报"。在警报情况下:(1)控制柜上的两种探测器报警信号(房号)灯亮;(2)在消防控制中心(消防值班室)内发出快变调"警报"音响,同时向报警的灭火现场发出声光"警报";(3)延时20~30s,在此时间内如有人将紧急切断按钮按下,则只有"警报"而不开启钢瓶(假定控制柜已置于自动工作位置),在此时间内无人按下紧急切断按钮,则延时20~30s后自动开启钢瓶电磁阀,实现自动灭火;(4)钢瓶开启后,钢瓶上有一对常开触点闭合,使灭火分区门上的"危险"、"已充满气"、"请勿入内"等字样的警告指示灯点亮;(5)开始报警时,控制柜上电子钟停走,记录灭火报警发出的时间,控制柜上的外控触点也同时闭合,关停风机;(6)如工作方式为手动方式时,控制柜只能报警而钢瓶开启则靠值班人员操作紧急启动控钮来实现。为了保证安全,防止误操作,按按钮后也需延时20~30s后才开启钢瓶灭火。(7)灭火后,应打开排气、排烟系统,以便于及时清理现场。

三、1211气体灭火系统的工作情况分析

为了便于分析,下面给出有管网灭火系统(见图3-28)和有管网灭火系统工作流程(见图3-29)及钢瓶室及其主要设备连接示意(见图3-30)。

(一)系统中主要器件的作用

1. 感烟、感温探测器

安在各保护区内,通过导线和分检箱与总控室的控制柜连接,及时把火警信号送入控制柜,再由控制柜分别控制钢瓶室外的组合分配系统和单元独立系统。

2. 瓶A、B

二者均为 ZLGQ4.2/60 启动小钢瓶,用无缝钢管滚制而成。启动钢瓶中装有 60 kgf/cm^2(5.88MPa)1211灭火剂用于启动灭火系统,当火灾发生时,靠电磁瓶头阀产生的电磁力(也可手动)驱动释放瓶内充压氮气,启动灭火剂储瓶组(1211储瓶组)的气动瓶头阀,将灭火剂1211释放到灾区,达到灭火的目的。

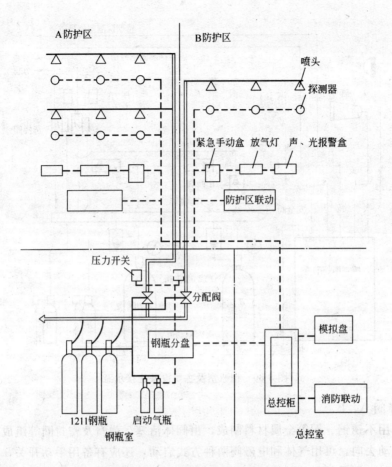

图 3-28　1211 有管网自动灭火系统

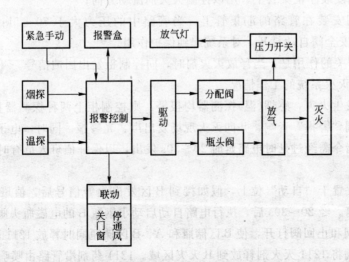

图 3-29　1211 有管网自动灭火工作流程

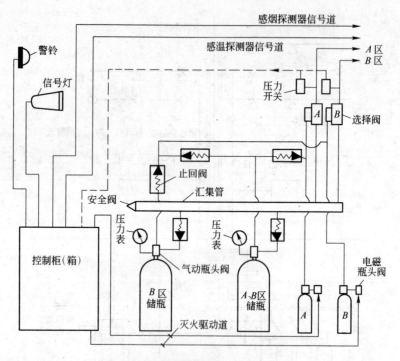

图 3-30　钢瓶室及主要设备连接示意

3. 选择阀 A、B

选择阀用不锈钢、铜等金属材料制成，由阀体活塞、弹簧及密封圈等组成，用于控制灭火剂的流动去向，可用气体和电磁阀两种方式启动，还应有备用手动开关，以便在自动选择阀失灵时，用手动开关释放 1211 灭火剂。

4. 其他器件

(1) 止回阀安装于汇集管上，用以控制灭火剂流动方向；

(2) 安全阀安装在管路的汇集管上，当管路中的压力大于 $70\pm5 kgf/cm^2$（7.35～6.37MPa）时，安全阀自动打开，对系统起到保护作用。

(3) 压力开关的作用是：当释放灭火剂时，向控制柜发出回馈信号。

（二）1211 灭火系统的工作情况

当某分区发生火灾，感烟（温）探测器均报警，则控制柜上两种探测器报警房号灯亮，由电铃发出变调"警报"音响，并向灭火现场发出声、光警报。同时，电子钟停走记下着火时间。灭火指令需经过延时电路延时 20～30s 发出，以保证值班人员有时间确认是否发生火灾。

将转换开关置于"自动"位上，假如接到 B 区发出火警信号后，值班人员确认火情并组织人员撤离。经 20～30s 后，执行电路自动启动小钢瓶 B 的电磁瓶头阀，释放充压氯气，将 B 选择阀和止回阀打开，使 B 区储瓶和 A、B 区储瓶同时释放 1211 药剂至汇集管，并通过 B 选择阀将 1211 灭火剂释放到 B 火灾区域。1211 药剂沿管路由喷嘴喷射到 B 火灾区域，途经压力开关，使压力开关触点闭合，即把回馈信号送至控制柜，指示气体已经喷出实现了自动灭火。

将控制柜上的转换开关置于"手动"位，则控制柜只发出灭火报警，当手动操作后，经20～30s，才使小钢瓶释放出高压氮气，打开储气钢瓶，向灾区喷灭火剂。

在接到火情20～30s内，如无火情或火势小，可用手提式灭火器扑灭时，应立即按现场手动"停止"按钮，以停止喷灭火剂。如值班人员发现有火情，而控制柜并没发出灭火指令，则应立即按"手动"启动按钮，使控制柜对火灾区发火警，人员可撤离，经20～30s后施放灭火剂灭火。

值得注意的是：消防中心有人值班时均应将转换开关置于"手动"位，值班人离开时转换开关置于"自动"位，其目的是防止因环境干扰、报警控制元件损坏产生的误报而造成误喷。

四、气体灭火装置实例

下面以某厂生产的气溶胶自动灭火装置和七氟丙烷自动灭火装置进行简单介绍。

(一) 气溶胶自动灭火装置

1. 特点

ZQ气溶胶自动灭火装置是一种对大气臭氧层无损害的哈龙类灭火器材的理想替代产品，是一种综合性能指标达到国内外同类产品先进水平的高科技产品。

气溶胶是直径小于0.01μm的固体或液体颗粒悬浮于气体介质中的一种物体，其形态呈高分散度。气溶胶灭火装置是将灭火材料以超细微粒的形态，快速弥漫于着火点周围的空间。因为众多气溶胶微粒形成很大的比表面，迅速弥漫过程中会吸收大量热量，从而达到冷却灭火目的；在火灾初始阶段，气溶胶喷到火场中对燃烧过程的链式反应具有很强的负催化作用，通过迅速对火焰进行化学抑制，从而降低燃烧的反应速率，当燃烧反应生成的热量小于扩散损失的热量时，燃烧过程即终止。因此，气溶胶是一种高效能的灭火剂，可通过全淹没及局部应用方式扑灭可燃固体、液体及气体火灾。

2. 灭火原理

ZQ系列气溶胶自动灭火系统是通过火灾感知组件及报警系统探测火警信号来启动气溶胶系统喷射气溶胶实施灭火。系统可选择自动方式或手动启动方式，当采用自动启动方式时，通过火灾探测器确认火警，延时时间过后启动气溶胶灭火装置，向防护区内喷放气溶胶；在24h有人职守的防护区，可采用手动启动方式，即报警系统报告火警后经人工确认以后，由人工启动气溶胶灭火装置实施灭火，这样可最大限度的防止误喷发生，增加了系统的可靠性。

ZQ气溶胶灭火装置灭火迅速、灭火性能高、出口温度低，无毒害、污染小、绝缘性能高，存储时不带压，不存在泄露问题，灭火后便于清理，喷放时的出口温度低于800℃，实测低于500℃，从而确保了被保护对象的安全。

(二) 七氟丙烷自动灭火装置

七氟丙烷(FM200)自动灭火系统是一种现代化消防设备。中华人民共和国公安部于2001年8月1日发布了《关于进一步加强哈龙替代品及其技术管理的通知》(公消[2001] 217号)，通知中明确规定：七氟丙烷气体自动灭火系统属于全淹没系统，可以扑救A(表面火)、B、C类和电器火灾，可用于保护经常有人的场所。

七氟丙烷(FM200)灭火剂无色、无味、不导电、无二次污染。对臭氧层的耗损潜能值(ODP)为零，符合环保要求，其毒副作用比卤代烷灭火剂更小，是卤代烷灭火剂较理想的替代物。七氟丙烷(FM200)灭火剂具有灭火效能高、对设备无污染、电绝缘性好、灭火迅速等优点。七氟丙烷(FM200)灭火剂释放后不含有粒子和油状物，不破坏环境，且当灭火后，及时通风可迅速排除灭火剂，因此可很快恢复正常情况。

七氟丙烷(FM200)灭火剂，经试验和美国EPA认定其安全性比1301卤代烷更为安全可靠，人体暴露于9%的浓度(七氟丙烷一般设计浓度为7%)中无任何危险，而七氟丙烷最大的优点是非导电性能，因而是电气设备的理想灭火剂。

它具有设计参数完整准确、功能完善、工作可靠的特点。有自动、电气手动和机械应急手动操作三种方式。

七氟丙烷系统由火灾报警气体灭火控制器灭火剂瓶、瓶头阀、启动阀、选择阀、压力信号器、框架、喷嘴管道系统等组成。可组成单元独立系统，组合分配系统和无管网装置等多种形式。只能实施对单元和多区全淹没消防保护。适用于电子计算机机房、电信中心、图书馆、档案馆、珍品库、配电房、地下工程、海上采油平台等重点单位的消防保护。

在消防工程设计中，需要绘出气体灭火的系统(如图3-31)和平面图(如图3-32)。本图适于卤代烷气体灭火系统和非卤代烷气体灭火系统。设计时可参见有关图集和厂家产品样本。

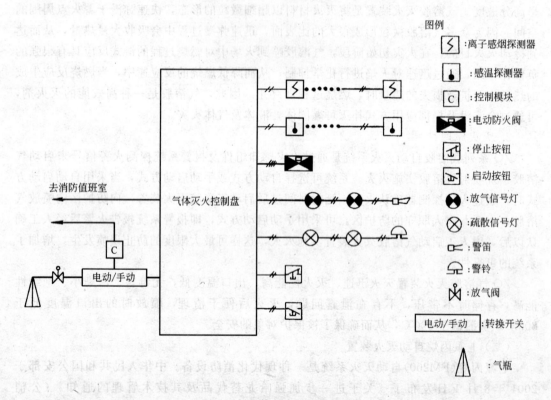

图 3-31 气体灭火设备系统图

注：本图适用于卤代烷气体灭火系统和非卤代烷灭火系统

(1211，1301，FM200)

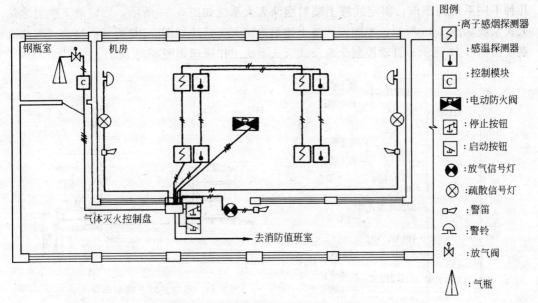

图 3-32 气体灭火系统平面图(图为机房平面)
注：本图适用于卤氏烷气体灭火系统和非卤代烷灭火系统
(1211, 1301, FM200)

第五节 泡沫灭火系统

一、概述

泡沫灭火系统在我国已有三十多年的应用历史，它是用泡沫液作为灭火剂的一种灭火方式。泡沫剂有化学泡沫剂和空气泡沫灭火剂两大类。化学泡沫灭火剂主要是充装于100L以下的小型灭火器内，扑救小型初期火灾。大型的泡沫灭火系统以采用空气泡沫灭火剂为主，本书主要介绍这个灭火系统。

泡沫灭火是通过泡沫层的冷却、隔绝氧气和抑制燃料蒸发等作用，达到扑灭火灾的目的。

空气泡沫灭火是泡沫液与水通过特制的比例混合而成的泡沫混合液，经泡沫产生器与空气混合产生泡沫。最后覆盖在燃烧物质的表面或者充满发生火灾的整个空间，使火熄灭。

经过多年的实践证明：泡沫灭火系统具有经济实用、灭火效率高、灭火剂无毒及安全可靠等优点，是行之有效的灭火措施之一。对B类火灾的扑救更显示出其优越性。

二、系统的分类及工作原理

（一）系统的分类

泡沫灭火系统按照发泡性能的不同分为：低倍数（发泡倍数在20倍以下）、中倍数（发泡倍数在20～200倍）和高倍数（发泡倍数在200倍以上）灭火系统；这三类系统又根据喷射方式不同分为液上和液下喷射；由设备和管路的安装方式分为固定式、半固定式、移动式；由灭火范围不同分为全淹没式和局部应用式。其具体分类如图3-33所示。以下给出几种不同系统的图形：固定式液上喷射泡沫灭火系统如图 3-34 所示；固定液下喷射泡沫灭火系统如图 3-35 所示；半固定式液上喷射泡沫灭火系统如图 3-36 所示；移动式泡沫灭火系统如图 3-37 所示；自动控制全淹没式灭火系统工作原理如图 3-38 所示。

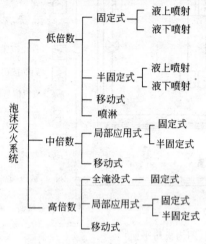

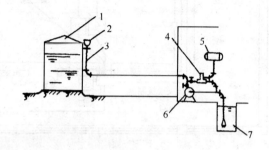

图 3-34　固定式液上喷射泡沫灭火系统
1—油罐；2—泡沫产生器 3—泡沫混合液管道；4—比例混合器 5—泡沫液罐；6—泡沫混合液泵；7—水池

图 3-33　泡沫灭火系统分类

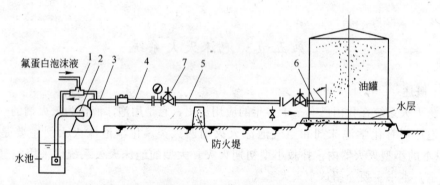

图 3-35　固定液下喷射泡沫灭火系统
1—环泵式比例混合器；2—泡沫混合液泵；3—泡沫混合液管道；4—液下喷射泡沫产生器；5—泡沫管道；6—泡沫注入管；7—背压调节阀

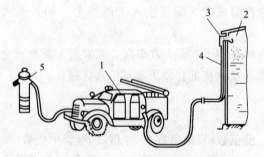

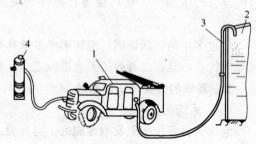

图 3-36　半固定式液上喷射泡沫灭火系统
1—泡沫消防车；2—油罐；3—泡沫产生器；
4—泡沫混合管道；5—地上式消火栓

图 3-37　移动式泡沫灭火系统
1—泡沫消防车；2—油罐；
3—泡沫钩管；4—地上式消火栓

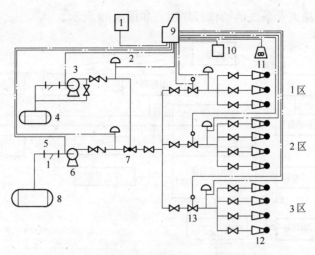

图 3-38 自动控制全淹没式灭火系统工作原理图
1—手动控制器；2—压力开关；3—泡沫液泵；4—泡沫液罐；5—过滤器；6—水泵；7—比例混合器；
8—水罐；9—自动控制箱；10—探测器；11—报警器；12—高倍数泡沫发生器；13—电磁阀

（二）工作原理

以上介绍了泡沫灭火系统的分类，无论哪种灭火系统，其工作原理都是相似的，下面以北京地区某飞机库为例说明全淹没泡沫灭火系统的工作原理、控制显示功能及其系统组成。

全淹没灭火系统是一种用管网输送泡沫灭火剂并与水按比例混合后，用泡沫发生器发泡后喷放到被保护的区域，充满空间或保护一定高度隔绝新鲜空气进行灭火的固定灭火系统。

飞机库是重要的火灾危险性大的场所，按规范规定应设置火灾自动报警和固定泡沫灭火系统。为提高系统的可靠性，防止误动作，在火灾探测、报警装置上选用感温、感烟的"与门"控制和"4取3"的紫外火焰报警装置。

其工作原理是：当某保护区发生火灾时，该区内火灾探测器发出报警信号送到消防控制室的控制盘，通过"与门"控制回路，发出灭火信号启动水泵和泡沫液泵，同时打开电磁阀，泡沫液和水进入泡沫比例混合器，按照规定的比例（3%或6%）混合后，通过管道将泡沫混合液送到高倍数泡沫发生器，产生大量的泡沫淹没被保护区域，扑灭火灾。由于火灾报警、探测上采取了"与门"控制回路和"4取3"的控制回路，从而避免了误动作。在消防中心和保护区附近均装有紧急启、停装置，供人工操作使用。另外，在经常有人工作的场所，当灭火信号发出应经过一定的延时机构，在延时期间，可先发出警报信号和事故广播通知工作人员撤离现场。由图中可看出，当水泵和泡沫液泵启动后，通过压力开关有信号返回消防中心。如果在消防中心火灾报警装置与灭火系统脱开，即脱开灭火系统，则该系统就成了一个自动报警、在消防中心人工启动的手动全淹灭灭火系统。

按照规范规定，泡沫灭火系统在消防中心应有下列控制、显示功能。

（1）控制泡沫泵和消防水泵的启、停；

（2）显示系统的工作状态（即火灾报警的信号和压力开关的返回信号）。

上述为全淹没系统的工作原理，对其他泡沫灭火系统而言动作原理大同小异，不一一赘述。下面给出泡沫灭火系统的动作程序图,如图3-39所示。

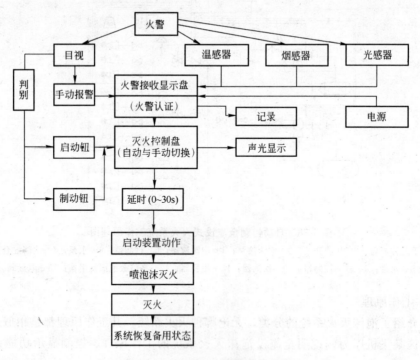

图 3-39 泡沫灭火系统动作程序

三、泡沫灭火系统的特点及适用范围

（一）高泡沫灭火系统的特点及适用范围

高泡沫灭火系统既可扑救 B 类火灾，又可扑救 A 类火灾，具有消烟、排毒、形成防火隔带的用途及应用广泛的特点。其适用范围为：

(1) 液化石油气，液化天然气，可燃、易燃液体的流淌火灾(只能控制而不是扑灭)；

(2) 各种船舶的油泵、机舱等；

(3) 电缆夹层、油码头、油泵房、锅炉房、有火灾危险的工业厂房(或车间)，如石油化工生产车间、飞机发动机试验车间等；

(4) 飞机库、汽车库、冷藏库、橡胶仓库、棉花仓库、烟草及纸张仓库、固定物资仓库、高架物资仓库、电气设备材料库等；

(5) 贵重仪器设备和物品及仓库，如计算机房图书档案库、大型邮电楼等；

(6) 各种油库、苯储存库等；

(7) 人防隧道、煤矿矿井、电缆沟、地下液压油泵站、地下商场、地下仓库、地下铁道、地下汽车库和地下建筑工程等。

（二）中泡沫灭火系统的特点及适用范围

中泡沫灭火系统具有可扑救立式钢制储油罐内火灾的特点。其适用范围是凡高泡沫灭火系统不适用的场所，中泡沫灭火系统也不适用。

（三）低泡沫灭火系统的适用范围

适于扑救甲醇、乙醇、丙醇、原油、汽油、煤油、柴油等 B 类火灾，应用于机场、飞机库、燃油锅炉房、油田、油库、炼油厂、化工厂、为铁路油槽车装卸油的鹤管栈桥、码头等场所。

第六节 二氧化碳灭火系统

二氧化碳在常温下无色无嗅，是一种不燃烧、不助燃的气体，便于装灌和储存，是应用较广的灭火剂之一。其主要特性如表 3-11 所列，其性能指标应符合表 3-12 的规定。

二氧化碳的主要特性　　　　　　　　　　　　表 3-11

项 目	条 件	数 据	项 目	条 件	数 据
分子量		44	汽化潜热(kJ/kg)	沸 点	577
溶点(℃)	526kPa	−56.6	溶解热(kJ/kg)	熔 点	189.7
沸点(℃)	101.325kPa, 0℃	−78.5(升华)	气体黏度(Pa·s)	20℃	1.47×10^{-5}
气体密度(g/L)	101.325kPa 大气压, 0℃	1.946	液体表面张力(N/m)	−52.2℃	0.0165
液体密度(g/cm³)	3475kPa	0.914	气体的 C_p [kJ/(kg·℃)]	300K	0.871
对空气的相对密度		1.529	气体的导热系数(W/m·℃)	300K	0.01657
临界温度(℃)		31.35	液体的 C_p [kJ/(kg·℃)]	20℃, 饱合液体	5.0
临界压力(MPa)		7.395	液体的导热系数[W/(m·℃)]	20℃, 饱合液体	0.0872
临界密度(g/cm³)		0.46			

二氧化碳灭火剂性能指标　　　　　　　　　　表 3-12

项 目	技术指标(液相)		项 目	技术指标(液相)	
	一级品	二级品		一级品	二级品
纯度(体积%)≥	99.5	99.0	含油量	无 油 斑	
水管量(质量%)≤	0.015	0.100	乙醇和其他有机物	无	

一、二氧化碳灭火系统分类

二氧化碳灭火系统按不同的角度有不同的分类，这里从四个方面分类：

1. 按灭火方式分类

可分为全淹没系统和局部应用系统。

(1) 全淹没系统：主要应用于炉灶、管道、高架停车塔、封闭机械设备、地下室、厂房、计算机房等。它由一套储存装置组成，在规定时间内，向防护区喷射一定浓度的二氧化碳，并使其充满整个防护区空间的系统。防护区应是一个封闭良好的空间。

(2) 局部应用系统：应用在蒸汽泄放口、注油变压器、浸油灌、淬火槽、轧机、喷漆棚等场所。这种系统的特点是在灭火过程中不能封闭。

2. 按储压等级分类

按二氧化碳在储存容器中的储压可分为高压储存系统和低压储存系统。

(1) 高压储存系统：储存压力为 5.17MPa；

(2) 低压储存系统：储存压力为 2.07MPa。

3. 按系统结构特点分类

可分为管网和无管网两种系统。管网系统又分为单元独立系统和组合分配系统。

(1) 单元独立系统：是用一套灭火剂储存装置保护一个防护区的灭火系统；

(2) 组合分配系统：是由一套灭火剂储存装置保护多个防护区的灭火系统。

4. 按管网布置形式分类

可分为均衡系统管网和非均衡系统管网两种系统：

均衡系统管网系统应具备以下三个条件：

1) 从储存容器到每个喷嘴的管道长度应大于最长管道长度的 90%；

2) 从储存容器到每个喷嘴的管道等效长度应大于管道长度的 90%（注：管道等效长度＝实管长＋管件的当量长度）；

3) 非均匀管网系统：不具备上述条件的系统为非均匀管网系统。

二、二氧化碳系统的组成及自动控制

(一) 系统的组成

组合分配系统组成如图 3-40 所示，单元独立系统如图 3-41 所示。

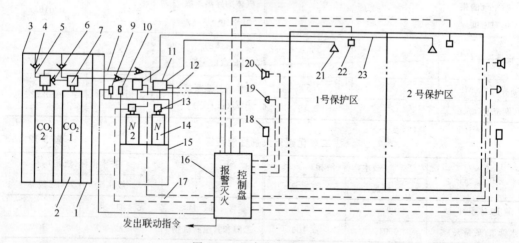

图 3-40 组合分配系统示意

1—XT 灭火剂储瓶框架；2—灭火剂储瓶；3—集流管；4—液流单向阀；5—软管；6—气流单向阀；7—瓶头阀；8—启动管道；9—压力信号器；10—安全阀；11—选择阀；12—信号反馈线路；13—电磁阀；14—启动钢瓶；15—QXT 启动瓶框架；16—报警灭火控制盘；17—控制线路；18—手动控制盒；19—光报警器；20—声报警器；21—喷嘴；22—火灾探测器；23—灭火剂输送管道

(二) 自动控制过程原理

该系统的主要控制内容有：火灾报警显示；灭火介质的自动释放灭火；切断保护区内的送排风机；关闭门窗及联动控制等。下面以图 3-42 为例说明二氧化碳灭火的自动控制过程。

从图可知，当保护区发生火灾时，灾区产生的烟、热及光使保护区设置的两路火灾探测器（感烟、感热）动作，两路信号为"与"关系发至消防中心报警控制器上，驱动控制器一方面发声、光报警，另一方面发出联动控制信号（如停空调、关防火门等），待人撤离后

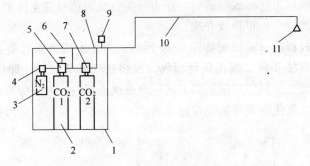

图 3-41 单元独立系统示意
1—XT 灭火剂储瓶框架；2—灭火剂储瓶；3—启动钢瓶；4—电磁阀；5—主动瓶容器阀；
6—软管；7—气动阀；8—集流管；9—压力信号器；10—灭火剂输送管道；11—喷嘴

再发信号关闭保护区门。从报警开始延时约 30s 后发出指令启动二氧化碳储存容器贮存的二氧化碳灭火剂通过管道输送到保护区，经喷嘴释放灭火。如果手动控制，可按下启动按钮，其他同上。

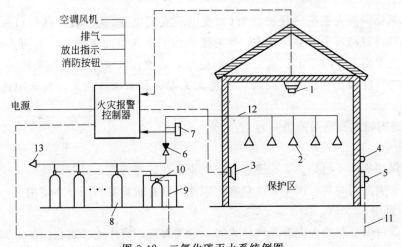

图 3-42 二氧化碳灭火系统例图
1—火灾探测器；2—喷头；3—警报器；4—放气指示灯；5—手动起动按纽；
6—选择阀；7—压力开关；8—二氧化碳钢瓶；9—启动气瓶；10—电磁阀；11—控制电缆；
12—二氧化碳管线；13—安全阀

二氧化碳释放过程的自动控制用框图 3-43 描述。压力开关为监测二氧化碳管网的压

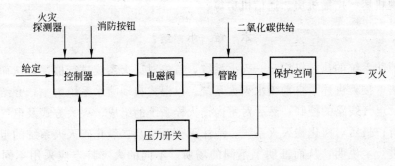

图 3-43 二氧化碳释放过程自动控制

力设备,当二氧化碳压力过低或过高时,压力开关将压力信号送至控制器,控制器发出开大或关小钢瓶阀门的指令,可释放介质。

二氧化碳释放过程的自动控制如图3-44所示。为了实现准确且更为快速的灭火,当发生火灾时。用手直接开启二氧化碳容器阀,或将放气开关拉动,即可喷出二氧化碳灭火。这个开关一般装在房间门口附近墙上的一个玻璃面板内,火灾即将玻璃面板击破,就能拉动开关,喷出二氧化碳气体实现快速灭火。

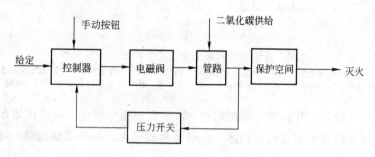

图 3-44 二氧化碳释放过程手动控制

装有二氧化碳灭火系统的保护场所(如变电所或配电室),一般都在门口加装选择开关,可就地选择自动或手动操作方式。当有工作人员进入里面工作时,为防止意外事故,即避免有人在里面工作时喷出二氧化碳影响健康,必须在入室之前把开关转到手动位置,离开时关门之后复归自动位置。同时为避免无关人员乱动选择开关,宜采用钥匙型转换开关。

三、系统的特点及适用范围

1. 特点

具有对保护物体不污染、灭火迅速、空间淹没性好等特点,但与卤化烷灭火系统相比造价高,且灭火的同时对人产生毒性危害,因此,只有较重要的场合才使用。

2. 应用范围

二氧化碳可以扑救的火灾有:气体火灾、电气火灾、液体或可熔化固体、固体表面火灾及部分固体的深位火灾等。二氧化碳不能扑灭的火灾有:金属氧化物、活泼金属、含氧化剂的化学品等。

二氧化碳应用场所有:易燃可燃液体贮存容器、易燃蒸汽的排气口、可燃油油浸电力变压器、机械设备、实验设备、淬火槽、图书档案室、精密仪器室、贵重设备室、电子计算机房、电视机房、广播机房、通信机房等。

本 章 小 结

本章为消防系统的执行机构——灭火系统,首先对灭火系统进行概述,从而了解了灭火的基本方法,接着讲述了自动喷水灭火系统。以湿式自动喷水系统为主,介绍了系统的组成、特点及电气线路的控制;然后对室内消火栓系统的组成、灭火方式及电气线路进行了详细的分析;最后对卤化物灭火系统、泡沫灭火系统及二氧化碳灭火系统的组成、特点及适用场所进行了说明,从而证明了不同的场所、不同的火灾特点应采用不同的灭火方式。掌握不同的灭火方式对相关的工程设计、安装调试及维护是十分必要的。

思考题与习题

1. 灭火系统的类型有几种？灭火的基本方法有几种？各有什么特点？
2. 自动喷水灭火系统的功能及分类有哪些？
3. 湿式自动喷水灭火系统主要有几部分组成？各起什么作用？工作原理如何？
4. 水流指示器的作用是什么？
5. 简述闭式喷头的工作原理。
6. 叙述压力开关的工作原理。
7. 末端试水装置的作用是什么？
8. 如图 3-23 所示，2 号工作、1 号备用、KM2 机械卡住时，当火灾发生后其工作状态如何？
9. 两路电源互投自复电路有何特点？如 1 号无电，2 号如何投入？
10. 如图 3-25 所示，1 号工作泵故障即控制电路中热继电器常闭触点没闭合，火灾发生时，备用泵如何启动？
11. 叙述图 3-26 稳压泵的工作原理。
12. 如图 3-6 所示，令 2 号为工作泵、1 号为备用泵，当 2 楼出现火情时，试说明消火栓泵的启动过程。
13. 如图 3-7 所示，令 2 号泵工作，1 号泵备用，当 4 楼着火且接触器 KM2 机械卡住时，消火栓泵如何启动？
14. 图 3-9 常闭按钮并联与图 3-6 常开按钮串联线路中各有何特点？
15. 气体灭火系统选择的基本原则是什么？二氧化碳、泡沫、卤化烷灭火系统分别适于哪些场所？
16. 简述 1211 组合分配型灭火系统的工作原理。
17. 气溶胶自动灭火装置的特点是什么？
18. 七氟丙烷自动灭火装置适于哪些场所使用。
19. 泡沫灭火系统的类型有几种？适用范围如何？
20. 试述二氧化碳灭火系统的自动控制和手动控制过程。

第四章 防火与减灾系统

[**本章任务**] 了解防排烟的基本概念、防排烟系统的监控及消防电梯的设置；掌握防排烟设施的原理、火灾事故广播的容量、设置场所、广播方式等，明白火灾事故照明及疏散指示标志的设置方式和有关要求；能完成课程设计中该部分内容。

教学方法：建议采用项目教学。

第一节 防排烟的基本概念

建筑火灾，尤其是高层建筑火灾的经验教训表明，火灾中对人体伤害最严重的是烟雾，烟雾是由固体、液体粒子和气体所形成的混合物，含有有毒、刺激性气体。因此，火灾死伤者中相当数量的人是因为烟雾中毒或窒息死亡。建筑物发生火灾后，烟气在建筑物内不断流动传播，不仅导致火灾蔓延，也引起人员恐慌，影响疏散与扑救。引起烟气流动的因素有：扩散、烟囱效应、浮力、热膨胀、风力、通风空调系统等。高层建筑的火灾由于火灾蔓延快，疏散困难，扑救难度大，且其火灾隐患多，因而其防火防烟和排烟的问题尤为重要。

一、火灾烟气控制

烟气控制的主要目的是在建筑物内创造无烟或烟气含量极低的疏散通道或安全区。烟气控制的实质是控制烟气的合理流动，也就是使烟气不流向疏散通道、安全区和非着火区，而向室外流动。主要方法有：(1)隔断或阻挡；(2)疏导排烟；(3)加压防烟。下面简单介绍这三种方法。

1. 隔断或阻挡

墙、楼板、门等都具有隔断烟气传播的作用。为了防止火势蔓延和烟气传播，建筑法规规定了建筑中必须划分防火分区和防烟分区。所谓防火分区是指用防火墙、楼板、防火门或防火卷帘等分隔的区域，可以将火灾限制在一定的局部区域内(在一定时间内)，不使火势蔓延。当然防火分区的隔断同样也对烟气起了隔断作用。所谓防烟分区是在设置排烟措施的过道、房间中，用隔墙或其他措施(可以阻挡和限制烟气的流动)分割的区域。

2. 排烟

利用自然或机械的作用力，将烟气排到室外，称之为排烟。利用自然作用力的排烟称为自然排烟；利用机械(风机)作用力的排烟称为机械排烟。排烟的部位有两类：着火区和疏散通道。着火区排烟的目的是将火灾发生的烟气排到室外，有利于着火区的人员疏散及救火人员的扑救。对于疏散通道的排烟是为了排除可能侵入的烟气，以保证疏散通道无烟或少烟，以利于人员安全疏散及救火人员通行。

3. 加压防烟

加压防烟是用风机把一定量的室外空气送入一房间或通道内，使室内保持一定压力或门洞处有一定的流速,以避免烟气侵入。图4-1是加压防烟两种情况,其中图(a)是当门关闭时,房间内保持一定正压值,空气从门缝或其他缝隙处流出,防止了烟气的侵入;图(b)是当门开启的时候,送入加压区的空气以一定的风速从门洞流出,防止烟气的流入。当流速较低时,烟气可能从上部流入室内。对以上两种情况分析可以看到,为了防止烟气流入被加压的房间,必须达到:(1)门开启时,门洞有一定向外的风速;(2)门关闭时,房间内有一定正压值。

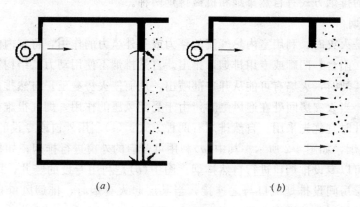

图4-1 加压防烟
(a)门关闭时;(b)门开启时

二、防烟分区

划分防烟分区与防火分区的目的不同,前者的目的在于防止烟气扩散,主要用挡烟垂壁、挡烟壁或者挡烟隔墙等措施来实现,以满足人员安全疏散和消防扑救的需要,以免造成不应有的伤亡事故;后者则采用防火墙或防火卷帘加水幕划分防火分区,目的在于防止烟火蔓延扩大,为扑救创造有利条件,以保障财产和人身安全。

划分防烟分区时,应注意以下几点:

(1)凡需设排烟设施的走道、房间(净高不超过6m的房间),应采用挡烟垂壁、隔墙或从顶棚下突出不小于50cm的梁划分防烟分区。

(2)每个防烟分区建筑面积不宜过大,一般不超过500m²,且防烟分区不能跨越防火分区。其理由如下:

1)从实际排烟效果看,排烟分区划分面积分得小一些,排烟效果也会好些,安全性就会提高。然而,在某些建筑物中常常会有大空间、大面积房间,往往不易实现,因此《高层民用建筑设计防火规范》中规定不宜大于500m²。并考虑到大空间房间,在一般情况下发生火灾时,不会在很短的时间使整个空间充满烟气,故又规定了净高大于6m的房间可不考虑划分防烟分区。

2)如果防烟分区跨越了防火分区,则构成防火分区的防火门、防火卷帘、防火阀必须具有阻火、隔热性能,而且要与感烟报警系统联动,故不应跨越。

(3)排烟口应设在防烟分区顶棚上或靠近顶棚的墙面上,且距该防烟分区最远点的水平距离不应超过30m。这主要考虑房间着火时,可燃物在燃烧时产生的烟气,因受热作用而产生浮力,向上升起,升到吊顶后转变方向,向水平方向扩散,如上部设有排烟口,就能及时将烟气排除。排烟口至防烟分区任何部位的距离不应超过30m,主要考虑防烟分区的面积不能太大,而且与每个防烟分区面积的布置形状和是否有阻挡物有关。

第二节 防排烟系统

一、排烟系统

高层建筑的排烟方式有自然排烟和机械排烟两种。

1. 自然排烟

自然排烟是火灾时,利用室内热气流的浮力或室外风力的作用,将室内的烟气从与室外相邻的窗户、阳台、凹廊或专用排烟口排出。自然排烟不使用动力,结构简单,运行可靠,但当火势猛烈时,火焰有可能从开口部喷出,从而使火势蔓延。自然排烟还易受到室外风力的影响,当火灾房间处在迎风侧时,由于受到风压的作用,烟气很难排出。虽然如此,在符合条件时宜优先采用。自然排烟有两种方式:(1)利用外窗或专设的排烟口排烟;(2)利用竖井排烟,如图4-2所示。其中(a)利用可开启的外窗进行排烟,如果外窗不能开启或无外窗,可以专设排烟口进行自然排烟;图中(b)是利用专设的竖井,即相当于专设一个烟囱,各层房间设排烟风口与之连接,当某层起火有烟时,排烟风口自动或人工打开,热烟气即可通过竖井排到室外。

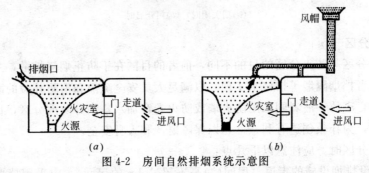

图4-2 房间自然排烟系统示意图

2. 机械排烟

机械排烟就是使用排烟风机进行强制排烟。机械排烟可分为局部排烟和集中排烟两种。局部排烟方式是在每个房间内设置风机直接进行;集中排烟方式是将建筑物划分为若干个防烟分区,在每个分区内设置排烟风机,通过风道排出各区内的烟气。

(1) 机械排烟系统:高层建筑在机械排烟的同时还要向房间内补充室外的新风,送风方式有两种:

1) 机械排烟、机械送风:利用设置在建筑物最上层的排烟风机,通过设在防烟楼梯间、前室或消防电梯前室上部的排烟口及与其相连的排烟竖井将烟送至室外,或通过房间(或走道)上部的排烟口排至室外;由室外送风机通过竖井和设于前室(或走道)下部的送风口向前室(或走道)补充室外的新风。各层的排烟口及送风口的开启与排烟风机及室外送风机相连锁,如图4-3所示。

2) 机械排烟,自然送风:排烟系统同上,但室外风向前室(或走道)的补充并不依靠风机,而是依靠排烟风机所造成的负压,通过自然进风竖井和进风口补充到前室(或走道)内,如图4-4所示。

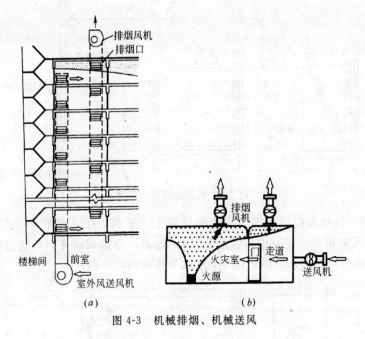

图 4-3 机械排烟、机械送风

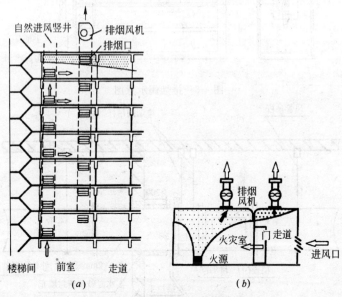

图 4-4 机械排烟、自然进风

(2) 机械排烟系统的组成：由以上机械排烟系统图可以看出，机械排烟系统一般包括有：防烟垂壁、排烟口、排烟道、排烟阀、排烟防火阀及排烟风机等。下面对机械排烟系统的主要组成部分进行介绍。

1) 排烟口：排烟口一般尽可能布置于防烟分区的中心，距最远点的水平距离不能超过30m。排烟口应设在顶棚或靠近顶棚的墙面上，且与附近安全出口沿走道方向相邻边缘之间最小的水平距离小于15m。排烟口平时处于关闭状态，当火灾发生时，自动控制系统使排烟口开启，通过排烟口将烟气及时迅速排至室外。排烟口也可作为送风口。图 4-5 所示为板式排烟口示意图。

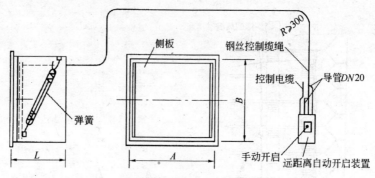

图 4-5 板式排烟口示意图

2）排烟阀：排烟阀应用于排烟系统的风管上，平时处于关闭状态，但火灾发生时，烟感探头发出火警信号，控制中心输出 DC24V 电源，使排烟阀开启，通过排烟口进行排烟。图 4-6 所示为排烟阀示意图，图 4-7 所示为排烟阀安装图。

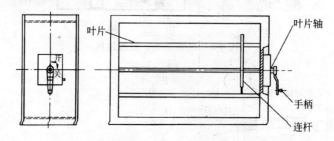

图 4-6 排烟阀示意图

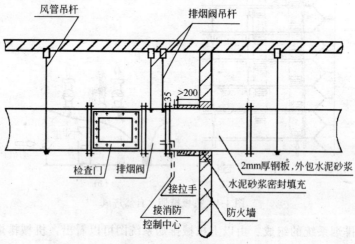

图 4-7 排烟阀安装图

3）排烟防火阀：排烟防火阀适用于排烟系统管道上或风机吸入口处，兼有排烟阀和防烟阀的功能。平时处于关闭状态，需要排烟时，其动作和功能与排烟阀相同，可自动开启排烟。当管道气流温度达到 280℃ 时，阀门靠装有易熔金属温度熔断器而自动关闭，切断气流，防止火灾蔓延。图 4-8 所示为远距离排烟防火阀示意图。

4）排烟风机：排烟风机也有离心式和轴流式两种类型。在排烟系统中一般采用离心式风机。排烟风机在构造性能上具有一定的耐燃性和隔热性，以保证输送烟气温度在

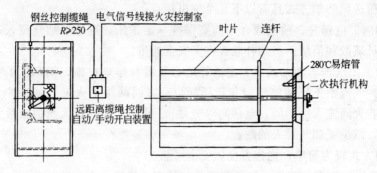

图 4-8 远距离排烟防火阀

280℃时能够正常连续运行 30min 以上。排烟风机装置的位置一般设于该风机所在的防火分区的排烟系统中最高排烟口的上部,并设在该防火分区的风机房内。风机外缘与风机房墙壁或其他设备的间距应保持在 0.6m 以上。排烟风机设有备用电源,且能自动切换。

排烟风机的启动采用自动控制方式,启动装置与排烟系统中每个排风口连锁,即在该排烟系统任何一个排烟口开启时,排烟风机都能自动启动。

二、防烟系统

高层建筑的防烟有机械加压送风和密闭防烟两种方式。

1. 机械加压送风

(1) 机械加压送风系统:对疏散通道的楼梯间进行机械送风,使其压力高于防烟楼梯间或消防电梯前室,而这些部位的压力又比走道和火灾房间要高些,这种防止烟气侵入的方式,称为机械加压送风方式。送风可直接利用室外空气,不必进行任何处理。烟气则通过远离楼梯间的走道外窗或排烟竖井排至室外。如图 4-9 所示为机械加压送风系统图。

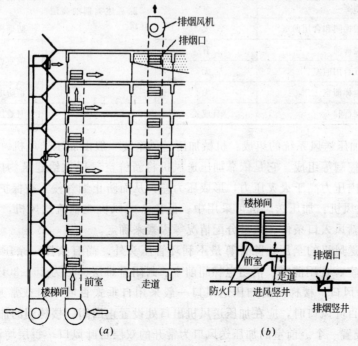

图 4-9 机械加压送风系统

机械加压送风防烟方式具有以下几个突出特点：

1) 楼梯间、电梯井、前室或合用前室保持一定正压，避免了烟气侵入这些区间，为火灾时的人员疏散和消防队员的扑救提供了安全地带。

2) 由于采用这种防烟方式时，走道等地点布置有排烟设施，就产生了一种有利的气流分布形式，气流由正压前室流向非正压间，一方面减缓了火灾的蔓延扩大（无正压时，烟气一般从着火间流入楼梯间、电梯间等竖井），另一方面由于人流的疏散方向与烟气流动方向相反，减少了烟气对人的危害。

3) 防烟方式较为简单，操作方便，安全可靠。

（2）需要加压防烟的部位：加压防烟是一种有效措施，但它造价高，一般只在一些重要建筑和重要部位才用这种加压防烟措施，目前主要用于高层建筑的垂直疏散通道和避难层。在高层建筑中一旦发生火灾，电源都被切断，除消防电梯外，电梯停运。按我国《高层民用建筑设计防火规范》（GB 50045—95）的规定，应采用加压防烟的具体部位如表4-1所示。

高层建筑中必须采用加压防烟的部位　　　　　表4-1

序号	需要防烟的部位	有无自然排烟的条件	建筑类别	加压送风部位
1	防烟楼梯间及前室	有或无	建筑高度超过50m的一类公共建筑和高度超过100m的居住建筑	防烟楼梯间
2	防烟楼梯间及其合用前室	有或无		消防电梯前室
3	防烟楼梯间	有或无		防烟楼梯间和合用前室
4	防烟楼梯间前室	无	除上述类别的高层建筑	防烟楼梯间
	防烟楼梯间	无		
5	防烟楼梯间	无		防烟楼梯间
	合用前室	有		
6	防烟楼梯间和合用前室	无		防烟楼梯间和合用前室
7	防烟楼梯间	有		前室或合用前室
	前室或合用前室	无		
8	消防电梯前室	无		消防电梯前室
9	避难层（间）	有或无		避难层（间）

（3）机械加压送风系统的组成：机械加压送风系统一般由加压送风机、送风道、加压送风口及自动控制等组成。它是依靠加压送风机将新鲜空气提供给建筑物内被保护部位，使该部位的室内压力高于火灾压力，形成压力差，从而防止烟气侵入被保护部位。

1) 加压送风机：加压送风机可采用中、低离心式风机或轴流式风机，其位置根据供电位置、室外新风入口条件、风量分配情况等因素来确定。

机械加压送风机的全压，除计算最不利环管压头外，尚有余压，余压值在楼梯间为40～50Pa，前室、合用前室、消防电梯间前室、封闭避难层（间）为25～30Pa。

2) 加压送风口：楼梯间的加压送风口一般采用自垂式百叶风口或常开的百叶风口。当采用常开的百叶风口时，应在加压送风机出口处设置止回阀。楼梯间的加压送风口一般每隔2～3层设置一个。前室的加压送风口为常开的双层百叶风口，每层均设一个。

3) 加压送风道：加压送风道采用密实不漏风的非燃烧材料。

4）余压阀：为保证防烟楼梯间及前室、消防电梯前室和合用前室的正压值，防止正压值过大而导致门难以推开，为此在防烟楼梯间与前室、前室与走道之间设置余压阀以控制其正压间的正压差不超过50Pa。图4-10为余压阀结构示意图。

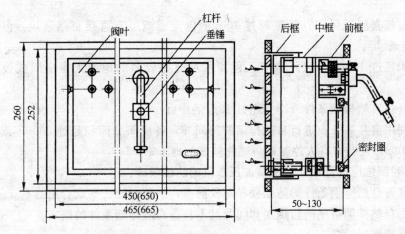

图4-10 余压阀结构示意图

2．密闭防烟

除了机械加压送风防烟方式以外，对于面积较小，且其墙体、楼板耐火性能较好、密闭性也较好并采用防火门的房间，可以采取关闭房间使火灾房间与周围隔绝，让火情由于缺氧而熄灭的防烟方式。

除密闭防烟外，前述三种主要防排烟方式的目的都是为了保持楼梯间内无烟，以便人员的安全疏散。但相比较后，三者在以下三方面有所不同：途径；烟气的流动和人员疏散的方向及压差关系方面。

前室自然排烟与机械排烟的方式都是着眼于将进入前室的烟气及时排出，以此来保护楼梯间；而加压送风方式是着眼于拒烟气于前室之外，以此来保护楼梯间。

采取前室自然或机械排烟方式时，烟气的流动和人员疏散的方向是相同的；采取加压送风方式时，此两者方向是相反的。

在压差关系方面，两种方式的压差关系也正好相反。采取由前室（或房间）进行排烟时，前室（或房间）压力低于走道压力，也低于楼梯间压力；采取对楼梯间及前室加压送风方式时，楼梯间压力高于前室压力，前室压力高于走道压力。

三、防排烟系统的适用范围

《高层民用建筑设计防火规范》（GB 50045—95）根据我国目前的实际情况，认为设置防排烟系统的范围不是设置面越宽越好，而是既要保障基本疏散的安全要求，满足扑救活动需要，控制火势蔓延，减少损失，又能以节约投资为基点，保证突出重点。

需要设置防烟、排烟设施的部位如下：

（1）一类高层建筑和建筑高度超过32m的二类高层建筑的下列部位应设排烟设施：

1）长度超过20m的内走道。

2）面积超过100m，且经常有人停留或可燃物较多的房间。

3）高层建筑的中庭和经常有停留或可燃物较多的地下室。

（2）除建筑高度超过 50m 的一类公共建筑和建筑高度超过 100m 的居住建筑外，靠外墙的防烟楼梯间及前室、消防电梯前室和合用前室宜采用自然排烟方式。

（3）一类高层建筑和建筑高度超过 32m 的二类高层建筑的下列部位，应设置机械排烟设施：

1）无直接自然通风，且长度超过 20m 的内走道或虽有直接自然通风，但长度超过 60m 的内走道。

2）面积超过 100m²，且经常有人停留或可燃物较多的地上无窗房间或设固定窗的房间。

3）不具备自然排烟条件或净空超过 12m 的中庭。

4）除利用窗井等开窗进行自然排烟的房间外，各房间总面积超过 200m² 或一个房间面积超过 200m² 且经常有人停留或可燃物较多的地下室。

（4）下列部位应设置独立的机械加压送风的防烟设施：

1）不具备自然排烟条件的防烟楼梯间及前室，消防电梯前室或合用前室。

2）采用自然排烟措施的防烟楼梯间及其不具备自然排烟条件的前室。

3）封闭避难层(间)。

第三节　防排烟设备的监控

发生火灾时以及在火势发展的过程中，正确地控制和监视防排烟设备的动作顺序，使建筑物内防排烟达到理想的效果，对于保证人员的安全疏散和消防人员的顺利扑救具有重要意义。

对于建筑物内的小型防排烟设备，因平时没有监视人员，所以不可能集中控制，一般当发生火灾时在火场附近进行局部操作；对大型防排烟设备，一般均设有消防控制中心来对其进行控制和监视。所谓"消防控制中心"就是一般的"防灾中心"，常将其设在建筑的疏散层或疏散层邻近的上一层或下一层。

图 4-11 为具有紧急疏散楼梯及前室的高层楼房的排烟系统原理图。图中左侧纵轴表示火灾发生后火势逐渐扩大至各层的活动状况，并依次表示了排烟系统的操作方式。

首先，火灾发生时由烟感器感知，并在防灾中心显示所在分区。以手动操作为原则将排烟口开启，排烟风机与排烟口的操作连锁启动，人员开始疏散。

火势扩大后，排烟风道中的阀门在温度达到 280℃ 时关闭，停止排烟。这时，火灾层的人员全部疏散完毕。

如果当建筑物不能由防火门或防火卷帘构成分区时，火势扩大，烟气扩散到走廊中来。对此，和火灾房间一样，由烟感器感知，防灾中心仍能随时掌握情况。这时打开走廊的排烟口(房间和走廊的排烟设备一般分别设置，即使火灾房间的排烟设备停止工作后，走廊的排烟设备也能运行)。若火势继续扩大，温度达到 280℃ 时，防烟阀关闭，烟气流入作为重要疏散通道的楼梯间前室。这里的烟感器动作使防灾中心掌握烟气的流入状态。从而在防灾中心依靠远距离操作或者防灾人员到现场紧急手动开启排烟口。排烟口开启的同时，进风口也随时开启。

防排烟系统不同于一般的通风空调系统，该系统在平时是处于一种几乎不用的状况。

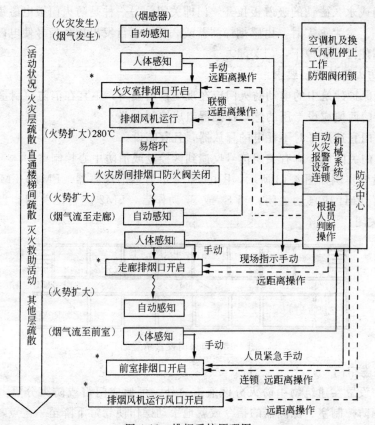

图 4-11 排烟系统原理图

注:1 记号 * 表示防灾中心动作;2 虚线表示辅助手段。

但是,为了使防排烟设备经常处于良好的工作状况,要求平时应加强对建筑物内防火设备和控制仪表的维修管理工作,还必须对有关工作人员进行必要的训练,以便在失火时能及时组织疏散和扑救工作。

第四节 防排烟设施控制

一、防火门

1. 防火门的构造与原理

防火门由防火锁、手动及自动环节组成,如图 4-12 所示。

防火门锁按门的固定方式可以分为两种:一种是防火门被永久磁铁吸住处于开启状态,当发生火灾时通过自动控制或手动关闭防火门。自动控制是由感烟探测器或联动控制盘发来指令信号,使 DC24V、0.6A 电磁线圈的吸力克服永久磁铁的吸着力,从而靠弹簧将门关闭。手动操作是:

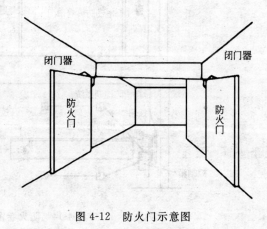

图 4-12 防火门示意图

只要把防火门或永久磁铁的吸着板拉开，门即关闭。另一种是防火门被电磁锁的固定销扣住呈开启状态。发生火灾时，由感烟探测器或联动控制盘发出指令信号使电磁锁动作，或用手拉防火门使固定销掉下，门关闭。

2. 电动防火门的控制要求

(1) 重点保护建筑中的电动防火门应在现场自动关闭，不宜在消防控制室集中控制。

(2) 防火门两侧应设专用的感烟探测器组成控制电路。

(3) 防火门宜选用平时不耗电的释放器，且宜暗设。

(4) 防火门关闭后，应有关闭信号反馈到区控盘或消防中心控制室。

防火门设置实例如图 4-13 所示，图中 $S_1 \sim S_4$ 为感烟探测器。FM1～FM3 为防火门。当 S_1 动作后，FM1 应自动关闭；当 S_2 或 S_3 动作后，FM2 应自动关闭；当 S_4 动作后，FM3 应自动关闭。

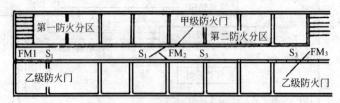

图 4-13 防火门设置示意图

二、防火卷帘门

防火卷帘设置在建筑物中防火分区通道口处，可形成门帘或防火分隔。当发生火灾时，可根据消防控制室、探测器的指令或就地手动操作使卷帘下降至一定点，水幕同步供水（复合型卷帘可不设水幕），接受降落信号先一步下放，经延时后再二步落地，以达到人员紧急疏散、灾区隔烟隔火、控制火灾蔓延的目的。卷帘电动机的规格一般为三相 380V、0.55～2kW，视门体大小而定。控制电路为直流 24V。

1. 电动防火卷帘门组成

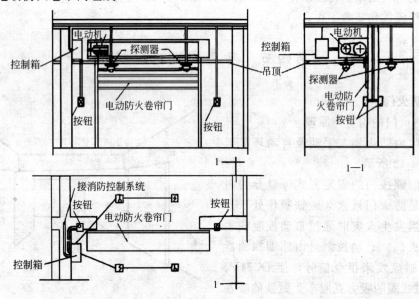

图 4-14 防火卷帘门安装示意图

电动防火卷帘门安装示意如图 4-14 所示，防火卷帘门控制程序如图 4-15 所示，防火卷帘门电气控制如图 4-16 所示。

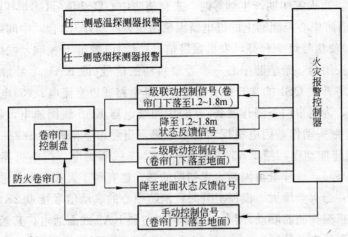

图 4-15 防火卷帘门控制程序

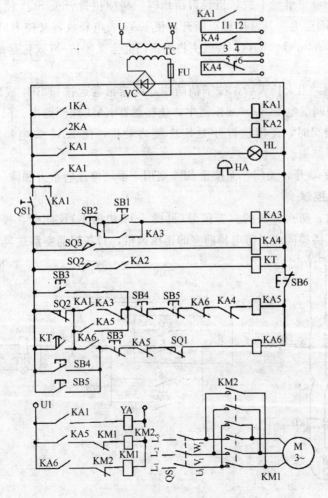

图 4-16 防火卷帘门电气控制

2. 防火卷帘门电气线路工作原理

正常时卷帘卷起,且用电锁锁住,当发生火灾时,卷帘门分两步下放:

第一步下放:当火灾初期产生烟雾时,来自消防中心联动信号(感烟探测器报警所致)使触点 1KA(在消防中心控制器上的继电器因感烟报警而动作)闭合,中间继电器 KA1 线圈通电动作:(1)使信号灯 HL 亮,发出报警信号;(2)电警笛 HA 响,发出声报警信号;(3)$KA1_{11-12}$ 号触头闭合,给消防中心一个卷帘启动的信号(即 $KA1_{11-12}$ 号触头与消防中信号灯相接);(4)将开关 QS1 的常开触头短接,全部电路通以直流电;(5)电磁铁 YA 线圈通电,打开锁头,为卷帘门下降作准备;(6)中间继电器 KA5 线圈通电,将接触器 KM2 线圈接通,KM2 触头动作,门电机反转卷帘下降,当卷帘下降距地 1.2~1.8m 定点时,位置开关 SQ2 受碰撞动作,使 KA5 线圈失电,KM2 线圈失电,门电机停,卷帘停止下放(现场中常称中停),这样既可隔断火灾初期的烟,也有利于灭火和人员逃生。

第二步下放:当火势增大、温度上升时,消防中心的联动信号接点 2KA(安在消防中心控制器上且与感温探测器联动)闭合,使中间继电器 KA2 线圈通电,其触头动作,使时间继电器 KT 线圈通电。经延时(30s)后其触点闭合,使 KA5 线圈通电,KM2 又重新通电,门电机反转,卷帘继续下放,当卷帘落地时,碰撞位置开关 SQ3 使其触点动作,中间继电器 KA4 线圈通电,其常闭触点断开,使 KA5 失电释放,又使 KM2 线圈失电,门电机停止。同时 $KA4_{3-4}$ 号、$KA4_{5-6}$ 号触头将卷帘门完全关闭信号(或称落地信号)反馈给消防中心。

卷帘上升控制:当火扑灭后,按下消防中心的卷帘卷起按钮 SB4 或现场就地卷起按钮 SB5,均可使中间继电器 KA6 线圈通电,使接触器 KM1 线圈通电,门电机正转,卷帘上升,当上升到顶端时,碰撞位置开关 SQ1 使之动作,使 KA6 失电释放,KM1 失电,门电机停止,上升结束。

开关 QS1 用手动开、关门,而按钮 SB6 则用于手动停止卷帘升和降。

三、正压风机控制

当发生火灾时,防火分区的火警信号(见图 4-17 中的 K)K 闭合,接触器 KM 通电,直接开启相应分区楼梯间或消防电梯前室的正压风机,对各层前室都送风,使前室中的风

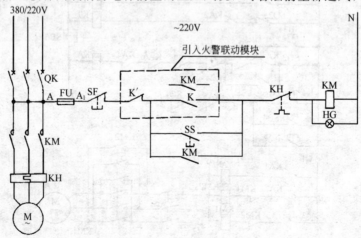

图 4-17 正压风机控制

压为正压，周围的烟雾进不了前室，以保证垂直疏散通道的安全。由于它不是送风设备，高温烟雾不会进入风管，也不会危及风机，所以风机出口不设防火阀。除火警信号联动外，还可以通过联动模块在消防中心直接点动控制；另外设置就地启停控制按钮，以供调试及维修用。这些控制组合在一起，不分自控和手控，以免误放手控位置而使火警失控。火警撤消，则由火警联动模块送出 K' 停机信号，使正压风机停止运转。

四、排烟风机控制

排烟风机的风管上设排烟阀，这些排烟阀可以伸入几个防火分区。火警时，与排烟阀相对应的火灾探测器探得火灾信号，由消防控制中心确认后，送出开启排烟阀信号至相应排烟阀的火警联动模块，由它开启排烟阀，排烟阀的电源是直流24V。消防控制中心收到排烟阀动作信号，就发指令给装在排烟风机附近的火警联动模块，启动排烟风机，由排烟风机的接触器KM常开辅助节点送出运行信号至排烟机附近的火警联动模块。火警撤消，由消防控制中心通过火警联动模块停排烟风机、关闭排烟阀。

排烟风机吸取高温烟雾，当烟温度达到280℃时，按照防火规范应停排烟风机，所以在风机进口处设置防火阀，当烟温达到280℃，防火阀自动关闭，可通过触点开关（串入风机启停回路）直接停风机，但收不到防火阀关闭的信号。也可在防火阀附近设置火警联动模块，将防火阀关闭的信号送到消防控制中心，消防中心收到此信号后，在送出指令至排烟风机火警联动模块停风机，这样消防控制中心不但收到停排烟风机信号，而且也能收到防火阀的动作信号。

控制原理如图 4-18 所示，就地控制启停与火警控制启停是合在一起，排烟阀直接由火警联动模块控制，每个火警联动模块控制一个排烟阀。发生火警时，消防控制中心收到排烟阀动作信号，即发出指令 K_x 闭合，使 KM 通电自锁。火警撤消时，另送出 K'_x 闭合之令停风机。烟温达到280℃时，防火阀关闭后，KM 断开，直接停风机。

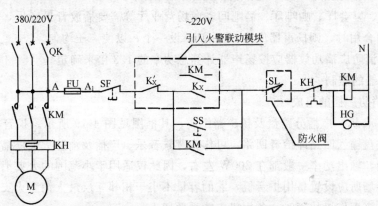

图 4-18 排烟风机控制

五、排风与排烟共用风机控制

这种风机大部分用于在地下室、大型商场等场所，平时用于排风，火警时用于排烟。

装在风道上的阀门有两种形式：一是空调排风用的风阀与排烟阀是分开的，平时排风的风阀是常开型的，排烟阀是常闭型的。每天由 BA 系统按时启停风机进行排风，但风阀不动。火警时，由消防联动指令关闭全部风阀，按失火部位开启相应的排烟阀，再指令开启风机，进行排烟。火警撤消时，指令停风机，再由人工到现场手动开启排风阀，手动关闭排烟阀，恢复到可以由 BA 系统指令排气或再次接受火警信号的控制。另一种是空调排风用的风阀与排烟阀是合一的，平时是常开的，可由 BA 系统按时指令风机开停，作排风用。火警时，由消防控制中心指令阀门全关，再由各个阀门前的烟感探测器送出火警信号后，开启相应的阀门，同时指令开启风机进行排烟。火警撤消，由消防控制中心发指令停风机；同时开启所有风阀。由于风阀的开停及信号全部集中在消防控制中心，因此将阀门全开的信号送入控制回路，以防开启风机时部分阀门未开，达不到排风的要求。

排风排烟风机的进口也应设置防火阀，280℃自熔关闭，关阀信号送消防控制中心，再由消防控制中心发指令停风机。

第五节 消防广播

火灾发生后为了便于组织人员快速安全的疏散以及广播通知有关救灾的事项，对一二级保护对象宜设置火灾消防广播系统。

一、火灾消防广播容量估算

(1) 防火分区的走道、大厅、餐厅等公共场所，扬声器的设置数量应能保证防火分区中的任何部位到最近一个扬声器的步行距离不超过 15m，在走道交叉处或拐弯处应设扬声器，走到末端最后一个扬声器的距离墙不大于 8m。每个扬声器的功率不小于 3W，实配功率不应小于 2W。

(2) 客房内的扬声器设在多功能床头柜上，每个扬声器 1W。若床头柜不设火灾消防广播时，则客房的走道设的火灾消防广播扬声器功率不小于 3W，间距不大于 10m。

(3) 在空调机房、洗衣机房、文娱场所、车库等有背景噪声干扰的场所，在其播放范围内的播放声压级应高于 15dB，按此确定扬声器的功率。

(4) 餐厅、宴会厅、咖啡厅、酒吧间、商场营业厅等需要播放背景音乐，其扬声器与火灾消防广播合用时，则扬声器应按 $24\sim30m^2$ 设一个，以使声压均匀。

(5) 火灾消防广播功放器应按扬声器计算总功率的 1.3 倍来确定。

二、扬声器的控制

1. 火灾消防广播的组成

(1) 由扩音机、广播分路盘及扬声器组成，其框图见图 4-19 所示。扩音机具有话筒输入回路，磁盘输入回路即拾音回路，可作为背景音乐、广播及消防火灾广播用，它自身具有功放功能，输出功率一般都在 200W 左右，因此仅适用于小范围的火灾消防广播。这种系统在重要场所应设置备用扩音机，它的容量不小于相邻三层最大消防火灾广播容量之和的 1.5 倍，当工作机故障时，备用机应能手动切入。

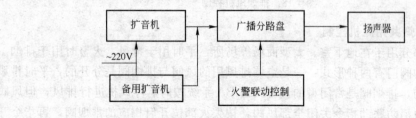

图 4-19 火灾广播系统框图之一

(2) 由录放机、功率放大盘、广播分路盘及扬声器组成的系统见图 4-20 所示。录放机应有话筒输入、磁带播放及外线音频输入，可作背景声音、一般广播及火灾消防广播用。录放机应有备用机，工作机故障时，备用录放机亦可手动切入。

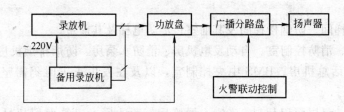

图 4-20 火灾广播系统框图之二

以上两种系统都可与火灾报警设备成套供应，各火灾报警器厂家都有生产。

2. 火灾广播控制

(1) 控制火灾广播的顺序：

1) 2 层及 2 层以上的楼层发生火灾，可先接通火灾层及其相邻的上、下两层。

2) 首层发生火灾。可先接通首层、2 层及地下各层。

3) 地下室发生火灾，可先接通地下各层及首层，若首层与 2 层有挑空的共享空间时，也应包括 2 层。

(2) 广播分路盘每路功率是有定量的，一般一路可接 8～10 个 3W 扬声器。分路配址应按报警区划分，以便于联动控制。

(3) 火灾消防广播与背景音乐的切换方式：

1) 大部分厂家生产的消防火灾广播设备采用在分路盘中抑制背景音乐声压级、提高消防火灾广播声压级的方式，这样做可使功放及输出线只需一套，方便又简洁。但对酒吧、宴会厅等背景音乐输出要调节音量时，则应从广播分路盘中用 3 条线引入扬声器，火灾时强切到第三条线路上为火灾广播，并切除第 2 条线路，即切除背景音乐。

2) 用音源切换方式，这时背景音乐及消防火灾广播需要分开设置功放，凡是需要做火灾广播的扬声器接二条线路，一路为背景音乐，一路为火灾广播，在扬声器处设火警联动切换开关。平时播放背景音乐，火灾时切换成消防火灾广播，这种方式用于大部分为背景音乐广播，少部分为消防广播用。

3. 声光报警器

火警时，按失火层由火警联动启动相应的声光报警器，可发出闪光及变调声响，也可直接启动火灾火警电铃，做火灾报警用。它也是火灾报警系统的成套设备之一，常安装在消防楼梯间、电梯间及前室、人员较多场所的走道中。

第六节 应急照明与疏散指示标志

应急照明与疏散标志是在突然停电或发生火灾而断电时，在重要的房间或建筑的主要通道，继续维持一定程度的照明，保证人员迅速疏散并对事故及时处理。高层建筑、大型建筑及人员密集的场所（如商场、体育场等）必须设置应急照明和疏散指示照明。

一、应急照明

1. 应急照明的设置部位

为了便于在夜间或在烟气很大的情况下紧急疏散，应在建筑物内的下列部位设置火灾应急照明：

(1) 封闭楼梯间、防烟楼梯间及其前室；消防电梯及其前室。

(2) 配电室、消防控制室、自动发电机房、消防水泵房、防烟排烟机房、供消防用电的蓄电池室、电话总机房、BMS中央控制室，以及在发生火灾时仍需坚持工作的其他房间。

(3) 观众厅，每层面积超过 1500m² 展览厅、营业厅，建筑面积超过 200m² 的演播室，人员密集且建筑面积超过 300m² 的地下室及汽车库。

(4) 公共建筑内的疏散走道和长度超过 20m 的内走道。

2. 应急照明的设置要求

应急照明设置通常有两种方式：一种是设独立照明回路作为应急照明，该回路灯具平时是处于关闭状态，只有当火灾发生时，通过末级应急照明切换控制箱使该回路通电，使应急照明灯具点燃。另一种是利用正常照明的一部分灯具作为应急照明，这部分灯具既连接在正常照明的回路中，同时也被连接在专门的应急照明回路中。正常时，该部分灯具由于接在正常照明回路中，所以被点燃。当发生火灾时，虽然正常电源被切断但由于该部分灯具又接在专门的应急照明回路中，所以灯具依然处于点燃状态，当然这要通过末级应急照明切换控制箱才能实现正常照明和应急照明的切换。

3. 供电要求

应急照明要采用双电源供电，除正常电源之外，还要设置备用电源，并能够在末级应急照明配电箱实现备电自投。

二、疏散指示照明

1. 疏散指示照明设置部位

(1) 消火栓处。

(2) 防、排烟控制箱、手动报警器、手动灭火装置处。

(3) 电梯入口处。

(4) 疏散楼梯的休息平台处、疏散走道、居住建筑内长度超过 20m 内的走道，公共出口处。

2. 疏散指示照明设置要求

疏散指示照明应设在安全出口的顶部嵌墙安装，或在安全出口门边墙上距地 2.2~2.5m 处明装；疏散走道及转角处、楼梯休息平台处在距地 1m 以下嵌墙安装；大面积的商场、展厅等安全通道上采用顶棚下吊装。疏散指示照明设置示例可参见图 4-21。疏散指示照明只需提供足够的照度，一般取 0.5lx，维持时间按楼层高度及疏散距离计算，一般为 20~60min。

疏散指示照明器，按防火规范要求，采用

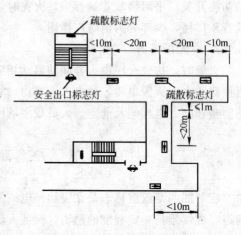

图 4-21 疏散指示灯设置示例

白底绿字或绿底白字,并用箭头或图形指示疏散方向。常见的疏散指示照明器包括:疏散指示灯和出入口指示灯,见图4-22、图4-23所示。

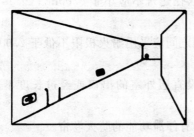

图4-22 疏散指示灯外形示意图

图4-23 安全出口示意图

3. 供电要求

疏散指示照明的供电要求同应急照明。

第七节 消防电梯

电梯是高层建筑纵向交通的工具,消防电梯则是在发生火灾时供消防人员扑救火灾和营救人员用的。火灾时,由于电源供电已无保障,因此无特殊情况不用客梯组织疏散。消防电梯控制一定要保证安全可靠。

消防控制中心在火灾确认后,应能控制电梯全部停于首层,并接受其反馈信号。电梯的控制有两种方式:一是将所有电梯控制显示的副盘设在消防控制中心,消防值班人员可随时直接操作,另一种是消防控制中心自行设计电梯控制装置,火灾时,消防值班人员通过控制装置,向电梯机房发出火灾信号和强制电梯全部停于首层的指令。在一些大型公共建筑里,利用消防电梯前的感烟探测器直接联动控制电梯也是一种控制方式,但是必须注意感烟探测器误报的危险性,最好还是通过消防中心进行控制。

一、消防电梯的设置场所

(1) 一类公共建筑;

(2) 塔式住宅;

(3) 12层及12层以上的单元和通廊式住宅;

(4) 高度超过32m的其他二类公共建筑。

二、消防电梯的设置数量

(1) 当每层建筑面积不大于1500m^2时,应设1台;

(2) 当大于1500m^2但小于或等于4500m^2时,应设2台;

(3) 当大于4500m^2时,应设3台;

(4) 消防电梯可与客梯或工作电梯兼用,但应符合消防电梯的要求。

三、消防电梯的设置规定

(1) 消防电梯的载重量不应小于800kg。

(2) 消防电梯轿厢内装修应用不燃材料。

(3) 消防电梯宜分别设在不同的防火分区内。

(4) 消防电梯轿厢内应设专用电话，并应在首层设置供消防队员专用的操作按钮。

(5) 消防电梯间应设前室，其面积：居住建筑不应小于 4.50m²，公共建筑不应小于 6.00m²。当与防烟楼梯间合用前室时，其面积为：居住建筑不应小于 6.00m²；公共建筑不应小于 10m²。

(6) 消防电梯井、机房与相邻其他电梯井、机房之间应采用耐火极限不低于 2.00h 的隔墙隔开，当在隔墙上开门时，应设甲级防火门。

(7) 消防电梯间前室宜靠外墙设置，在首层应设直通外室的出口或经过长度不超过 30m 的通道通向室外。

(8) 消防电梯间前室的门应采用乙级防火门或具有停滞功能的防火卷帘。

(9) 消防电梯的行驶速度，应按从首层到顶层的运行时间不超过 60s 计算确定。

(10) 动力与控制电缆、电线应采取防水措施。

(11) 消防电梯间前室门口宜设挡水设施。

消防电梯的井底应设排水设施，排水井容量不应小于 2.00m²，排水泵的排水量不应小于 10L/s。

本 章 小 结

本章首先对防排烟系统进行了概述，然后较详细地阐述了防排烟系统中的各种系统。对防火门、防火卷帘、防排烟风机等进行了分析；说明了对防排烟设备的监控；对火灾事故广播的容量估算，广播系统的组成及应用，对火灾情况下的广播方式及切换进行了论述；对应急照明及疏散指示标志的设置场所、要求、设置方式进行了概括的叙述；另外，对消防电梯的设置、规定也进行了简要说明。

总之，本章内容是火灾下确保人员有组织逃生、防止人员伤亡及损失减小的重要组成部分。

思 考 题 与 习 题

1. 说明防烟分区是如何划分的？并说明防烟分区和防火分区的区别？
2. 简单介绍机械排烟系统的组成。
3. 说明排烟阀的使用场合及工作过程。
4. 说明排烟防火阀的使用场合及工作过程。
5. 简单介绍机械加压送风系统的组成。
6. 说明余压阀的作用。
7. 简要说明当发生火灾时，各防排烟设备是如何动作的？
8. 试说明防火卷帘的工作过程。

第五章 消防系统的设计及应用实例

[本章任务] 了解消防系统设计原则和程序，学会针对具体工程查阅相应规范，确定工程类别，防火等级，按规范要求设计出完整的火灾自动报警及联动控制的施工图。

教学方法：建议结合工程图纸讲授。

第一节 消防系统设计的基本原则和内容

一、设计内容

消防系统设计一般有两大部分内容：一是系统设计、二是平面图设计。

（一）系统设计

1. 火灾自动报警与联动控制系统设计的形式有三种
（1）区域系统；
（2）集中系统；
（3）控制中心系统。

2. 系统供电

火灾自动报警系统应设有主电源和直流备用电源。应独立形成消防、防灾供电系统，并要保障供电的可靠性。

3. 系统接地

系统接地装置可采用专用接地装置或共用接地装置。

（二）平面设计

平面设计一般有两大部分内容：一是火灾区自动报警；二是消防联动控制。具体设计内容如表 5-1 所列。

火灾自动报警平面设计的内容　　　　　　表 5-1

设备名称	内容
报警设备	火灾自动报警控制器，火灾控测器，手动报警按钮，紧急报警设备
通信设备	应急通信设备，对讲电话，应急电话等
广播	火灾事故广播设备，火灾警报装置
灭火设备	喷水灭火系统的控制； 室内消火栓灭火系统的控制； 泡沫、卤代烷、二氧化碳等； 管网灭火系统的控制等
消防联动设备	防火门、防火卷帘门的控制，防排烟风机、排烟阀控制、空调通风设施的紧急停止，电梯控制监视，非消防电源的断电控制
避难设施	应急照明装置、火灾疏散指示标志

消防设计的优劣主要从"安全适用、技术先进、经济合理"这几个方面进行评价。

二、消防系统的设计原则

积极采用先进的防火技术，协调合理设计与经济的关系，做到"防患于未然"。

消防系统设计的最基本原则就是应符合现行的建筑设计消防法规的要求。必须遵循国家有关方针、政策、针对保护对象的特点，做到安全适用、技术先进、经济合理，因此在进行消防工程设计时，要遵照下列原则进行：

（1）熟练掌握国家标准、规范、法规等，对规范中的正面词及反面词的含义领悟准确，保证做到依法设计。

（2）详细了解建筑的使用功能，保护对象及有关消防监督部门的审批意见。

（3）掌握所设计建筑物相关专业的标准、规范等，如车库、卷帘门、防排烟、人防等，以便于综合考虑后着手进行系统设计。

我国消防法规大致分为五类，即：建筑设计防火规范、系统设计规范、设备制造标准、安全施工验收规范及行政管理法规。设计者只有掌握了这五大类的消防法规，设计中才能做到应用自如，准确无误。

在执行法规遇到矛盾时，应按以下几点进行：

（1）行业标准服从国家标准；

（2）从安全方面采用高标准；

（3）报请主管部门解决，包括公安部、建设部等主管部门。

第二节 设计程序及方法

一、设计程序

设计程序一般分为两个阶段，第一阶段为初步设计（即方案设计），第二阶段为施工图设计。

（一）初步设计

1. 确定设计依据

（1）相关规范；

（2）建筑的规模、功能、防火等级、消防管理的形式；

（3）所有土建及其他工种的初步设计图纸；

（4）采用厂家的产品样本。

2. 方案确定

由以上内容进行初步概算，通过比较和选择，决定消防系统采用的形式，确定合理的设计方案，这一阶段是第二阶段的基础、核心。设计方案的确定是设计成败的关键所在，一项优秀设计不仅是工程图纸的精心绘制，而且更要重视方案的设计、比较和选择。

（二）施工图设计

1. 计算

包括探测器的数量，手动报警按钮数量，消防广播数量，楼层显示器、短路隔离器、中继器、支路数、回路数，控制器容量。

2. 施工图绘制

(1) 平面图　图中包括探测器、手动报警按钮、消防广播、消防电话、非消防电源、消火栓按钮、防排烟机、防火阀、水流指示器、压力开关、各种阀等设备，以及这些设备之间的线路走向。

(2) 系统图　根据厂家产品样本所给系统图结合平面中的实际情况绘制系统图，要求分层清楚，设备符号与平面图一致、设备数量与平面图一致。

(3) 绘制其他一些施工详图　消防控制室设备布置图及有关非标准设备的尺寸及布置图等。

(4) 设计说明　说明内容有：设计依据，材料表、图例符号及补充图纸表述不清楚的部分。

二、设计方法

(一) 设计方案的确定

火灾自动报警与消防联动控制系统的设计方案应根据建筑物的类别、防火等级、功能要求、消防管理以及相关专业的配合才能确定，因此，必须掌握以下资料：

(1) 建筑物类别和防火等级；

(2) 土建图纸：防火分区的划分、防火卷帘槛数及位置、电动防火门、电梯；

(3) 强电施工图中的配电箱（非消防用电的配电箱）；

(4) 通风与空调专业给出的防排烟机、防火阀；

(5) 给排水专业给出消火栓位置、水流指示器、压力开关及相关阀体。

总之，建筑物的消防设计是各专业密切配合的产物，应在总的防火规范指导下各专业密切配合，共同完成任务。电气专业应考虑的内容如表 5-2 所列。

设计项目与电气专业配合的内容　　　　　表 5-2

序号	设计项目	电气专业配合措施
1	建筑物高度	确定电气防火设计范围
2	建筑防火分类	确定电气消防设计内容和供电方案
3	防火分区	确定区域报警范围、选用探测器种类
4	防烟分区	确定防排烟系统控制方案
5	建筑物内用途	确定探测器形式类别和安装位置
6	构造耐火极限	确定各电气设备设置部位
7	室内装修	选择探测器形式类别、安装方法
8	家具	确定保护方式、采用探测器类型
9	屋架	确定屋架探测方法和灭火方式
10	疏散时间	确定紧急和疏散标志、事故照明时间
11	疏散路线	确定事故照明位置和疏散通路方向
12	疏散出口	确定标志灯位置指示出口方向
13	疏散楼梯	确定标志灯位置指示出口方向
14	排烟风机	确定控制系统与连锁装置
15	排烟口	确定排烟风机连锁系统
16	排烟阀门	确定排烟风机连锁系统
17	防火卷帘门	确定探测器联动方式
18	电动安全门	确定探测器联动方式

续表

序号	设计项目	电气专业配合措施
19	送回风口	确定探测器位置
20	空调系统	确定有关设备的运行显示及控制
21	消火栓	确定人工报警方式与消防泵连锁控制
22	喷淋灭火系统	确定动作显示方式
23	气体灭火系统	确定人工报警方式、安全启动和运行显示方式
24	消防水泵	确定供电方式及控制系统
25	水箱	确定报警及控制方式
26	电梯机房及电梯井	确定供电方式、探测器的安装位置
27	竖井	确定使用性能、采取隔离火源的各种措施，必要时放置探测器
28	垃圾道	设置探测器
29	管道竖井	根据井的结构及性质，采取隔断火源的各种措施，必要时设置探测器
30	水平运输带	穿越不同防火区，采取封闭措施

火灾自动报警系统的三种传统形式所适应的保护对象如下：

区域报警系统，一般适用于二级保护对象；

集中报警系统，一般适用于一、二级保护对象；

控制中心报警系统，一般适用于特级、一级保护对象。

为了使设计更加规范化，且又不限制技术的发展，消防规范对系统的基本功能形式规定了很多原则，工程设计人员可在符合这些基本原则的条件下，根据工程规模和对联动控制的复杂程度，选择检验合格且质量上乘的厂家产品，组成合理、可靠的火灾自动报警与消防联动系统。

（二）消防控制中心的确定及消防联动设计要求

1. 消防控制室

(1) 消防控制室应设置在建筑物的首层，距通往室外出入口不应大于 20m；

(2) 内部和外部的消防人员能容易找到并可以接近的房间部位。并应设在交通方便和发生火灾时不易延燃的部位；

(3) 不应将消防控制室设于厕所及锅炉房、浴室、汽车库、变压器室等的隔壁和上、下层相对应的房间；

(4) 消防控制室外的门应向疏散方向开启，且入口处应设置明显的标志；

(5) 消防控制室的布置应符合有关要求；

(6) 消防控制室内不应穿过与消防控制室无关的电气线路及其他管道，不装设与其无关的其他设备；

(7) 消防控制的最小使用面积不宜小于 $15m^2$；

(8) 宜与防火监控、广播、通信设施等用房相邻近；

(9) 消房控制室应具有接受火灾报警、发出火灾信号和安全疏散指令、控制各种消防联动控制设备及显示电源运行情况等功能。

2. 消防控制系统设计的主要内容

(1) 火灾自动报警控制系统；

(2) 灭火系统；

(3) 防排烟及空调系统；

(4) 防火卷帘门、水幕、电动防火门；

(5) 电梯；

(6) 非消防电源的断电控制；

(7) 火灾应急广播及消防专用通信系统；

(8) 火灾应急照明与疏散指示标志。

3. 消防联动控制系统

消防联动控制应根据工程规模、管理体制、功能要求合理确定控制方式，一般可采取：

(1) 集中控制（适用于单体建筑），如图5-1；

(2) 分散与集中相结合（适用于大型建筑），如图5-2。

无论采用何种控制方式应将被控对象执行机构的动作信号送至消防控制室。

4. 消防联动控制设备的功能

(1) 灭火设施

1) 消防控制设备对消火栓系统应具有的控制显示功能如下：

a. 控制消防水泵的启、停；

b. 显示消防水泵的工作、故障状态；

c. 显示消火栓按钮的工作部位；

2) 消防控制设备对自动喷水灭火系统宜有下列控制监测功能：

a. 控制系统的启、停；

b. 系统的控制阀，报警阀及水流指示器的开启状态；

c. 水箱、水池的水位；

d. 干式喷水灭火系统的最高和最低气压；

e. 预作用喷水灭火系统的最低气压；

f. 报警阀和水流指示器的动作情况；

在消防控制室宜设置相应的模拟信号盘，接收水流指示器和压力报警阀上压力开关的报警信号，显示其报警部位，值班人员可按报警信号启动水泵，也可由总管上的压力开关直接控制水泵的启动。在配水支管上装的闸阀，在工作状态下是开启的，当维修或其他原因使闸阀关闭时，在控制室应有显示闸阀开关状态的装置，以提醒值班人员注意使闸阀复原。为此应选用带开关点的闸阀或选用明杆闸阀加装微动开关，以便将闸阀的工作状态反映到控制室。

3) 消防控制设备对泡沫和干粉灭火系统应有下列控制、显示功能：

a. 控制系统的启、停；

b. 显示系统的工作状态；

4) 消防控制设备对管网气体灭火系统应有下列控制及显示功能：

a. 气体灭火系统防护区的报警、喷放及防火门（帘）、通风空调等设备的状态信号应送到消防控制室；

b. 显示系统的手动及自动工作状态；

c. 被保护场所主要出入口门处，应设置手动紧急控制按钮，并应有防误操作措施和

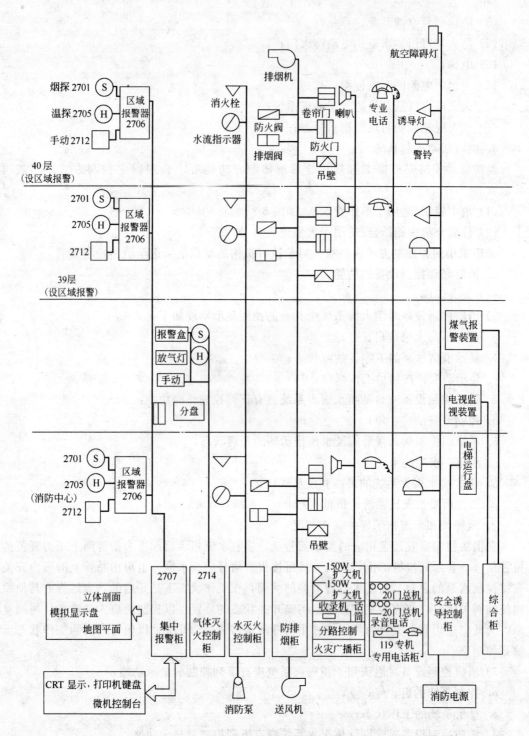

图 5-1 联动控制系统集中控制示意图

特殊标志：

  d. 组合分配系统及单元控制系统宜在防护区外的适当部位设置气体灭火控制盘；

  e. 在报警、喷射各阶段，控制室应有相应的声、光报警信号，并能手动切除声响

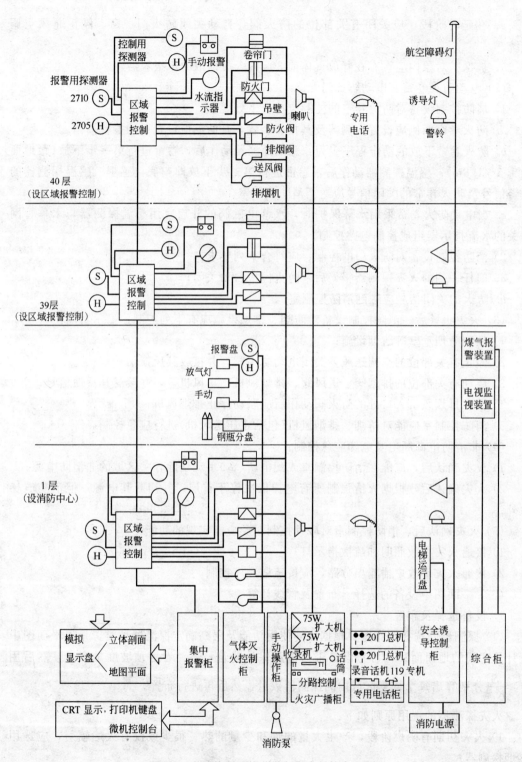

图 5-2 联动控制系统分散与集中相结合示意图

信号;

f. 主要出入口上方应设气体灭火剂喷放指示标志灯;

g. 在延时阶段,应关闭有关部位的防火阀,自动关闭防火门、窗,停止通风空调系统。

　　h. 被保护对象内应设有在释放气体前30s内人员疏散的声报警器。

　　(2) 电动防火卷帘、电动防火门

　　1) 消防控制设备对防火卷帘的控制应符合下列要求:

　　a. 防火卷帘两侧应设置探测器及其报警装置,且两侧应设置手动报警按钮。

　　b. 防火卷帘下放的动作程序应为:感烟探测器动作后,卷帘进行第一步下放(距地面为1.5~1.8m);感温探测器动作后,卷帘进行第二步下放即归底;感烟、感温探测器的报警信号及防火卷帘的关闭信号应送至消防控制室。

　　c. 当电动防火卷帘采用水幕保护时,水幕电磁阀的开启宜用感温探测器与水幕管网有关的水流指示器组成控制电路控制。

　　2) 消防控制设备对防火门的控制、应符合下列要求:

　　a. 门任一侧的火灾探测器报警后,防火门应自动关闭;

　　b. 防火的关闭信号应送到消防控制室。

　　(3) 火灾报警后,消防控制设备对防烟、排烟设施应有下列控制、显示功能:

　　1) 控制防烟垂壁等防烟设施;

　　2) 停止有关部位的空调送风,关闭电动防火阀,并接收其反馈信号;

　　3) 启动有关部位的排烟阀、送风阀、排烟风机、送风机等,并接受其反馈信号;

　　4) 设在排烟风机入口处的防火阀动作后应联动停止排烟风机;

　　5) 消防控制室应能对防烟、排烟风机(包括正压送风机)进行应急控制。

　　(4) 非消防电源断电及电梯应急控制:

　　1) 火灾确认后,应能在消防控制室或配电所(室)手动切除相关区域的非消防电源;

　　2) 火灾确认后,根据火情强制所有电梯依次停于首层,并切断其电源,但消防电梯除外;

　　(5) 火灾确认后,消防控制室对联动控制对象应能实现的功能:

　　1) 接通火灾事故照明和疏散指示灯;

　　2) 接通火灾事故广播输出分路,应按疏散顺序控制。

　　(三) 平面图中设备的选择、布置及管线计算

　　1. 设备选择及布置

　　(1) 探测器的选择及布置:根据房间使用功能及层高确定探测器种类,量出平面图中所计算房间的地面面积,再考虑是否为重点保护建筑,还要看房顶坡度是多少,然后用 $N \geqslant \dfrac{S}{KA}$ 分别算出每个探测区域内的探测器数量,然后再进行布置。

　　火灾探测器的选用原则如下:

　　1) 火灾初期有阴燃阶段,产生大量的烟和少量的热,很少或没有火焰辐射,应选用感烟探测器;

　　2) 火灾发展迅速,有强烈的火焰辐射和少量的热、烟,应选用火焰探测器;

　　3) 火灾发展迅速,产生大量的热、烟和辐射,应选用感温、感烟火焰探测器或其组合(即复合型探测器);

4) 若火灾形成的特点不可预料，应进行模拟试验，根据试验结果选用适当的探测器。探测器种类选择在探测器中已有表可查，但这里还需进一步说明其种类选择范围。

下列场所宜选用光电和离子感烟探测器：

电子计算机房、电梯机房、通信机房、楼梯、走道、办公楼、饭店、教学楼的厅堂、办公室、卧室等，有电气火灾危险性的场所、书库、档案库、电影或电视放映室等。

有下列情况的场所不宜选用光电感烟探测器：存在高频电磁干扰；在正常情况下有烟滞流；可能产生黑烟；可能产生蒸汽和油雾；大量积聚粉尘。

有下列情况的场所不宜选用离子感烟探测器：产生醇类、醚类酮类等有机物质；可能产生腐蚀气体；有大量粉尘、水雾滞留；相对湿度长期大于95%；在正常情况下有烟滞留；气流速度大于5m/s。

有下列情况的场所不宜作出快速反应：无阴燃阶段的火灾；火灾时有强列的火焰辐射。

下列情况的场所不宜选用火焰探测器：

在正常情况下有明火作业以及X射线、弧光等影响；探测器的"视线"易被遮挡；在火焰出现前有浓烟扩散；可能发生无焰火灾；探测器的镜头被污染；探测器易受阳光或其他光源直接或间接照射。

下列情况的场所宜选用感温探测器：

可能发生无烟火灾；在正常情况下有烟和蒸汽滞留；吸烟室、小会议室、烘干车间、茶炉房、发电机房、锅炉房、厨房、汽车库等；其他不宜安装感烟探测器的厅堂和公共场所；相对湿度经常高于95%以上的场所；有大量粉尘的场所；

在库房、电缆隧道、天棚内、地下汽车库及地下设备层等场所，可选用空气管线型差温探测器。

在电缆托架、电缆隧道、电缆夹层、电缆沟、电缆竖井等场所，宜采用缆式线型感温探测器。

在散发可燃气体、可燃蒸汽和可燃液体的场所，宜选用可燃气体探测器。

在下列场所可不安装感烟、感温式火灾探测器：

1) 因气流影响，靠火灾探测器不能有效发现火灾的场所；

2) 火灾探测器的安装面与地面高度大于12m(感烟)、8m(感温)的场所；

3) 天棚和上层楼板间距、地板与楼板间距小于0.5m；

(2) 火灾报警装置的选择及布置：规范中规定火灾自动报警系统应有自动和手动两种触发装置。

自动触发器件有：压力开关、水流指示器、火灾探测器等。

手动触发器件有：手动报警按钮、消火栓报警按钮等。

要求探测区域内的每个防火分区至少设置一个手动报警按钮。

1) 手动报警按钮的安装场所：各楼层的电梯间、电梯前室主要通道等经常有人通过的地方；大厅、过厅、主要公共活动场所的出入口；餐厅、多功能厅等处的主要出入口。

2) 手动报警按钮的布线宜独立设置。

3) 手动报警按钮的数量应按一个防火分区内的任何位置到最近一个手动报警按钮的距离不大于25m来考虑。

4) 手动报警按钮在墙上安装的底边距地高度为1.5m，按钮盒应具有明显的标志和防误动作的保护措施。

(3) 其他附件选择及布置：

1) 模块：由所确定的厂家产品的系统确定型号，安装距顶棚0.3m的高度，墙上安装；

2) 短路隔离器：与厂家产品配套选用，墙上安装，距顶棚0.2~0.5m；

3) 总线驱动器：与厂家产品配套选用，根据需要定数量，墙上安装，底边距地2~2.5m；

4) 中继器：由所用产品实际确定，现场墙上安装，距地1.5m。

(4) 火灾事故广播与消防专用电话：

1) 火灾事故广播及警报装置：火灾警报装置(包括警灯、警笛、警铃等)是当发生火灾时发出警报的装置。火灾事故广播是火灾时(或意外事故时)指挥现场人员进行疏散的设备。两种设备各有所长，火灾发生初期交替使用，效果较好。

火灾报警装置的设置范围和技术条件：国家规范规定，设置区域报警系统的建筑，应设置火灾警报装置；设置集中和控制中心报警系统的建筑，宜设置火灾警报装置；在报警区域内，每个防火分区应至少安装一个火灾报警装置，其安装位置，宜设在各楼层走道靠近楼梯出口处。

为了保证安全，火灾报警装置应在确认火灾后，由消防中心按疏散顺序统一向有关区域发出警报。在环境噪声大于60dB的场所设置火灾警报装置时，其声压级应高于背景噪声15dB。

火灾事故广播与其他广播合用时应符合以下要求：

火灾时，应能在消防控制室将火灾疏散层的扬声器和公共广播扩音机强制转入火灾应急广播状态；消防控制室应能监控用于火灾应急广播时的扩音机的工作状态，并能开启扩音机进行广播。火灾应急广播设置备用扩音机，其容量不应小于火灾应急广播扬声器最大容量总和的1.5倍。床头控制柜设有扬声器时，应有强制切换到应急广播的功能。

2) 消防专用电话：安装消防专用电话十分必要，它对能否及时报警、消防指挥系统是否畅通起着关键作用。为保证消防报警和灭火指挥畅通，规范对消防专用电话都有明确规定。最后根据以上设备选择列出材料表。

2. 消防系统的接地

为了保证消防系统正常工作，对系统的接地规定如下：

(1) 火灾自动报警系统应在消防控制室设置专用接地板，接地装置的接地电阻值应符合下列要求：当采用专用接地装置时，接地电阻值不大于4Ω；当采用共用接地装置时，接地电阻值不应大于1Ω。

(2) 火灾报警系统应设专用接地干线，由消防控制室引至接地体。

(3) 专用接地干线应采用铜芯绝缘导线，其芯线截面积不应小于$25mm^2$，专用接地干线宜穿硬质型塑料管埋设至接地体。

(4) 由消防控制室接地板引至各消防电子设备的专用接地线应选用铜芯塑料绝缘导线，其芯线截面积不应小于$4mm^2$。

(5) 消防电子设备凡采用交流供电时，设备金属外壳和金属支架等应作保护接地，接地线应与电气保护接地干线(PE线)相连接。

(6) 区域报警系统和集中报警系统中各消防电子设备的接地亦应符合上述(1)~(5)条的要求。

3. 布线及配管

布线及配管如表 5-3 所列。

火灾自动报警系统用导线最小截面　　　　　表 5-3

类　　别	线芯最小截面(mm^2)	备　　注
穿管敷设的绝缘导线	1.00	
线槽内敷设的绝缘导线	0.75	
多芯电缆	0.50	
由探测器到区域报警器	0.75	多股铜芯耐热线
由区域报警器到集中报警器	1.00	单股铜芯线
水流指示器控制线	1.00	
湿式报警阀及信号阀	1.00	
排烟防火电源线	1.50	控制线>$1.00mm^2$
电动卷帘门电源线	2.50	控制线>$1.50mm^2$
消火栓控制按钮线	1.50	

(1) 火灾自动报警系统的传输线路应采用铜芯绝缘导线或铜芯电缆,其电压等级不应低于交流 250V,线芯最小截面一般应符合表 5-3 的规定。

(2) 火灾探测器的传输线路宜采用不同颜色的绝缘导线,以便于识别,接线端子应有标号。

(3) 配线中使用的非金属管材、线槽及其附件,均应采用不燃或非延燃性材料制成。

(4) 火灾自动报警系统的传输线,当采用绝缘电线时,应采取穿管(金属管或不燃、难燃型硬质、半硬质塑料管)或封闭式线槽进行保护。

(5) 不同电压、不同电流类别、不同系统的线路,不可共管或线槽的同一槽孔内敷设。横向敷设的报警系统传输线路,若采用穿管布线,则不同防火分区的线路不可共管敷设。

(6) 消防联动控制、自动灭火控制、事故广播、通信、应急照明等线路,应穿金属管保护,并宜暗敷在非燃烧体结构内,其保护层厚度不宜小于 3cm。当必须采用明敷时,则应对金属管采取防火保护措施。当采用具有非延燃性绝缘和护套的电缆时,可以不穿金属保护管,但应将其敷设在电缆竖井内。

(7) 弱电线路的电缆宜与强电线路的的电缆竖井分别设置。若因条件限制,必须合用一个电缆竖井时,则应将弱电线路与强电线路分别布置在竖井两侧。

(8) 横向敷设在建筑物的暗配管,钢管直径不宜大于 25mm;水平或垂直敷设在顶棚内或墙内的暗配管,钢管直径不宜大于 20mm。

(9) 从线槽、接线盒等处引至火灾控测器的底座盒、控制设备的接线盒、扬声器箱等的线路,应穿金属软管保护。

(四) 画出系统图及施工详图

设备、管线选好且在平面图中标注后,根据厂家产品样本,再结合平面图画出系统图,并进行相应的标注:如每处导线根数及走向、每个设备的数量、所对应的层数等。

施工详图主要是对非标产品或消防控制室而言的,比如非标控制柜(控制琴台)的外形、尺寸及布置图;消防控制室设备布置图,应标明设备位置及各部分距离等。

第三节 消防系统应用实例

一、工程概况

某综合楼共13层,地下1层、地上12层、1～4层为商业用房、5～12为办公用房。地下层为设备用房、库房。总建筑面积28762m²。

管理要求:该综合楼与周围的综合楼构成整个商业区,实行统一管理,并把管理单位放在该建筑物内。

建设单位要求,在满足规范的要求下,力求经济合理。

据以上内容,采用集中-区域报警系统,每一单体建筑采用区域报警控制器,在总消防控制室采用集中机,即集中机设在该综合楼,消防控制室安置集中机及本楼的区域机。

本例受篇幅所限,仅以区域系统图、一层平面图(如图5-3、图5-4所示)说明设计过程。

本工程采用上海松江电子仪器厂生产的JB—QGE—2002系列。火灾报警器是一种可编程的总线制报警控制器,火灾探测器与各类模块接入同一总线回路,由同一台控制器来管理,这种系统的造价较低,施工较为方便。该控制器总线回线1—24。每回路200个地址,每条支线最多50个地址,可连接火灾显示盘≤63台;报警与联动一体化,以实现对建筑物内消防设备的自动、手动控制;内装有打印机,可通过RS—232接口与PC258连机,用彩色CTR图形显示建筑的平、立面图、显示着火部位、并有中西文注释。

二、设计说明

(一)设计依据:

(1)《民用建筑电气设计规范》(JGJ/T 16—92);

(2)《高层民用建筑设计防火规范》(GB 50045—95);

(3)《火灾自动报警系统设计规范》(GB 50116—98);

(4)建筑平、立、剖面图及暖通专业、给排水专业提供的功能要求和设备电容量及平面位置。

(二)电容量及平面位置

消防报警及控制:本工程为一类建筑,按防火等级为一级设计,消防控制室设在首层,具有以下功能。

1. 火灾自动报警系统:采用总线制配线,按消防分区及规范进行感烟,感温探测器的布置。在消防中心的报警控制器上能显示各分区、各报警点探头的状态,并设有手动报警按钮。

2. 联动报警

(1)火灾情况下,任一消火栓上的敲击按钮动作时,消防控制室能显示报警部位,自动或手动启动消防泵。

(2)对于气体灭火系统应有下列控制、显示功能。

1)控制系统的紧急启动和切断;

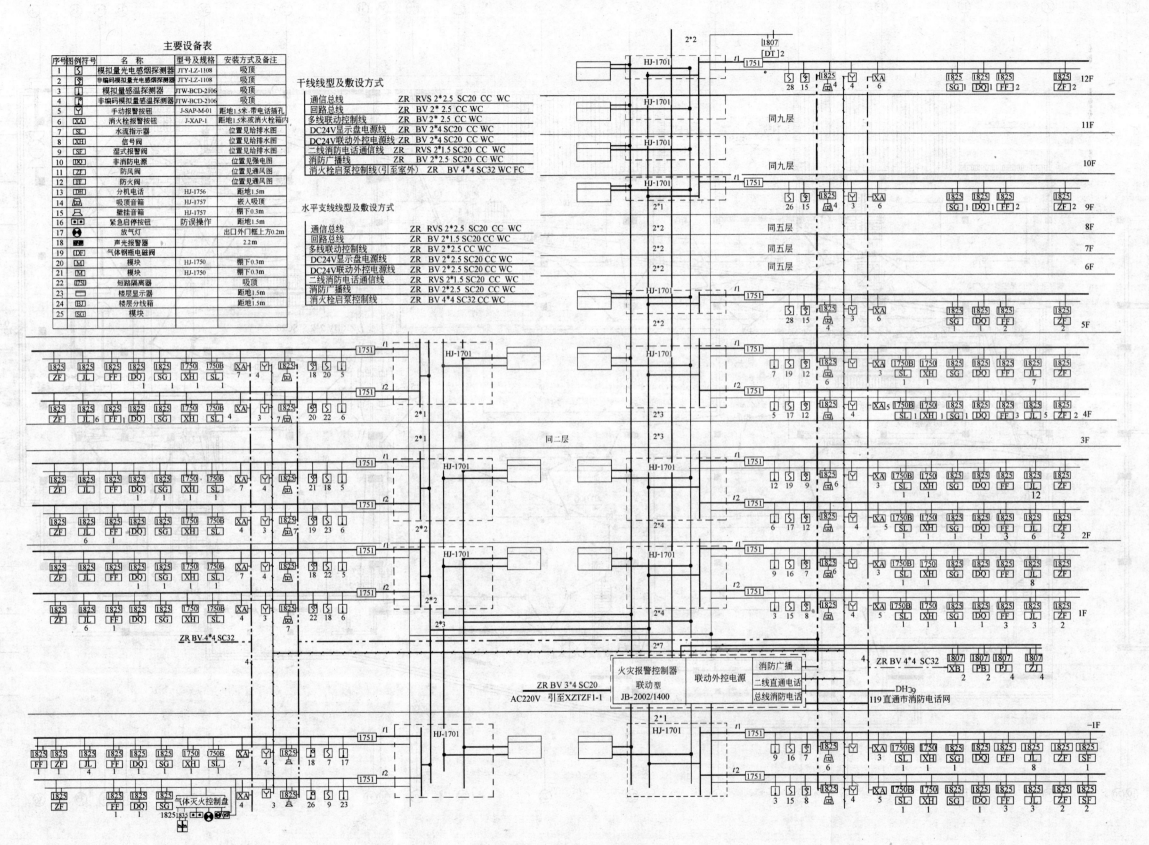

图 5-3 火灾报警与联动系统图

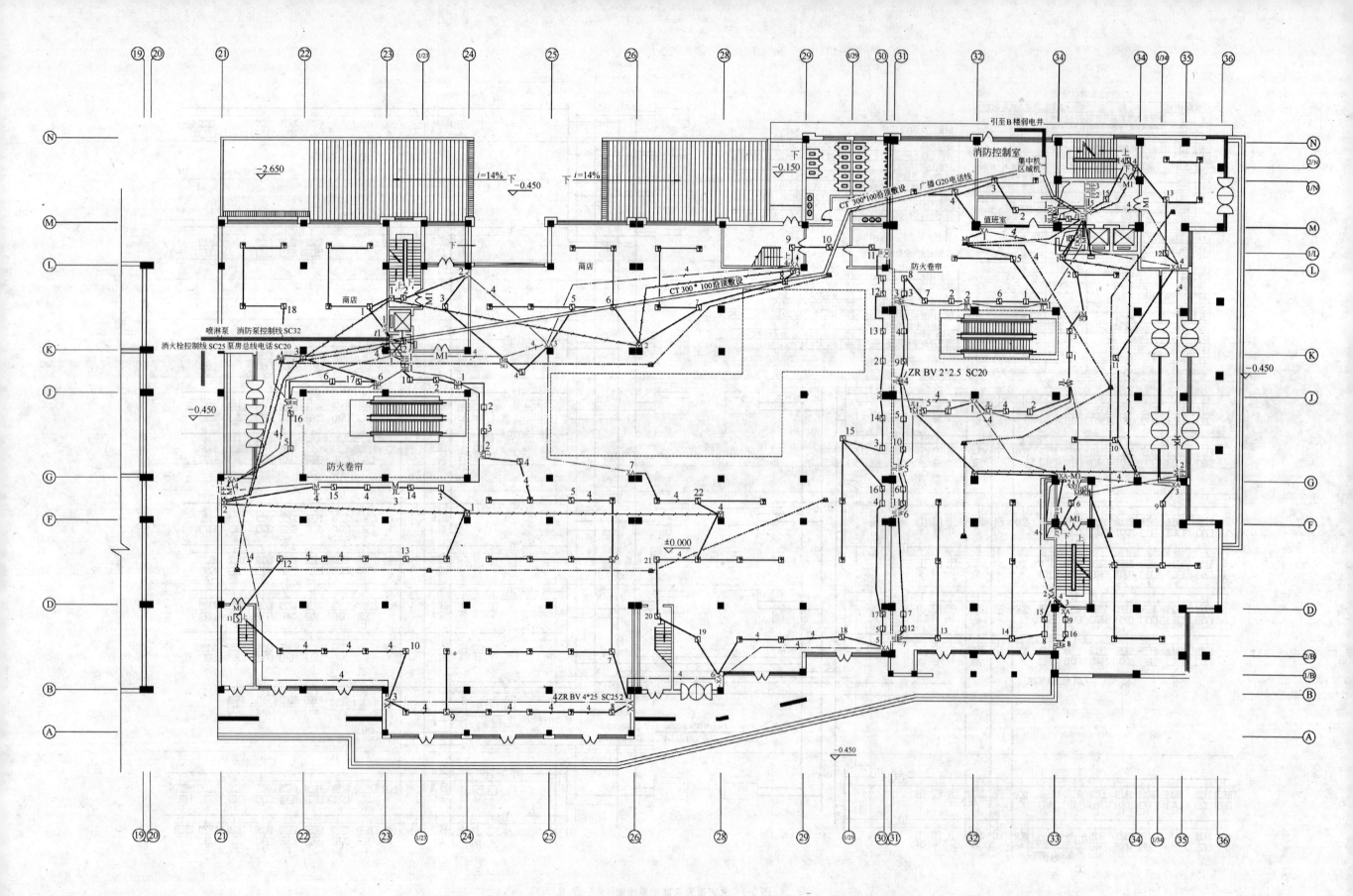

图 5-4 一层火灾自动报警与联动控制平面图

2) 由火灾探测器联动的设备，应具有30s可调的延时功能；
3) 显示系统的手动、自动状态；
4) 在报警、喷射各阶段控制室应有相应的声、光报警信号，并能手动切除声响信号；
5) 在延时阶段应能自动关闭防火门，停止通风、空调系统。
6) 气体灭火系统在报警或释放灭火剂时，应在建筑物的消防控制室有显示信号；
7) 当被保护对象的房间无直接对外窗户时，气体释放灭火剂后应有排除有害气体的措施，但此设施在气体释放时应是关闭的。

(3) 火灾确认后，控制中心发出指令［自动或手动］将相关楼层紧急广播接通，实施紧急广播。

(4) 消防中心与消防泵房、变电所、发电机房处均设固定对讲电话，消防中心设直接对外的119电话，每层适当部位还设有对讲电话插孔。

(5) 火灾情况下，消防中心能切断非消防用电，启动柴油发电机组。

(三) 探测器的安装

(1) 探测器必须安装在离开梁或墙0.5m以上的位置，在有空调的房间内，探测器应安装在离送风口1.5m以上的位置；

(2) 探测器应安装的倾斜度不能大于45°，如果大于45°，应采取措施，使探测器成水平安装；

(3) 在楼梯、走廊等处安装离子感烟探测器时，应设在不直接受到外部风吹的位置；当采用光电式感烟探测器时，不能设在日光直接照射的位置。

(四) 配线

(1) 对于消防配电线路，控制线路均采用塑料铜芯绝缘导线或铜芯电缆，其电压等级不应低于交流250V；

(2) 绝缘导线，电缆线芯应满足机械强度的要求；

(3) 消防控制，通信和报警线路，应采取穿金属管保护，导线敷设于非燃烧体结构内，其保护层厚度不小于3cm；

(4) 穿管绝缘导线或电缆的总面积不应超过管内截面积的40%；

(五) 电缆井［强电、弱电井］每层上下均封闭

(六) 接地

(1) 消防控制室工作接地采用单独接地，电阻值应小于4Ω；

(2) 应用专用接地干线由消防控制室引至接地体，接地干线应用铜芯绝缘导线或电缆，其线芯截面积不应小于$25mm^2$；

(3) 由消防控制室接地板引至各消防设备的接地线，应选用铜芯绝缘软线，其线芯截面积不应小于$4mm^2$；

三、火灾报警及联动控制系统

如图5-3所示，要求按样本标注支路数、回路数、容量。

四、平面布置图

如图5-4所示，图中表述了各种设备的位置以及线路走向。

五、水泵房平面图及配电系统图

水泵房平面布置图如图5-5所示，配电系统图如图5-6所示。本综合楼内有6台水泵，

其中两台消防水泵，一备一用。采用一台电源进线柜 N_1，常用电源和备用电源进 N_1 柜后进行自动切换，$S_1 \sim S_6$ 为各台水泵的降压启动控制箱。生活泵每台容量为 10kW，生活泵有屋顶水箱水位控制线 BV-3×25，穿电线管直径为 20mm，由屋顶水箱控制器（采用干簧水位控制器）引入生活水泵控制箱。

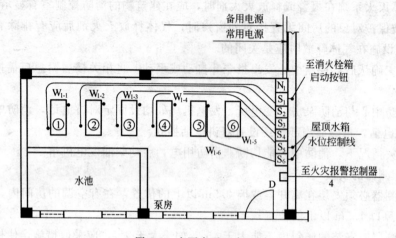

图 5-5 水泵房平面布置图
①、②—消防泵；③、④—喷淋泵；⑤、⑥—生活水泵；D—86 型接线盒；
N_1—电源柜；$S_1 \sim S_6$—水泵控制箱

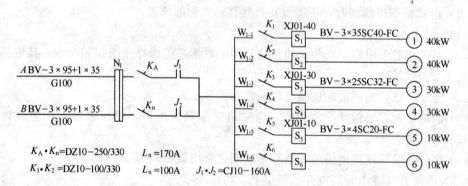

图 5-6 配电系统图

消防水泵每台容量为 40kW，喷淋泵每台为 30kW，各层消火栓箱内有消防启动按钮控制线引入消防泵启动控制箱。

当有火灾报警系统时（一般有空调的酒店、宾馆都设置火灾报警系统），由火灾报警器引两路控制线进入水泵房分别控制消防泵和喷淋泵。在本设计中，将消防用报警控制线引入 86 型接线盒内，接线盒 D 装在水泵控制启动箱旁以便接线用。图中 $W_{1-1} \sim W_{1-6}$ 为埋地敷设管线，分别由相关的启动箱接至各水泵。至水泵基础旁的出地面立管应高出基础 100mm，水泵房一般都设置在建筑物的底层或地下室，通常穿线管应采用镀锌钢管。设计中导线采用 BV-500 型，其标注方式如下：

W_{1-1} W_{1-2}：BV-3×35-SC40-FC；

W_{1-3}、W_{1-4}：BV-3×25-SC32-FC；

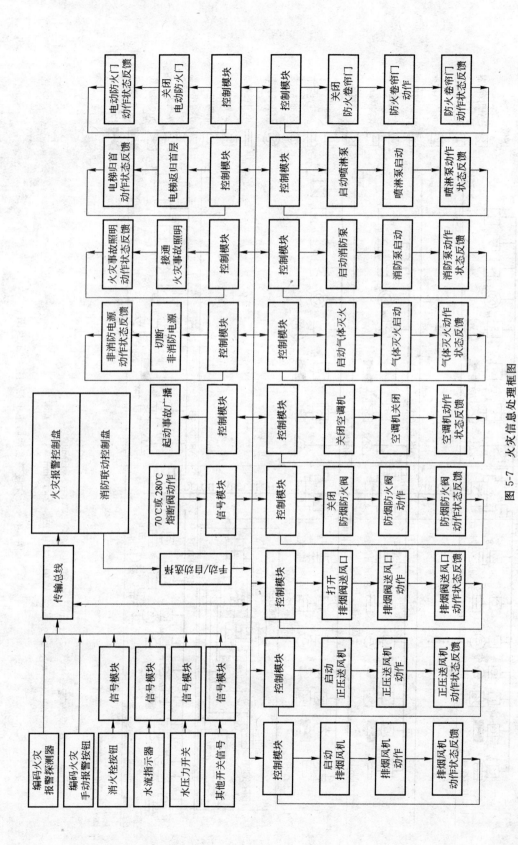

图 5-7 火灾信息处理框图

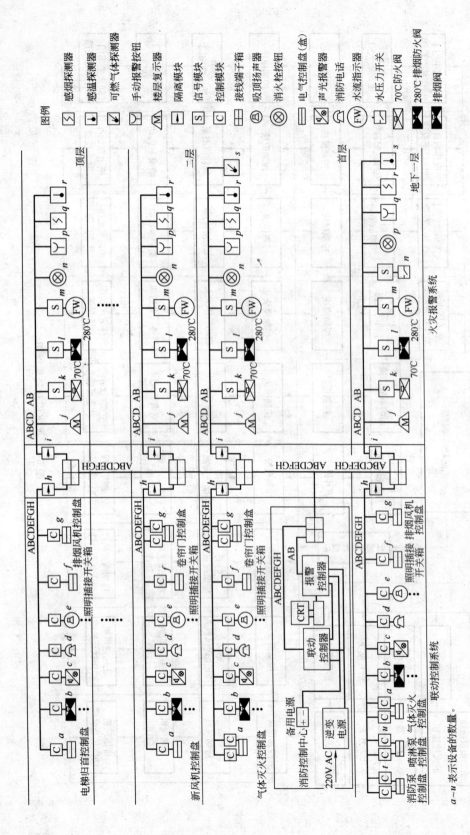

图 5-8 火灾报警及消防集中控制系统示意图

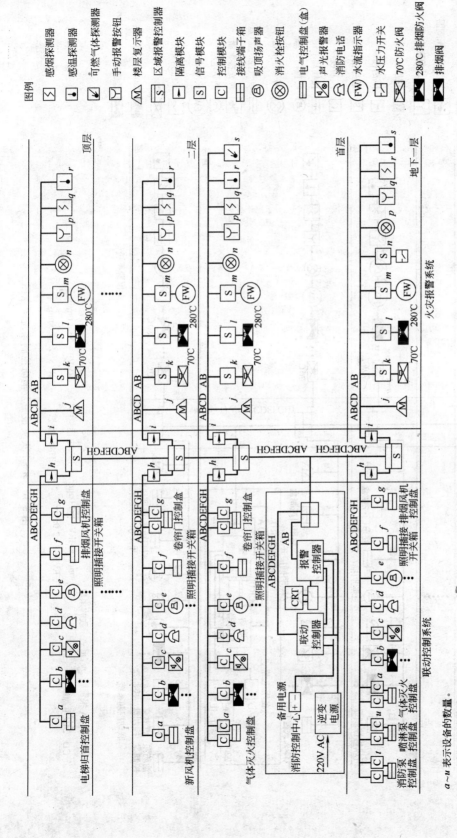

图 5-9 火灾区域一集中报警及消防控制系统示意图

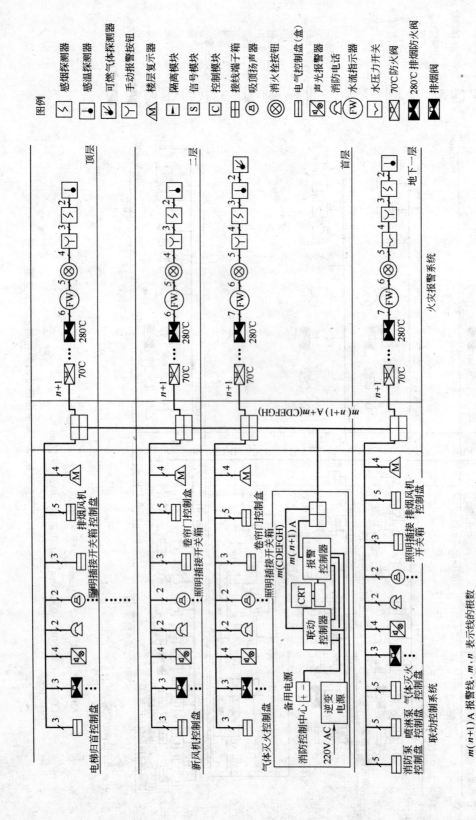

图 5-10 n+1 火灾报警及消防控制系统示意图

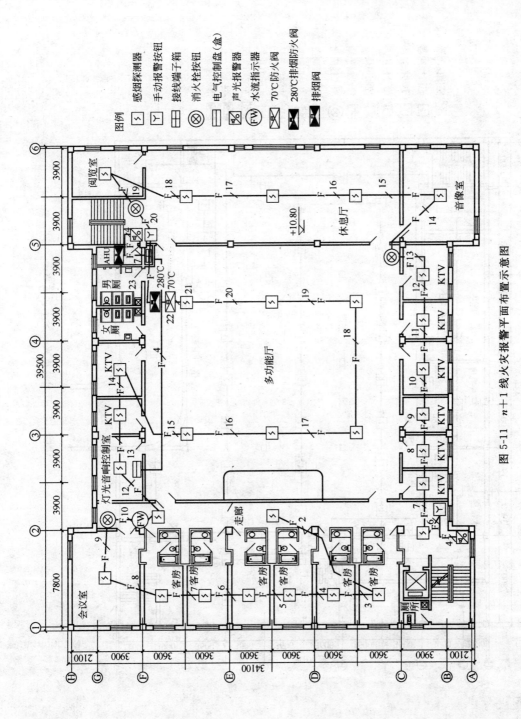

图 5-11 $n+1$ 线火灾报警平面布置示意图

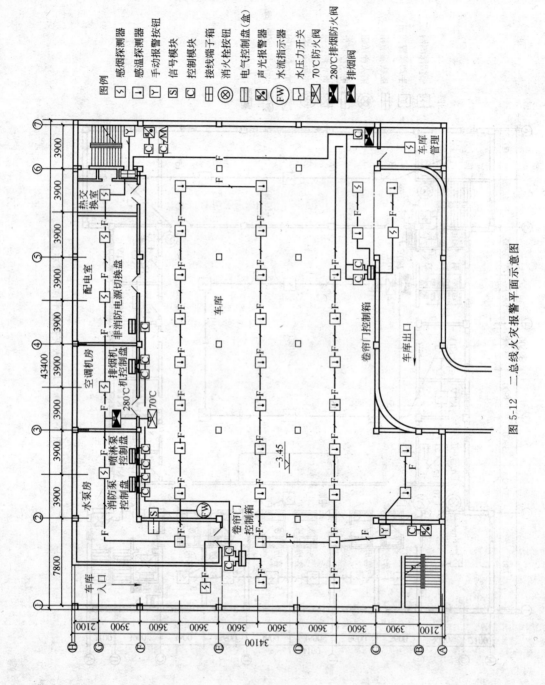

图 5-12 二总线火灾报警平面示意图

W_{1-5}、W_{1-6}：BV-3×4-SC20-FC。

水泵启动控制箱 $S_1 \sim S_4$ 选用 XJ01 型，电源进线箱 N_1，采用 XL-21 型动力配电箱的改进型。

六、设计效果图

从以上实例可以看出，对于同一工程的消防设计，即使选用同一厂家的产品，当线制不同或系统不同（分体化或总体化）时，施工图也是不同的。为了便于读者对消防系统设计有所把握，下面给出几种不同线制的系统图及平面图。

（1）火灾信息处理即消防联动：关于消防系统的联动控制是很复杂的，各环节的联动功能前已述及，这里为了对联动关系有总体的掌握，给出火灾信息处理框图，见图 5-7。

（2）火灾报警及消防集中控制系统：该系统无区域报警器，采用楼层显示器显示，如图 5-8 所示。

（3）火灾区域—集中报警及消防控制系统：这种系统中设有区域报警控制器，如图 5-9 所示。

（4）传统的多线制控制实例：这里仅以两线制（也称 $n+1$）为例，其系统如图 5-10 所示，其平面布置如图 5-11 所示。

（5）现代总线制系统实例：这里以二总线火灾报警系统为例，说明其平面布置情况，如图 5-12 所示。

综上叙述可知：消防系统的设计中，选用不同厂家不同系统的产品，其绘制的图形是不同的。

本 章 小 结

为了便于进行消防工程设计，本章根据设计的实际过程对消防设计作了详细的阐述，首先给出了设计的基本原则和内容，接着介绍了探测器的选用、设计程序和方法，通过设计实例加深对消防设计的感性认识。

本章目的是为设计者介绍如何着手设计和怎样完成一个合格的设计。

思 考 题 与 习 题

1. 消防设计的内容有哪些？
2. 消防系统的设计原则是什么？
3. 简述消防系统的设计程序。
4. 简述火灾探测器的设置部位。
5. 系统图、平面图表示了哪些内容？
6. 消防控制中心的设备如何布置？
7. 选择消防中心应符合什么条件？

第六章 消防系统的安装调试与使用维护

[**本章任务**] 　了解火灾报警及联动控制系统施工时应该符合哪些规定、验收前系统的调试内容、检测验收时所包含的项目、交付使用后要进行的维护与保养知识；能达到按图进行安装与调试。

教学方法：建议现场结合实际工程边做边讲。

第一节　消防系统的设备安装

一、探测器安装

（一）常用探测器的安装

（1）探测器的底座应固定牢靠，其导线连接必须可靠压接或焊接。当采用焊接时，不得使用带防腐剂的助焊剂；

（2）探测器的确认灯应面向人员观察的主要入口方向；

（3）探测器导线应采用红蓝导线；

（4）探测器底座的外接导线，应留有不小于15cm的余量，入端处应有明显标志；

（5）探测器底座的穿线宜封堵，安装完毕后的探测器底座应采取保护措施；

（6）探测器在即将调试时方可安装，在安装前妥善保管，并应采取防尘、防腐、防潮措施。

（二）线型感温探测器的安装

（1）线型感温探测器适用于垂直或水平电缆桥架、可燃气体、容器管道、电气装置（配电柜、变压器）等的探测防护，如图6-1所示；

（2）线型感温探测器的安装不应妨碍例行的检查及运动部件的动作；

（3）用于电气装置时应保证安全距离；

（4）应根据不同的环境温度来选择不同规格的探测器。

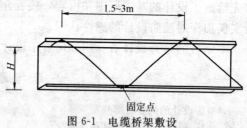

图6-1　电缆桥架敷设

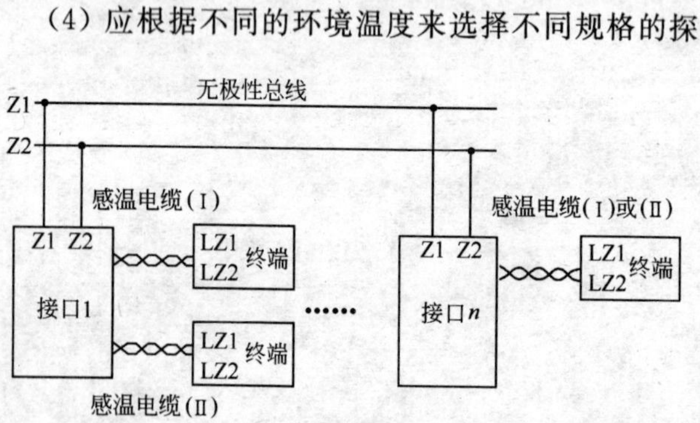

（三）缆式线型感温探测器的安装

缆式线型感温探测器由编码接口、终端及线型感温电缆构成，如图6-2所示，其中接口1带两路感温电缆，接口n带单路感温电缆。

（1）接线盒、终端盒可安装在电缆隧道内或室内，并应将其固定于现场附近的墙壁上。安装于户外时，应加外罩雨箱。

图6-2　缆式感温探测器构成示意图

(2) 热敏电缆安装在电缆托架或支架上,应紧贴电力电缆或控制电缆的外护套,呈正弦波方式敷设,如图 6-3 所示。固定卡具宜选用阻燃塑料卡具。

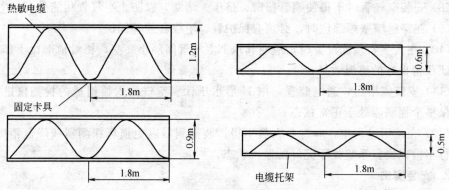

图 6-3 热敏电缆在电缆托架上的敷设方式

(3) 热敏电缆在顶棚下方安装。热敏电缆应安装在其线路距顶棚垂直距离 $d=0.5\text{m}$ 以下(通常为 0.2～0.3m),热敏电缆线路之间及其和墙壁之间的距离如图 6-4 所示。

(4) 热敏电缆在其他场所安装。包括安在市政设施、高架仓库、浮顶罐、冷却塔、袋室、沉渣室、灰尘收集器等场所。安装方法可参照室内顶棚下的方式,在靠近和接触安装时可参照电缆托架的安装方式。

热敏电缆线路之间及其和墙壁之间的距离如图 6-5 所示。

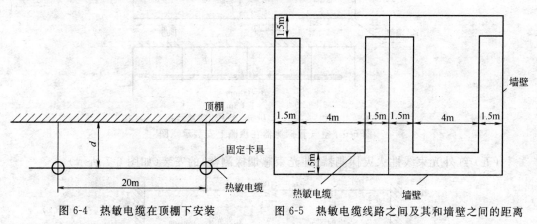

图 6-4 热敏电缆在顶棚下安装　　图 6-5 热敏电缆线路之间及其和墙壁之间的距离

(四)空气管线型差温探测器的安装

1. 使用安装时的注意事项

(1) 安装前必须做空气管的流通试验,在确认空气管不堵、不漏的情况下再进行安装;

(2) 每个探测器报警区的设置必须正确,空气管的设置要有利于一定长度的空气管足以感受到温升速率的变化;

(3) 每个探测器的空气管两端应接到传感元件上;

(4) 同一探测器的空气管互相间隔应在 5～7m 之内,当安装现场较高或热量上升后有阻碍以及顶部有横梁交叉几何形状复杂的建筑,间隔要适当减小;

(5) 空气管必须固定在安装部位,固定点间隔在 1m 之内;

(6) 空气管应安装在距安装面100mm处,难以达到的场所不得大于300mm;

(7) 在拐弯的部分空气管弯曲半径必须大于5mm;

(8) 安装空气管时不得使铜管扭弯、挤压、堵塞,以防止空气管功能受损;

(9) 在穿通墙壁等部位时,必须有保护管、绝缘套管等保护;

(10) 在人字架顶棚设置时,应使其顶部空气管间隔小一些,相对顶部比下部较密些,以保证获得良好的感温效果;

(11) 安装完毕后,通电监视:用U形水压计和空气注入器组成的检测仪进行检验,以确保整个探测器处于正常状态;

(12) 在使用过程中,非专业人员不得拆装探测器以免损坏探测器或降低精度;另外应进行年检以确保系统处于完好的监视状态。

2. 安装实例

这里举空气管线差温探测器在顶棚上安装的实例,如图6-6所示。另外,当空气管需在人字形顶棚、地沟、电缆隧道、跨梁局部安装时,应按工程经验或厂家出厂说明进行。

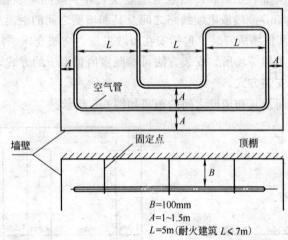

图6-6 空气管探测器在顶棚上安装示意图

(五) 红外光束线性火灾探测器(即光束感烟探测器)的安装(如图6-7所示)

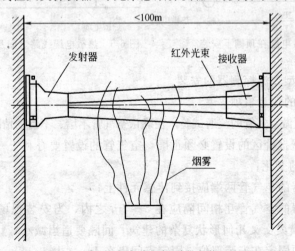

图6-7 红外光束感烟探测器安装示意图

(1) 将发射器与接收器相对安装在保护空间的两端且在同一水平直线上;
(2) 相邻两面束轴线间的水平距离不应大于 14m;
(3) 建筑物净高 $h \leqslant 5m$ 时,探测器到顶棚的距离 $h_2 = h - h_1 \leqslant 30cm$,如图 6-8(a)所示(顶棚为平顶棚 H 面);
(4) 建筑物净高 $5m \leqslant h \leqslant 8m$ 时,探测器到顶棚的距离为 $30cm \leqslant h_2 \leqslant 150cm$;
(5) 建筑物净高 $h > 8m$ 时,探测器需分层安装,一般 h 在 $8 \sim 14m$ 时分两层安装,如图 6-8(b)所示,h 在 $14 \sim 20m$ 时,分三层安装。(图中 S 为距离)

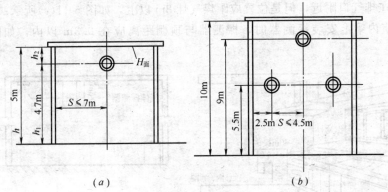

图 6-8 不同层间高度时探测器的安装方式
(a)平顶层;(b)高大平顶层

(6) 探测器的安装位置要远离强磁场;
(7) 探测器的安装位置要避免日光直射;
(8) 探测器的使用环境不应有灰尘滞留;
(9) 应在探测器相对面空间避开固定遮挡物和流动遮挡物;
(10) 探测器的底座一定要安装牢固,不能松动。

(六) 火焰探测器的安装说明
(1) 火焰探测器适用于封闭区域内易燃液体、固体等的储存加工部分;
(2) 探测器与顶棚、墙体以及调整螺栓的固定应牢固,以保证透镜对准防护区域;
(3) 不同产品有不同的有效视角和监视距离,如图 6-9 所示;
(4) 在具有货物或设备阻挡探测器"视线"的场所,探测器靠接收火灾辐射光线而动作,如图 6-10 所示。

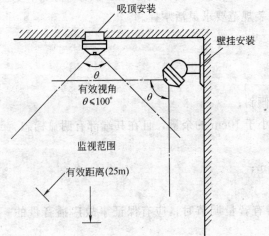

图 6-9 火焰探测器有效视角的安装方式

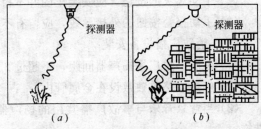

图 6-10 火焰探测器受光线的作用图
(a)光线直射;(b)光线反射

（七）可燃气体探测器的安装方式

可燃气体探测器的安装应符合下列要求：

（1）可燃气体探测器应安装在距煤气灶 4m 以内，距地面应为 30cm，如图 6-11(a)所示；

（2）梁高大于 0.6m 时，气体探测器应安装在有煤气灶的梁的一侧，如图 6-11(b)所示；

（3）气体探测器应安装在距煤气灶 8m 以内的屋顶板上，当屋内有排气口时，气体探测器允许装在排气口附近，但是位置应距煤气灶 8m 以上，如图 6-11(c)所示；

（4）在室内梁上安装探测器时，探测器与顶棚距离应在 0.3m 以内，如图 6-11(d)所示。

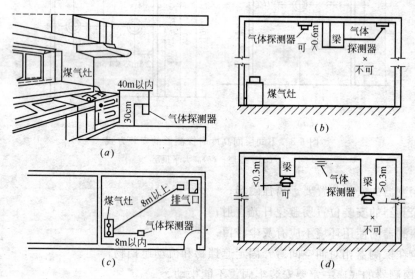

图 6-11　可燃气体探测器的设置方式

（八）设置火灾探测器的注意事项

这里列举的探测器的设置方式是实际常见的典型作法，具体实际的工程现场情况千变万化，不可能一一列举出来，安装者应根据安装规范要求灵活掌握。

二、报警附件安装

（一）手动报警按钮的安装

（1）手动报警按钮安装高度为距地 1.5m；

（2）手动火灾的按钮，应安装牢固并不得倾斜；

（3）手动报警按钮的外接导线，应留有不小于 10cm 的余量，且在其端部有明显标志。

（二）消防广播设备安装

（1）用于事故广播扬声器间距，不超过 25m；

（2）广播线路单独敷设在金属管内；

（3）当背景音乐与事故广播共用的扬声器有音量调节时，应有保证事故广播音量的措施；

（4）事故广播应设置备用扩音机（功率放大器），其容量不应小于火灾事故广播扬声器的三层(区)扬声器容量的总和。

(三) 消防专用电话安装

(1) 消防电话墙上安装时其高度宜和手动报警按钮一致，距地 1.5m；

(2) 消防电话位置应有消防专用标记。

(四) 消防联动控制接口(模块)安装

消防联动控制设备均与各种接口或模块相接，不同厂家的产品，不同的消防设备与接口的接线各有差异，安装时综合考虑产品样本和控制功能，下面针对一些典型接口作简要说明：

1. 工频互投泵组典型消防接口安装(如图 6-12 所示)

(1) 适用于火灾确认后，需要消防用水而自动或手动启动消火栓加压泵或喷淋加压泵组(一用一备形式)；

(2) 在水泵动力控制柜中应能实现工作泵启动故障时备用泵能自动投入；

(3) 自动状态代表泵组处于可随时启动状态，当电源断电或处于检修状态时应灭灯；

(4) 消火栓启动泵按钮若单独采用 220V 交流接口与水泵动力控制柜连接时，其控制线路应单独敷设。

2. 正压送风机、排烟风机典型消防接口安装说明(见图 6-13)

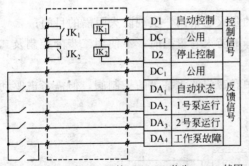

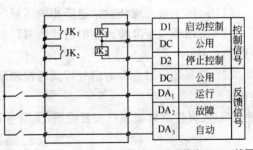

图 6-12 工频互投泵组典型消防接口原理图　　6-13 正压送风机、排烟风机典型消防接口原理示意图

(1) 适用于火灾报警后，启动相关区域的防排烟风机；

(2) 本例中风机属防排烟系统中的核心设备，宜设置停止功能；

(3) 反馈信号中自动状态代表风机处于随时可启动状态；

(4) 空调风机的控制接口仅保留停止控制和运行反馈(或停止信号)。

3. 电梯迫降典型消防接口安装说明(见图 6-14)

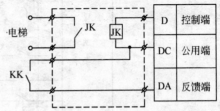

图 6-14 电梯迫降典型消防接口原理示意图

(1)适用于火灾确认后,将所有相关区域的电梯降至首层,开门停机,扶梯停止运行。

(2)当有多部梯同时控制时,其控制端可并接或控制接口中使用扩展继电器接点;反馈信号宜单独引至消防联动控制系统。

(3)反馈信号可以是到首层的位置信号或数码信号。

4. 防火卷帘门典型消防接口安装说明(见图6-15)

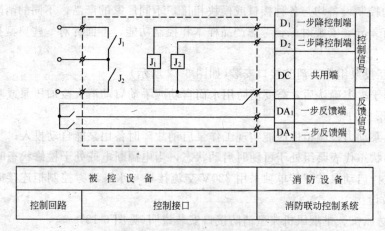

图6-15 防火卷帘门典型消防接口原理图

(1)适用于火灾确认后,迫降相关区域内的防火卷帘门,实现防火阻隔的目的;

(2)当用于一步降防火卷帘门或延时二步降的防火卷帘门时,不使用二步降控制及二步反馈信号;

(3)控制卷帘门下降的信号可同时控制防护卷帘门的水幕等的控制阀,但需考虑驱动电流。

5. 灭火控制典型接口安装说明(见图6-16)

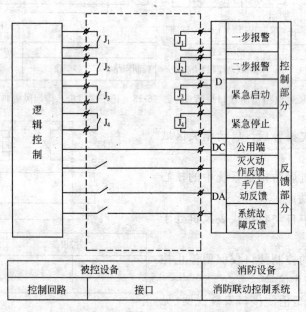

图6-16 灭火控制典型接口原理示意图

(1) 适用于火灾确认启动灭火控制盘(一般安装在现场),例如气体灭火系统、雨淋灭火系统、水雾系统等;

(2) 紧急停止信号一般用于火灾确认后需延时启动灭火系统;

(3) 当灭火系统设置灭火剂(气体、水等)的压力或质量等自动监测时,其故障信号应并入系统故障信号。

6. 切断非消防用电典型接口安装说明(见图 6-17)

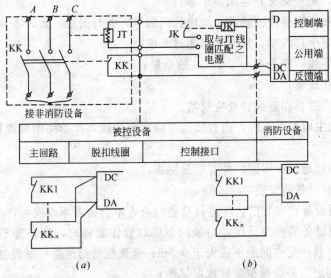

图 6-17 切断非消防用电典型接口原理图
(a)反馈点并联接法图(任一点动作即反馈);
(b)反馈点串联接法图(所有动作才有反馈)

(1) 适用于火灾确认后动作,以切断火灾区域的非消防设备的电源;
(2) 施工中特别注意低压直流与高压交流线路的绝缘、颜色区分等。

三、消防中心设备安装

(一)消防报警控制室设备布置(如图 6-18 所示)

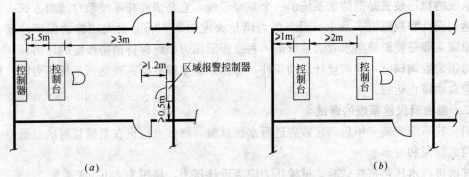

图 6-18 消防报警控制室改设备布置示意图
(a)布置图;(b)双列布置图

(1) 壁挂式设备靠近门轴的侧面距离不应小于 0.5m。

(2) 控制盘的排列长度大于 4m 时，控制盘两端应设置宽度不小于 1m 的通道。

(二) 火灾报警控制器的安装

(1) 火灾报警控制器在墙上安装时，其底边距地(楼)面高度不应小于 1.5m；落地安装时，其底宜高出地坪 0.1~0.2m；

(2) 控制器应安装牢固，不得倾斜；安装在轻质墙上时，应采取加固措施；

(3) 引入控制器的电缆导线，应符合下列要求：

1) 配线整齐，避免交叉并应固定牢靠；

2) 电缆芯线和所配导线的端部，均应标明编号，并与图纸一致，字迹清晰不易退色；

3) 端子板的每个接线端，接线不得超过 2 根；

4) 电缆芯和导线，应留不小于 20cm 的余量；

5) 导线应绑扎成束；

6) 导线引入线后、在进线管处应封堵；

(4) 控制器的主电源引入线，应直接与消防电源连接，严禁使用电源插头，主电源应有明显标志；

(5) 控制器的接地、应牢固，并有明显标志。

(三) 消防控制设备的安装

(1) 消防控制设备在安装前，应进行功能检查，不合格者不得安装；

(2) 消防控制设备的外接导线，当采用金属软管作套管时，其长度不宜大于 2m，且应采用管卡固定，其固定点间距不应大于 0.5m；金属软管与消防控制设备的接线盒(箱)，应采用锁紧螺母固定，并应根据配管规定接地；

(3) 消防控制设备外接导线的端部，应有明显标志；

(4) 消防控制设备盘(柜)内不同电压等级、不同电流类的端子，应分开并有明显标志。

第二节　消防系统的调试

一、系统稳压装置的调试

系统的稳压装置是消防水系统的一个重要设施，它是消火栓系统和自动喷水灭火系统是否达到设计和规范要求及主要设备能否满足火灾初期 10min 灭火功能的保证。压力设置的原则主要是使消防给水管道系统最不利点所需压力始终保持消防所需的压力。

稳压装置调试时，模拟设计启动条件，稳压泵应立即启动；当达到系统压力时，稳压装置应自动停止运行。

二、室内消火栓系统的调试

消火栓系统安装完毕后，应首先进行水压试验，测试点应设在系统管网的最低点。观察管网的泄漏和变形。

其次进行水压严密性试验。试验压力应为设计压力，稳压为 24h，无变形。

最后进行消防泵的调试。

在消防泵房内通过开闭有关阀门将出水和回水构成循环回路。确保试验时启动消防泵不会对管网造成超压。

用手动方式启动消防泵，消防泵应60s内投入正常运行。运行后观察启动信号灯是否正常，运行是否平稳。通过停止按钮停止消防泵。

再用备用电源切换或备用泵切换方式启动消防泵，消防泵应在60s内投入正常运行，重复上述过程。

以上工作完成后，将消防泵控制转入自动状态，利用短路线短接控制过程自动启动端子，分别启动主泵和备用泵，并测出是否有信号输出。

打开最不利点消火栓，接好水带、水枪，启动消防泵，消火栓出水稳定后水柱长度应能满足规范要求。

三、自动喷水灭火系统的调试

自动喷水灭火系统首先进行水压强度和严密性试验及管道冲洗，以上工作完成后方可进行调试。

湿式报警阀的调试，在试水装置处放水，当湿式报警阀进口水压大于0.14MPa、放水流量大于1L/s时，报警阀应及时启动；水力警铃应在5～90s内发出报警声音，压力开关应及时动作并反馈信号。

启动一只喷头或以0.94～1.5L/s的流量从末端试水装置处放水，水流指示器、压力开关、水力警铃和消防水泵应及时动作并发出相应的信号。

喷淋泵(雨淋泵)的调试过程同消防泵。

采用专用测试仪表或其他方式，对火灾自动报警系统的各种控测器输入模拟信号，火灾自动报警控制器应发出声光报警信号及并启动自动喷水灭火系统。

四、防排烟系统的调试

对排烟分区的感烟控测器模拟火灾信号，排烟阀动作，并反馈其信号，排烟阀动作后应启动相关的排烟风机和正压送风机，停止相关范围内的空调风机及其他送、排风机，并反馈其信号。

风机、防火阀还需进行手动启停的调试。

五、防火卷帘门的调试

防火卷帘门的调试主要分三部分进行：(1)机械部分的调试(限位装置、手动选择装置和手动提升装置；(2)电动部分调试(现场手动启停按钮升、降、停试验)；(3)自动功能调试。

自动功能调试通过防火卷帘门的控制箱内留出的对外远程下降接口，利用短路方式模拟远程下降信号，下降防火卷帘门、观察防火卷帘门下降过程中是否通畅，下降到限位处是否停止，降落到底后是否反馈信号。

六、火灾自动报警及联动系统的调试

火灾自动报警系统调试，应先分别对探测器、区域报警控制器、集中报警控制器、火灾警报装置和消防联动控制设备等逐个进行单机检查，正常后方可进行系统调试。

火灾自动报警系统及联动系统的调试分为两部分内容：(1)自动报警系统自身器件的连接、登录，联动关系的编制及输入；(2)模拟火灾信号检查各系统是否按照编制的逻辑关系进行。

为方便输入，施工过程中详细进行编址。将地址号标注在图纸器件附近，同时该地址号也为编制联动关系提供联动器件逻辑输入号。在设定地址号后根据设备情况要求标定器

件安装位置的名称，以便报警控制器能显示报警点的名称。

按照设计位置安装系统器件，安装结束后开机登录器件，控制器将逐点注册外接设备，显示注册结果，然后再自动检测键盘、指示灯、数码管、屏幕及声音。

调试状态提供了设备直接注册、设备直接启动、设备直接停动及联动逻辑关系。

（1）系统可对外部设备、通信设备、手动盘、从重新进行注册并显示其信息而不影响其他信息。

（2）允许对探测器类设备通过键盘使其进入报警状态，也可对探测器进行直接启动。启动后，将通过总线向探测器发送火警信息。

（3）如需停动已经被直接启动的探测器设备，此时输入设备的一次码按"确认"键后，该设备即被停动，此时该设备的报警确认灯熄灭。

（4）联动逻辑关系应按照国家有关消防规范要求进行编制，常用的逻辑关系包含以下内容：火灾事故广播和火灾警报的联动、防火卷帘的联动、消防电梯的联动、非消防电源断电联动、消火栓系统的联动、防排烟系统的联动。

针对具体工程和不同报警设备的编程需要，由专业人员编制好联动关系，输入到报警控制器，然后，通过模拟信号检查联动关系是否正确，联动对象动作是否达到预期目的。

在完成上述内容后，即转入系统的检验和验收阶段。

第三节 消防系统的检测验收与维护保养

一、消防系统的检测验收

消防系统竣工验收，应在公安消防监督机构的监督下，由建设主管单位主持并组织设计、施工、调试等单位共同进行。

消防系统验收包括下列装置：

（一）火灾自动报警系统装置（包括各种火灾探测器、手动报警按钮、区域报警控制器和集中报警控制器等）

1. 火灾探测器的检验验收（包括手动报警按钮）

（1）探测器是否按照《火灾自动报警系统施工及验收规范》进行安装；

（2）应按要求进行模拟火灾响应试验和故障报警抽验；

（3）探测器应能输出火警信号，且报警控制器所显示的位置应与该探测器安装位置相一致。

2. 报警（联动）控制器的检测验收

（1）能够直接或间接地接收来自火灾探测器及其他火灾报警触发器件的火灾报警信号并发出声光报警信号，指示火灾发生的部位，并予以保持；火灾报警信号在火灾报警控制复位之前应不能手动消除，声报警信号应能手动消除，但再次有火灾报警信号输入时，应能再次启动。

（2）火灾报警自检功能。火灾报警控制器应能对其面板上的所有指示灯、显示器进行功能检查。

（3）消音、复位功能。通过消音键消音，通过复位键整机复位。

(4) 故障报警功能。火灾报警控制器内部、火灾报警控制器与火灾探测器、火灾报警控制器与起传输火灾报警信号作用的部件间发生故障时，应能在100s内发出与火灾报警信号有明显区别的声光故障信号。

(5) 消防联动控制设备在接收火灾信号后应在3s内发出联动动作信号，特殊情况需要延时但最大延时时间不应超过10min。

(6) 火灾优先功能。当火警与故障报警同时发生时，火警应优先于故障警报。模拟故障报警后再模拟火灾报警观察控制器上火警与故障报警优先；

(7) 报警记忆功能。火灾报警控制器应能有显示或记录火灾报警时间的记时装置，其日记时误差不超过30s；仅使用打印机记录火灾报警时间时，应打印出月、日、分等信息。

(8) 将电源自动转换和备用电源的自动充电功能。当主电源断电时能自动转换到备用电源；当主电恢复时，能自动转换到主电源上；主、备电源均应有过电流保护措施。

(9) 电源的欠压和过压报警功能。火灾报警控制器应能在额定电压（220V）的+10%～15%范围内可靠工作，其输出直流电压的电压稳定度（在最大负载下）和负载稳定度应不大于5%，当出现欠压和过压时均应报警。

(二) 灭火系统控制装置（包括消火栓、自动喷水、卤代烷、二氧化碳、干粉、泡沫等固定灭火系统的系统控制）

1. 消火栓检测验收

(1) 出水压力符合现行国家有关建筑设计规范的要求；

(2) 工作泵、备用泵转换运行；

(3) 消防控制室内操作启、停泵；

(4) 消火栓手动报警按钮应在按下后启动消防泵，按钮本身应有可见光显示表明已经启动，消防控制室应能显示按下的消火栓报警按钮的位置；

(5) 消火栓安装质量检测主要是箱体安装应牢固，暗装的消火栓箱的四周与与背面与墙体之间不应有空隙，栓口的出口方向应向下或与设置消火栓的墙面相垂直，栓口中心距地面高度宜为1.1m。

2. 自动喷水灭火系统检测验收

(1) 应符合《自动喷水灭火系统施工及验收规范》要求；

(2) 工作泵与备用泵转换运行；

(3) 消防控制室内操作启、停泵；

(4) 水流指示器、闸阀关闭器及电动阀动作，消防控制中心有信号显示。

3. 卤代烷、泡沫、二氧化碳、干粉等灭火系统的检测验收

(1) 控制系统的紧急启动和切换装置；

(2) 由火灾探测器联动的控制设备应有30s可调的延时装置；

(3) 显示系统的手动、自动工作状态；

(4) 在报警、喷射各阶段，控制盘应有相同的声、光报警信号，并能手动切除声响信号；

(5) 在延时阶段，应能自动关闭防火门、窗、停止通风空调系统。

(三) 电动防火门、防火卷帘控制装置的检测与验收

1. 电动防火门

(1) 检查防火门的开启方向。安装在疏散通道上的防火门开启方向应向疏散方向开启,并且关闭后应能从任何一侧手动开启;安装在疏散通道上的防火门必须有自动关闭的功能。

(2) 关闭有关部位的防火门并接收其反馈信号。

2. 防火卷帘

(1) 电动防火卷帘门应在两侧(入口无法操作除外)分别设置手动按钮控制电动防火卷帘的升、降、停,并应在防火卷帘门下降关闭后能提升该防火卷帘门,且该防火卷帘门提升到位后能自动恢复原关闭状态;

(2) 消防控制室应有强制电动防火卷帘门下降功能(应急操作装置)并显示其状态。

(四) 通风空调、防烟排烟及电动防火阀等控制装置的检验与验收

1. 火灾报警后,消防控制设备应启动有关部位的防烟、排烟风机(包括正压送风机),排烟阀并接收其反馈信号;

2. 加压送风口安装应牢固可靠,手动及控制室开启送风口正常,手动复位正常;

3. 排烟防火阀平时处于开启状态,手动、电动关闭时动作正常,并应向消防控制室发出排烟防火阀关闭的信号,手动能复位。

(五) 火灾事故广播、消防通信、消防电源、消防电梯和消防控制室的检验验收

1. 火灾事故广播的检验验收

(1) 在消防控制室选层广播;

(2) 共用的扬声器强行切换试验;

(3) 备用扩音机控制功能试验。

2. 消防通信的检验验收

(1) 消防控制室与设备间所设的对讲电话进行通话试验;

(2) 电话插孔进行通话试验;

(3) 消防控制室的外线电话与"119台"进行通话试验。

3. 消防电源的检查验收

消防用电设备的两个电源或两回线路,应在最末一级配电箱处自动切换。

4. 消防电梯的检查验收

(1) 强制消防电梯进行人工控制和自动控制功能检验,其控制功能、信号均应正常;

(2) 消防电梯从首层进行到顶层的时间应不大于1min;

(3) 消防电梯轿箱内应设消防专用电话。

5. 消防控制室的控制装置的检验验收

(1) 控制装置应有保护接地且接地标志明显;

(2) 控制装置的主电源应为消防电源引入线,应直接与消防电源连接,严禁使用电源插头;

(3) 工作接地电阻满足规范要求;

(4) 由消防控制室接地引到各消防设备的接地线,应选用铜芯绝缘软线,其线芯截面积不小于 4mm^2;

(5) 报警控制器安装应满足相关规范；

(6) 盘、柜内配线清晰、整齐、绑扎成束、避免交叉、导线线号清晰，导线预留长度不小于 20cm；线号清晰，端子板的每个端子其接线不得超过两根。

(六) 火灾事故照明及疏散指示控制装置的验收

(1) 疏散指示灯的指示方向应与实际疏散方向相一致，安装高度为距天花板 1.2m 以下，或距地面 1m 以下，间距不宜大于 20m，人防工程不宜大于 10m；

(2) 疏散指示灯的照度应不小于 0.5lx，地下工程内的事故照明灯的照度为 5lx；

(3) 疏散指示灯采用蓄电池作为备用电源时，其应急工作时间应不小 20min，建筑物高度超过 100m 时其应急工作时间不小于 30min。

疏散指示灯的主备电源切换时间应不大于 5s。

二、消防系统的使用和维护

(一) 一般规定

(1) 火灾自动报警系统必须经当地消防监督机构检查合格后方可使用，任何单位和个人不得擅自决定使用。

(2) 使用单位应有专人负责系统的管理、操作和维护，无关人员不得随意触动。

(3) 系统的操作维护人员应由经过专门培训，并经消防监督机构组织考试合格的专门人员担任。值班人员应熟悉掌握本系统的工作原理及操作规程，应清楚的了解本单位报警区域或探测区域的划分和火灾自动报警系统的报警部位号。

(4) 系统正式启用时，使用单位必须具备下列文件资料：

1) 系统竣工图及设备技术资料和使用说明书；

2) 调试开通报告、竣工报告、竣工验收情况表；

3) 操作使用规程；

4) 值班员职责；

5) 记录和维护图表。

(5) 使用单位应建立系统的技术档案，将上述所到的文件资料及其他资料归档保存，其中试验记录表至少应保存 5 年。

(6) 火灾自动报警系统应保持连续正常运行，不得随意中断运行。如一旦中断，必须及时通报当地消防监督机构。

(7) 为了保证火灾自动报警系统的连续正常运行和可靠性，使用单位应根据本单位的具体情况制定出具体的定期检查试验程序，并依照程序对系统进行定期的检查试验。在任何试验中，都要做好准备和安排，以防发生不应有的损失。

(二) 火灾自动报警系统应进行以下的定期检查和试验

1. 每日检查

使用单位每日检查集中报警控制器和区域报警器控制器的功能是否正常。检查方法为有自检、巡检功能的可通过扳动自检、巡检开关来检查功能是否正常；没有自检、巡检功能的，也可采用给一只探测器加烟（或加温）的方法使探测器报警，来检查集中报警控制器或区域报警控制器的功能是否正常。同时检查复位、消声、故障报警的功能是否正常，如发现不正常，应在日登记表中记录并及时处理。

2. 季度试验和检查

使用单位每季度对火灾自动报警系统的功能应作下列试验和检查。

（1）用专用检测仪分期分批试验探测器的动作及确认灯显示。

（2）试验声、光显示是否正常，可一次或部分进行试验。

（3）水流指示器、压力开关等报警功能，信号显示是否正常。

（4）备用电源进行1~2次充放电试验，1~3次主电源和备用电源自动转换试验，检查其功能是否正常。具体试验方法：切断主电源，看是否自动转换到备用电源供电，备用电源指示灯是否点亮，4h后，再恢复主电源供电，看是否自动转换，再检查一下备用电源是否正常充电；

（5）有联动控制功能的系统，应用自动或手动检查下列消防控制设备的控制显示功能是否正常：

1）防排烟设备、电动防火门、防火卷帘等的控制设备；

2）室内消火栓、自动喷水灭火系统等的控制设备；

3）卤代烷、二氧化碳、干粉、泡沫等固定灭火系统的控制设备；

4）火灾事故广播、火灾事故照明及疏散指示标志灯。

以上试验均应有信号反馈到消防控制室，且信号清晰。

（6）强制消防电梯停于首层试验。

（7）消防通信设备应进行消防控制室与所设置的所有对讲电话通话试验。

（8）检查所有的手动、自动转换开关。

（9）进行强切非消防电源功能试验。

（10）检查备品备件、专用工具及加烟、加温试验器等是否齐备，并处于安全无损和适当保护状态。

（11）直观检查所有消防用电设备的动力线、控制线、报警信号传输线、接地线、接线盒及设备等是否处于安全无损状态。

（12）巡视检查探测器、手动报警铵钮和指示装置的位置是否准确，有无缺漏、脱落和丢失，每个探测器的下方及周围各方向、手动报警按钮的周围是否留有规定的空间。

（13）可燃气体探测器应按生产厂家说明书的要求进行试验和检查。

3. 年度检查试验

使用单位每年对火灾自动报警系统的功能应作下列检查试验，并填写年检登记表：

（1）按生产厂家说明书的要求，用专用加烟（或加温）试验器对安装的所有探测器分期分批地检查试验，至少全部检查试验一遍；

（2）对上面的季节试验和检查中（3）及（5）中的1）、2）、4）及（6）、（7）、（8）各项所列的检查和试验项目进行实际动作试验；

（3）对上面的季节试验和检查中（5）中3）项进模拟试验；

（4）试验火灾事故广播设备的功能是否正常；

（5）检查所有接线端子是否松动、破损和脱落。

4. 清洗

点型感温、感烟探测器投入运行1年后，每隔3年必须由专门的清洗单位全部清洗一遍。清洗后应作响应阈值及其他必要的功能试验，试验不合格的探测器一律报废，严禁重新安装使用。被要求更换检修的探测器应用备用品或新生产的原型号探测器补替。

本 章 小 结

本章共分为三部分内容：消防系统的安装、调试及检测验收与维护保养。

消防系统的安装从探测器的安装入手，讲述了报警附件的安装，包括手动报警报钮、消防专用电话、灭火设备、防火卷帘、消防电梯、非消防电源的安装。

调试部分叙述了系统稳压装置、室内消火栓、自动喷水灭火、防排烟、防火卷帘、火灾报警及联动系统的调试，目的是检验施工质量并为验收打好基础。

检测验收与维护保养讲述了检测验收所包含的内容，维护保养讲述了运行中应该做的内容。

本章的内容可使学习者掌握消防系统的全部施工过程，掌握验收程序及今后运行中的维护保养知识。

思 考 题 与 习 题

1. 常用探测器的安装有哪些特点及要求？
2. 特殊探测器的安装有哪些特点及要求？
3. 报警附件有哪些？如何安装？
4. 消防中心设备安装有何要求？
5. 室内消火栓系统调试步骤有哪些？
6. 消防泵如何进行调试？
7. 湿式报警阀如何调试？
8. 防排烟系统的调试如何进行？
9. 防火卷帘的调试方法如何？
10. 简述室内消火栓系统的检测与验收步骤。
11. 简述消防系统的检测验收内容。
12. 消防系统的维护保养有哪些内容？

附 录

一、火灾报警触发器件（获得质量认证证书的产品）

产品名称	规格型号	商标	参考价（元）	检验类别	检验报告编号	报告签发日期	证书编号	发换证日期	企业名称
点型感烟火灾探测器	JTY-GD	河马	280	认证换证检验	981454	1998.12.14	081991052	1999.02.10	南通市报警仪器厂
点型感烟火灾探测器	JTY-GD-2010B			认证检验	981177	1998.11.10	081980089	1998.12.07	南通四方报警设备厂
点型感烟火灾探测器	JTY-GD-2120			认证复查检验	981284	1998.12.01	08196027	1996.07.03	杭州威隆消防安全设备有限公司
点型感烟火灾探测器	JTY-GD-2411			认证检验	980503	1998.04.24	081980035	1998.06.08	天津市中环科仪报警设备厂
点型感烟火灾探测器	JTY-GD-2451		285	认证复查检验	981217	1998.11.30	08196082	1996.11.06	西安盛赛尔电子有限公司
点型感烟火灾探测器	JTY-GD-2802			认证复查检验	981300	1998.12.02	081980018	1998.03.17	山西通威消防电子有限公司
点型感烟火灾探测器	JTY-GD-3102			认证检验	980704	1998.07.10	081980054	1998.09.02	沈阳市报警仪器厂
点型感烟火灾探测器	JTY-GD-4012	凌波	398	认证复查检验	981352	1998.12.10	08196004	1996.03.19	锦州消防安全仪器总厂
点型感烟火灾探测器	JTY-GD-8510			认证检验	980841	1998.08.21	081980069	1998.11.12	靖江电子仪表制造公司
点型感烟火灾探测器	JTY-GD-9031	盛华	280	认证复查检验	981090	1998.10.19	080194020	1994.08.31	南京消防电子厂
点型感烟火灾探测器	JTY-GD-9401	长消	280	认证复查检验	981086	1998.10.19	080196055	1999.02.01	南京长江消防(集团)公司
点型感烟火灾探测器	JTY-GD-9501			认证检验	980633	1998.06.22	0801980089	1998.12.07	南京消防器材厂
点型感烟火灾探测器	JTY-GD-9707B	奥利嘉		认证检验	980545	1998.05.44	080196027	1998.07.03	南京华锋电子有限公司
点型感烟火灾探测器	JTY-GD-A			认证检验	981107	1998.10.26	0801980035	1998.06.08	浙江省义乌市恒信报警设备厂

续表

产品名称	规格型号	商标	参考价(元)	检验类别	检验报告编号	报告签发日期	证书编号	发换证日期	企业名称
点型感烟火灾探测器	JTY-GD-A(R300)		285	认证检验	971106	1998.12.24	080196082	1996.11.06	北京自动化仪表二厂
点型感烟火灾探测器	JTY-GD-CD2000			认证复查检验	981391	1998.12.15	0801980018	1998.03.17	北京长城电子仪器厂
点型感烟火灾探测器	ZTY-GD-FW8010	FW		认证复查检验	981299	1998.12.02	0801980054	1998.09.02	北京防威智能设备有限责任公司
点型感烟火灾探测器	JTY-GD-G2		398	认证检验	980893	1998.09.04	080196004	1998.03.19	秦皇岛开发区海湾安全技术有限公司
点型感烟火灾探测器	JTY-GD-HD201			认证复查检验	981319	1998.12.07	0801980069	1998.11.12	哈尔滨海格智能电子设备有限责任公司
点型感烟火灾探测器	JTY-GD-K29		280	认证复查检验	981413	1998.12.17	080194020	1994.08.31	上海能美西科姆消防设备有限公司
点型感烟火灾探测器	JTY-GD-K83		280	认证复查检验	981410	1998.12.16	0819980012	1998.03.05	上海能美西科姆消防设备有限公司
点型感烟火灾探测器	JTY-GD-KH3301	百灵		认证复查检验	980644	1998.06.24	08196072	1996.10.18	山东省高密市电子消防设备厂
点型感烟火灾探测器	JTY-GD-MA3300			认证检验	980056	1998.02.18	081980074	1998.11.12	北京自动化仪表二厂
点型感烟火灾探测器	JTY-GD-SD6600	SHDI-DAO		认证复查检验	981112	1998.10.22	081980004	1998.02.18	北京狮岛消防电子有限公司
点型感烟火灾探测器	JTY-GD-SF4131	AEETY	285	认证复查检验	981110	1998.10.22	081970044	1997.12.01	靖江市赛福特实业公司
点型感烟火灾探测器	JTY-GD-YJ11			认证检验	980584	1998.06.04	081980050	1998.08.18	镇江银佳消防电子设备有限公司
点型感烟火灾探测器	JTY-GD-ZM2251			认证检验	980889	1998.09.03	081980084	1998.11.20	西安盛赛尔电子有限公司
点型感烟火灾探测器	JTY-GD-ZM2251		398	认证复查检验	981298	1998.12.02	08196083	1996.11.06	西安盛赛尔电子有限公司
点型感烟火灾探测器	JTY-GD/DB-01			认证复查检验	981408	1998.12.16	08195046	1995.09.14	哈尔滨东方自动化设备有限公司
点型感烟火灾探测器	JTY-GD/GT2100	G	280	认证检验	981144	1998.10.30	0801980088	1998.12.07	北京市国秦电子有限责任公司

续表

产品名称	规格型号	商标	参考价(元)	检验类别	检验报告编号	报告签发日期	证书编号	发换证日期	企业名称
点型感烟火灾探测器	JTY-GD/GT3100	G		认证复查检验	981108	1998.10.22	080195053	1995.09.14	北京市国秦电子有限责任公司
点型感烟火灾探测器	JTY-GD/HB1102	黑豹	385	认证复查检验	981405	1998.12.16	08195016	1995.06.19	辽宁省黑山报警设备厂
点型感烟火灾探测器	JTY-GD/LD3000		300	认证复查检验	981080	1998.10.19	08194029	1994.08.31	北京利达防火保安设备有限公司
点型感烟火灾探测器	JTY-GD/LD300B			认证检验	980371	1998.03.18	0801980029	1998.06.05	北京利达防火保安设备有限公司
点型感烟火灾探测器	JTY-GD/LH200		286	认证复查检验	981240	1998.11.25	08196040	1996.07.03	北京陆和消防保安设备有限责任公司
点型感烟火灾探测器	JTY-GD/LH210			认证检验	980743	1998.07.23	081980065	1998.09.03	北京陆和消防保安设备有限责任公司
点型感烟火灾探测器	JTY-GD/OP620	中安		认证复查检验	981409	1998.12.16	08196013	1996.04.17	北京中安消防电子有限公司
点型感烟火灾探测器	JTY-GD/SAN151	立安山雀	405	认证复查检验	981315	1998.12.07	0801970008	1997.02.24	北京立安山雀智能系统有限责任公司
点型感烟火灾探测器	JTY-GD/SDF2101			认证检验	980458	1998.04.13	0801980043	1998.06.08	中科院电子仪器厂
点型感烟火灾探测器	JTY-GD/YZ8100			认证复查检验	981407	1998.12.16	080196062	1996.10.18	无锡市电子报警设备厂
点型感烟火灾探测器	JTY-GD			认证换证检验	990089	1999.01.28	0801991056	1999.02.13	无锡市电子报警设备厂
点型感烟火灾探测器	JTY-LZ			认证检验	980622	1998.06.18	081980068	1998.09.18	温州市星际消防电子有限公司
点型感烟火灾探测器	JTY-LZ-10			认证复查检验	980465	1998.04.14	081980025	1998.06.05	杭州桐庐消防电子仪器厂
点型感烟火灾探测器	JTY-LZ-10	光达	388	认证复查检验	981089	1998.10.19	080195015	1997.01.27	扬州光达电器有限公司
点型感烟火灾探测器	JTY-LZ-101	大厦	268	认证检验	981278	1998.11.30	08194004	1994.06.07	天津天利航空机电有限公司
点型感烟火灾探测器	JTY-LZ-1108	云安牌		认证复查检验	980667	1998.07.01	081980058	1998.09.03	上海市松江电子仪器厂
点型感烟火灾探测器	JTY-LZ-1412			认证复查检验	981272	1998.11.3	08196080	1995.11.06	西安盛赛尔电子有限公司

续表

产品名称	规格型号	商标	参考价（元）	检验类别	检验报告编号	报告签发日期	证书编号	发换证日期	企业名称
点型感烟火灾探测器	JTY-LZ-1451		140	认证复查检验	981273	1998.11.30	080196079	1995.11.06	西安盛赛尔电子有限公司
点型感烟火灾探测器	JTY-LZ-202	国光		认证复查检验	981285	1998.12.01	0801970037	1997.11.19	成都国光电气总公司消防报警设备厂
点型感烟火灾探测器	JTY-LZ-2801		385	认证复查检验	981418	1998.12.17	080196030	1996.07.03	山西通威消防电子有限公司
点型感烟火灾探测器	JTY-LZ-3100	蓝天	408	认证复查检验	981417	1998.12.17	080195058	1995.10.20	无锡蓝天电子设备厂
点型感烟火灾探测器	JTY-LZ-35D			认证检验	980470	1998.04.15	0801980034	1998.06.05	潍坊市电磁科研所
点型感烟火灾探测器	JTY-LZ-4001			认证复查检验	981295	1998.12.01	0801970026	1997.09.30	长沙报警设备厂
点型感烟火灾探测器	JTY-LZ-712	三联	348	认证复查检验	981365	1998.12.14	080195035	1995.07.31	山东省保安器材技术开发公司
点型感烟火灾探测器	JTY-LZ-8005	日环	320	认证换证检验	990046	1999.1.19	081991048	1999.02.10	上海原子核研究所日环仪器厂
点型感烟火灾探测器	JTY-LZ-8011	日环		认证复查检验	981182	1998.11.09	0801970032	1997.09.30	上海原子核研究所日环仪器厂
点型感烟火灾探测器	JTY-LZ-901			认证复查检验	981412	1998.12.16	08195009	1995.04.20	深圳南油三江电子公司
点型感烟火灾探测器	JTY-LZ-9306B	奥利嘉	250	认证复查检验	981194	1998.11.11	080194023	1995.07.04	南京华锋电子有限公司
点型感烟火灾探测器	JTY-LZ-A		386	认证复查检验	981111	1998.10.22	0801970012	1997.02.14	武汉锦航安全技术有限责任公司
点型感烟火灾探测器	JTY-LZ-A2	飞天	390	认证复查检验	981143	1998.10.30	080195037	1995.07.31	武汉市电子科学研究所
点型感烟火灾探测器	JTY-LZ-B36			认证复查检验	980897	1998.09.04	080196025	1996.06.04	福建闽安报警设备有限公司
点型感烟火灾探测器	JTY-LZ-CH2101	慈航		认证复查检验	981181	1998.11.09	0800196008	1996.04.09	石家庄开发区正光报警设备有限公司
点型感烟火灾探测器	JTY-LZ-CNX202			认证检验	980441	1998.04.04	0801980056	1998.09.02	秦皇岛开发区昌宁工业有限公司

续表

产品名称	规格型号	商标	参考价(元)	检验类别	检验报告编号	报告签发日期	证书编号	发换证日期	企业名称
点型感烟火灾探测器	JTY-LZ-D	环耀	372	认证换证检验	990043	1999.01.18	0801991050	1999.02.10	武汉市武汉电器厂
点型感烟火灾探测器	JTY-LZ-DA7100A	DA		认证检验	980815	1998.08.13	081980073	1998.11.12	天津市津利华电子设备有限公司
点型感烟火灾探测器	JTY-LZ-DM901			认证检验	980033	1998.01.23	0801980023	1998.04.30	丹东马克西姆消防工程有限公司
点型感烟火灾探测器	JTY-LZ-E		380	认证复查检验	981178	1998.11.09	080196065	1996.10.18	北京世宗智能有限责任公司
点型感烟火灾探测器	JTY-LZ-E			认证复查检验	981081	1998.10.19	080195002	1994.10.15	延吉智能设备厂
点型感烟火灾探测器	JTY-LZ-FT6102			认证复查检验	981338	1998.12.09	0801970050	1997.12.30	秦皇岛富通电子企业有限公司
点型感烟火灾探测器	JTY-LZ-G4	海湾		认证复查检验	981296	1998.12.01	0801980006	1998.02.18	秦皇岛开发区海湾安全技术有限公司
点型感烟火灾探测器	JTY-LZ-GGA8501			认证检验	980396	1998.03.24	0801980032	1998.06.05	山东省公共安全器材总公司
点型感烟火灾探测器	JTY-LZ-H8403			认证检验	980005	1998.01.09	0801980014	1998.03.17	中国核工业总公司四零四厂石家庄辐射技术开发中心
点型感烟火灾探测器	JTY-LZ-HD151		283	认证复查检验	981317	1998.12.07	080195055	1995.09.28	哈尔滨海格智能电子设备有限公司
点型感烟火灾探测器	JTY-LZ-HD701		516	认证复查检验	981318	1998.12.07	080195055	1995.09.28	哈尔滨海格智能电子设备有限公司
点型感烟火灾探测器	JTY-LZ-HY-10	华亿	1380	认证复查检验	981180	1998.11.09	0801980046	1997.12.30	浙江龙飞集团温州华亿电脑智能有限公司
点型感烟火灾探测器	JTY-LZ-HY/D			认证检验	980649	1998.06.25	0801980047	1998.07.29	镇江华星消防电子设备有限公司
点型感烟火灾探测器	JTY-LZ-KL2010		310	认证复查检验	981294	1998.12.01	080195023	1995.07.05	上海凯伦消防设备总厂

续表

产品名称	规格型号	商标	参考价（元）	检验类别	检验报告编号	报告签发日期	证书编号	发换证日期	企业名称
点型感烟火灾探测器	JTY-LZ-L	FUAN	270	认证复查检验	981280	1998.12.01	080196057	1996.10.08	深圳赋安安全设备有限公司
点型感烟火灾探测器	JTY-LZ-LH2100	航空		认证复查检验	981134	1998.10.28	0801970024	1997.09.17	洛阳高新长安消防设备有限公司
点型感烟火灾探测器	JTY-LZ-M	FUAN	375	认证复查检验	981283	1998.12.01	080196058	1996.10.08	深圳赋安安全设备有限公司
点型感烟火灾探测器	JTY-LZ-M1000	依爱	400	认证复查检验	981301	1998.12.02	0800196031	1996.07.03	蚌埠依爱消防电子有限责任公司
点型感烟火灾探测器	JTY-LZ-SX1301A		360	认证复查检验	981411	1998.12.16	080195030	1995.07.26	沈阳消防电子设备厂
点型感烟火灾探测器	JTY-LZ-SX2200		460	认证复查检验	981116	1998.10.23	080195030	1995.07.26	沈阳消防电子设备厂
点型感烟火灾探测器	JTY-LZ-WZ4131			认证复查检验	981303	1998.12.02	0801970010	1997.02.14	晋州市魏征报警设备厂
点型感烟火灾探测器	JTY-LZ-YX(Ⅱ)	永兴		认证复查检验	981337	1998.12.09	080196023	1996.06.04	深圳市永兴特种安全器材有限公司
点型感烟火灾探测器	JTY-LZ-280B	豫钟	280	认证复查检验	981275	1998.11.30	080195040	1995.09.01	郑州豫钟电子报警设备有限公司
点型感烟火灾探测器	JTY-LZ-ZH100		290	认证检验	980531	1998.05.11	080195051	1995.09.14	福建万安科技发展有限公司
点型感烟火灾探测器	JTY-LZ-ZM1251			认证检验	980925	1998.09.14	0801980083	1998.11.20	西安盛赛尔电子有限公司
点型感烟火灾探测器	JTY-LZ-ZM1551		245	认证复查检验	981340	1998.12.10	080196080	1996.11.06	西安盛赛尔电子有限公司
点型感烟火灾探测器	JTY-LZ-ZN(Ⅱ)			认证复查检验	981342	1998.12.10	0801980003	1998.02.16	惠州市宇安消防器材厂
点型感烟火灾探测器	JTY-LZ-ZA3011			认证换证检验	990009	1999.01.07	0801991037	1999.02.10	北京中安消防电子有限公司
点型感烟火灾探测器	JTY-LZ-ZA6011			认证换证检验	990013	1999.01.07	0801991036	1999.02.10	北京中安消防电子有限公司
点型感烟火灾探测器	JTY-LZ-ZY5021	金声	295	认证复查检验	981163	1998.11.04	080196002	1996.02.05	上海中原报警设备厂

续表

产品名称	规格型号	商标	参考价(元)	检验类别	检验报告编号	报告签发日期	证书编号	发换证日期	企业名称
点型感烟火灾探测器	JTY-LZ-ZY5211	金声	272	认证复查检验	981348	1998.12.10	080195010	1995.04.20	上海中原报警设备厂
点型感烟火灾探测器	JTY-LZ-/951		365	认证换证检验	981329	1998.12.08	0801991054	1999.02.13	北京中科院电子仪器厂
点型感烟火灾探测器	JTY-LZ-/CA651a	CA	335	认证检验	980563	1998.05.25	0801980027	1998.06.05	长春市长安电子有限责任公司
点型感烟火灾探测器	JTY-LZ/H2110	西核		认证检验	980553	1998.05.26	0801980087	1998.12.07	四川省科学城报警设备厂
点型感烟火灾探测器	JTY-LZ/HB1101	黑豹	385	认证复查检验	981377	1998.12.14	080195016	1995.06.19	辽宁省黑山报警设备厂
点型感烟火灾探测器	JTY-LZ/JD4211			认证复查检验	980749	1998.07.23	080195049	1995.09.14	河北晋州电子设备厂
点型感烟火灾探测器	JTY-LZ/NW1101	万力	378	认证复查检验	981157	1998.11.04	080195028	1995.07.05	宁波万力达集团有限公司
点型感烟火灾探测器	JTY-LZA-2X1			认证换证检验	981169	1998.11.05	0801991030	1999.02.10	营口报警设备总厂
点型感烟火灾探测器	JTY-LZ（SDN）			认证换证检验	981170	1998.11.05	0801991029	1999.02.10	营口报警设备总厂
点型感烟火灾探测器	JTY-LZ/SC9210		425	认证复查检验	981293	1998.12.01	080196068	1996.10.18	四川赛科消防电子实业有限责任公司
点型感烟火灾探测器	JTY-LZ/TA18001		375	认证复查检验	981141	1998.10.29	080195019	1995.07.05	合肥天安消防电子设备厂
点型感烟火灾探测器	JTY-LZA-SC551			认证换证检验	990024	1999.01.14	0801991044	1999.02.10	国营二六二厂
点型感烟火灾探测器	JTY-LZ-F732			认证换证检验	990029	1999.01.17	0801991043	1999.02.10	国营二六二厂
点型感烟火灾探测器	JTW-BC			认证复查检验	981428	1998.12.18	080195047	1995.09.14	哈尔滨东方自动化设备有限公司
点型感烟火灾探测器	JTW-BCD-5451			认证复查检验	981339	1998.12.10	080196084	1996.11.06	西安盛赛尔电子有限公司
点型感烟火灾探测器	JTW-BD			认证复查检验	981366	1998.12.14	080195047	1995.09.14	哈尔滨东方自动化设备有限公司
点型感烟火灾探测器	JTW-BD-2121			认证复查检验	981114	1998.10.3	080196028	1996.07.03	杭州威隆消防安全设备有限公司

续表

产品名称	规格型号	商标	参考价(元)	检验类别	检验报告编号	报告签发日期	证书编号	发换证日期	企业名称
点型感温火灾探测器	JTW-BD-2811			认证复查检验	981277	1998.11.30	0801980017	1998.03.17	山西通威消防电子有限公司
点型感温火灾探测器	JTW-BD-9502			认证检验	980617	1998.06.17	0801980052	1998.09.02	南京消防器材厂
点型感温火灾探测器	JTW-BD-ZM5551		200	认证复查检验	981354	1998.12.10	080196085	1996.11.06	西安盛赛尔电子有限公司
点型感温火灾探测器	JTW-DW-SD6200	SHI-DAO		认证复查检验	981281	1998.12.01	0801980005	1998.02.18	北京狮岛消防电子有限公司
点型感温火灾探测器	JTW-MJC-1102	云安牌		认证检验	980669	1998.07.01	0801980059	1998.09.03	上海市松江电子仪器厂
点型感温火灾探测器	JTW-ZAD-SF551			认证换证检验	990042	1999.01.18	0801991054	1999.02.10	国营二六二厂
点型感温火灾探测器	JTW-DZ 262/062			认证换证检验	990030	1999.01.18	0801991046	1999.02.10	国营二六二厂
点型感温火灾探测器	JTW-MSCD-101	大厦	255	认证复查检验	981304	1998.12.02	080194003	1994.06.07	天津天利航空机电有限公司
点型感温火灾探测器	JTW-SD-1103	云安牌		认证检验	980674	1998.07.01	0801980060	1998.09.03	上海市松江电子仪器厂
点型感温火灾探测器	JTW-SD-A			认证检验	981137	1998.10.29	0801980078	1998.11.20	浙江省义乌市恒信报警设备厂
点型感温火灾探测器	JTW-ZC-P23			认证复查检验	981375	1998.12.14	0801980009	1998.03.05	上海能美西科姆消防设备有限公司
点型感温火灾探测器	JTW-ZCD-Z（TD2000）			认证检验	980530	1998.05.11	0801980063	1998.09.03	北京自动化仪表二厂
点型感温火灾探测器	JTW-ZCD-G3	海湾		认证检验	980437	1998.04.04	0801980037	1998.06.08	秦皇岛开发区海湾安全技术有限公司
点型感温火灾探测器	JTW-ZCD-H8408			认证检验	971116	1997.12.29	0801980015	1998.03.17	中国核工业总公司四零四厂石家庄辐射技术开发中心
点型感温火灾探测器	JTW-ZCD-H1620			认证复查检验	9981381	1998.12.15	080196014	1996.04.17	北京中安消防电子有限公司
点型感温火灾探测器	JTW-ZD-9041	盛华	210	认证复查检验	981082	1998.10.19	080194021	1994.08.31	南京消防电子厂

续表

产品名称	规格型号	商标	参考价(元)	检验类别	检验报告编号	报告签发日期	证书编号	发换证日期	企业名称
点型感温火灾探测器	JTW-ZD-9708B	奥利嘉		认证检验	980642	1998.06.24	0801980081	1998.11.20	南京华锋电子有限公司
点型感温火灾探测器	JTW-ZD-H8406			认证换证检验	981356	1998.12.11	0801991038	1999.02.10	中国核工业总公司四零四厂石家庄辐射技术开发中心
点型感温火灾探测器	JTW-ZD-HD211Ⅱ		226	认证复查检验	981320	1998.12.07	080195055	1995.09.28	哈尔滨海格智能电子设备有限公司
点型感温火灾探测器	JTW-ZD-HD601		455	认证复查检验	981321	1998.12.07	080195056	1995.09.28	哈尔滨海格智能电子设备有限公司
点型感温火灾探测器	JTW-ZD-L03(60)			认证复查检验	981376	1998.12.14	0801980011	1998.03.05	上海能美西科姆消防设备有限公司
点型感温火灾探测器	JTW-ZD-L03(70)			认证复查检验	981380	1998.12.15	9801980010	1998.03.05	上海能美西科姆消防设备有限公司
点型感温火灾探测器	JTW-ZD-MA3200			认证检验	980426	1998.04.02	0801980075	1998.11.12	北京自动化仪表二厂
点型感温火灾探测器	JTW-ZD-O	FUAN		认证复查检验	981279	1998.11.30	0801980020	1998.03.17	深圳赋安安全设备有限公司
点型感温火灾探测器	JTW-ZD-Q	FUAN		认证复查检验	981282	1998.12.01	080198002	1998.03.17	深圳赋安安全设备有限公司
点型感温火灾探测器	JTW-ZD-YX(V)	永兴	348	认证复查检验	981368	1998.12.14	080196051	1996.08.26	深圳永兴特种安全器材有限公司
点型感温火灾探测器	JTW-ZD/DA7300	DA		认证复查检验	981382	1998.12.15	0801970036	1997.11.19	天津市津利华电子设备有限公司
点型感温火灾探测器	JTW-ZD/LD3300B			认证检验	980372	1998.03.18	0801980030	1998.06.05	北京利达防火保安设备有限公司
点型感温火灾探测器	JTW-ZD/SC9220		415	认证复查检验	981276	1998.11.30	080196070	1996.10.18	四川赛科消防电子实业有限责任公司
点型感温火灾探测器	JTW-ZDA-2X1		215	认证换证检验	981449	1998.12.24	0801991031	1999.02.10	营口报警设备总厂
点型感温火灾探测器	JTW-JC		215	认证换证检验	990167	1999.02.12	0801999105	1999.02.25	无锡报警设备厂

续表

产品名称	规格型号	商标	参考价（元）	检验类别	检验报告编号	报告签发日期	证书编号	发换证日期	企业名称
点型复合式火灾探测器	JTF-YW-SH9432	盛华	560	认证复查检验	981427	1998.12.19	080196088	1996.12.19	南京消防电子厂
点型复合式火灾探测器	JTW-YW/SDF3500			认证检验	980483	1998.06.08	0801980044	1998.06.08	北京中国科院电子仪器厂
点型家用离子感烟火灾探测器	JTW-LZ-9/08			认证检验	980808	1998.08.12	0801980072	1998.11.12	天津市中环仪报警设备厂

二、火灾报警触发器件（通过强制检验的产品）

产品名称	规格型号	商标	参考价（元）	检验类别	检验报告编号	报告签发日期	检验周期（年）	企业名称
点型红外火焰探测器	JTGB-W-SX1021		3900	型式检验	96476	1996.07.26	4	沈阳消防电子设备厂
点型红外火焰探测器	JTGB-HW/SX1021			型式检验	96476	1996.07.26	4	沈阳消防电子设备厂
点型红外火焰探测器	JTG-ZW-A-2	双丽		型式检验	970718	1997.09.24	4	河北涿鹿凌云安全技术设备有限公司
点型红外火焰探测器	JTGB-ZW-101			型式检验	96710	1996.10.07	4	天津天利航空机电有限公司
点型红外火焰探测器	JTY-ZW-1			型式检验	96287	1996.05.27	4	长沙巨峰智能电子设备有限公司
点型可燃气体探测器	51/20-S	MSA		型式检验	96789	1996.11.13	4	无锡梅思安安全设备有限公司
点型可燃气体探测器	FY-2			型式检验	95556	1995.11.02	4	北京燕山石油化工公司仪表厂
点型可燃气体探测器	JB-QT-TON90A			型式检验	980757	1998.07.27	4	深圳特安电子有限公司
点型可燃气体探测器	JTQB-CH-W			型式检验	96109	1996.03.05	4	抚顺市仪器仪表厂
点型可燃气体探测器	KQT-1			型式检验	981235	1998.11.25	4	黑龙江通宝传感技术有限公司
点型可燃气体探测器	KS-2C			型式检验	96888	1996.12.11	4	北京燕山石油化工公司仪表厂
点型可燃气体探测器	RB			型式检验	981002	1998.09.28	4	济南市长清计算机应用公司
点型可燃气体探测器	SC-78			型式检验	981215	1998.11.18	4	深圳市索富工电子有限公司

续表

产品名称	规格型号	商标	参考价（元）	检验类别	检验报告编号	报告签发日期	检验周期（年）	企业名称
点型可燃气体探测器	SP-1102			型式检验	981207	1998.11.17	4	北京科力恒安全设备有限责任公司
点型可燃气体探测器	SS-98			型式检验	981214	1998.11.18	4	深圳市索富工电子有限公司
点型可燃气体探测器	ST0501B			型式检验	98072	1998.07.20	4	成都豪斯电子探测技术有限公司
点型可燃气体探测器	TQK-1			型式检验	95031	1995.01.18	4	哈尔滨通江晶体管厂
红型感温火灾探测器	JTW-LD-SX1001/85			型式检验	96614	1996.08.30	4	沈阳消防电子设备厂
线型感温火灾探测器	6424			型式检验	96640	1996.09.12	4	西安盛赛尔电子有限公司
线型光速感烟火灾探测器	JTY-HS-301			型式检验	97001	1997.01.03	4	天津天利航空机电有限公司
线型光速感烟火灾探测器	JTY-HS-60	凌波		型式检验	96226	1995.04.27	4	锦州消防安全仪器总厂
线型光束感烟火灾探测器	JTY-HS-6401			型式检验	981171	1998.11.05	4	北京核中警消防技术有限责任公司
线型光束感烟火灾探测器	JTY-JS-A			型式检验	95075	1995.02.23	4	河北涿鹿凌云安全技术设备有限公司
手动火灾报警按钮	DM1134			型式检验	97250	1997.04.16	5	北京中安消防电子有限公司
手动火灾报警按钮	FA1208			型式检验	94440	1994.11.29	5	深圳赋安安全设备有限公司
手动火灾报警按钮	J-SA-P-M-KL2211		216	型式检验	95061	1995.02.11	5	上海凯伦消防设备总厂
手动火灾报警按钮	J-SA-PM-2013			型式检验	981128	1998.10.28	5	南京四方报警设备厂
手动火灾报警按钮	J-SA-PM/ZA6122E			型式检验	970251	1997.04.16	5	北京中安消防电子有限公司
手动火灾报警按钮	J-SA-SX1002M		280	型式检验	95090	1995.03.14	5	沈阳消防电子设备厂
手动火灾报警按钮	J-SAP-1000	依爱	360	型式检验	96163	1996.03.29	5	蚌埠依爱消防电子有限责任公司
手动火灾报警按钮	J-SAP-3100			型式检验	96668	1996.09.20	5	无锡蓝天电子设备厂
手动火灭报警按钮	J-SAP-A			型式检验	97079	1997.01.29	5	浙江省义乌市恒信报警设备厂

续表

产品名称	规格型号	商标	参考价（元）	检验类别	检验报告编号	报告签发日期	检验周期（年）	企业名称
手动火灾报警按钮	J-SAP-A-BJYD			型式检验	94160	1994.06.18	5	北京第一低压电器厂
手动火灾报警按钮	J-SAP-A-DM7411			型式检验	97252	1997.04.17	5	上海爱斯特电子有限公司
手动火灾报警按钮	J-SAP-A/KX06	西核	220	型式检验	980874	1998.08.28	5	四川省科学城报警设备厂
手动火灾报警按钮	J-SAP-G2			型式检验	96573	1996.08.26	5	秦皇岛开发区海湾安全技术有限公司
手动火灾报警按钮	J-SAP-M（2）			型式检验	96823	1996.11.20	5	营口报警设备总厂
手动火灾报警按钮	J-SAP-M-90			型式检验	95455	1995.09.12	5	国营二六二厂
手动火灾报警按钮	J-SAP-M-A	飞天	180	型式检验	95348	1995.07.21	5	武汉市电子科学研究院
手动火灾报警按钮	J-SAP-M-AD1902			型式检验	97236	1997.04.09	5	浙江省乐清市爱德电子有限公司
手动火灾报警按钮	J-SAP-M-DM906			型式检验	981402	1998.12.16	5	丹东马克西姆消防工程设备有限公司
手动火灾报警按钮	J-SAP-M-FW8030	FW		型式检验	981008	1998.09.29	5	北京防威智能设备有限责任公司
手动火灾报警按钮	J-SAP-M-H8470			型式检验	96056	1996.02.02	5	中国核工业总公司四零四厂石家庄辐射技术开发中心
手动火灾报警按钮	J-SAP-M-1		280	型式检验	97080	1997.01.29	5	贵州省消防工程器材公司消防设备厂
手动火灾报警按钮	J-SAP-M-M500K		270	型式检验	96191	1996.04.16	5	西安盛赛尔电子有限公司
手动火灾报警按钮	J-SAP-M-SD6011			型式检验	96732	1996.10.14	5	北京狮岛消防电子有限公司
手动火灾报警按钮	J-SAP-M-SD6011A			型式检验	980911	1998.09.08	5	北京狮岛消防电子有限公司
手动火灾报警按钮	J-SAP-M-YX08M			型式检验	980989	1998.09.24	5	深圳永兴特种安全器材有限公司
手动火灾报警按钮	J-SAP-M/MT340			型式检验	97249	1997.04.16	5	北京中安消防电子有限公司
手动火灾报警按钮	J-SAP-/NW1121			型式检验	980708	1998.07.15	5	象山消防器材制造厂

续表

产品名称	规格型号	商标	参考价（元）	检验类别	检验报告编号	报告签发日期	检验周期（年）	企业名称
手动火灾报警按钮	J-SAP-2			型式检验	94446	1994.12.01	5	顺德市消防器材厂
手动火灾报警按钮	J-SIP-A-04			型式检验	981016	1998.10.06	5	江苏三峡消防器材厂
手动火灾报警按钮	J-SIP-A/SC9500			型式检验	96193	1996.04.16	5	四川赛科消防电子实业有限责任公司
手动火灾报警按钮	J-SIP-M-01I		280	型式检验	981019	1998.10.07	5	上饶市消防设备厂
手动火灾报警按钮	J-SIP-M-01		270	型式检验	980684	1998.07.02	5	深圳市泰然消防工程器材有限公司消防器材厂
手动火灾报警按钮	J-SIP-M-01			型式检验	95263	1995.06.20	5	芜湖市消防器材修配站
手动火灾报警按钮	J-SIP-M-1			型式检验	981071	1998.10.16	5	南海市平安消防器材厂
手动火灾报警按钮	J-SIP-M-BJYD			型式检验	94159	1994.06.18	5	北京第一低压电器厂
手动火灾报警按钮	J-SIP-M-H101	西核		型式检验	93170	1993.09.03	5	四川省科学城报警设备厂
手动火灾报警按钮	J-SIP-M-SH9061	盛华		型式检验	980635	1998.06.22	5	南京消防电子厂
手动火灾报警按钮	J-SIP-M-SH9461	盛华		型式检验	980636	1998.06.22	5	南京消防电子厂
手动火灾报警按钮	J-SIP-M-ZYT221/5222			型式检验	96046	1996.01.30	5	上海中原报警设备厂
手动火灾报警按钮	J-SIP-M-ZY5621/5622			型式检验	95564	1995.11.09	5	上海中原报警设备厂
手动火灾报警按钮	J-SL-PA-21	YER	200	型式检验	96057	1996.02	02.5	营口电子研究设计院
手动火灾报警按钮	JSAP-A-31(D)			型式检验	94114	1994.04.23	5	深圳赋安安全设备有限公司
手动火灾报警按钮	SFAN-1A			型式检验	980367	1998.03.17	5	北京第三低压电器厂
手动火灾报警按钮	J-SA-P-M-KB30			型式检验	980952	1998.09.15	5	北京市精博大机电工程有限公司
手动火灾报警按钮	SFAN-M(220V)			型式检验	980964	1998.09.16	5	北京宣武联合消防电器厂

续表

产品名称	规格型号	商标	参考价(元)	检验类别	检验报告编号	报告签发日期	检验周期(年)	企业名称
手动火灾报警按钮	SFAN-M(24V)			型式检验	980965	1998.09.16	5	北京宣武联合消防电器厂
手动火灾报警按钮	MT340			监督检验	980944	1998.09.16	5	北京中安消防电子有限公司
手动火灾报警按钮	ZA3122B			监督检验	980942	1998.09.15	5	北京中安消防电子有限公司
手动火灾报警按钮	ZA6121B			监督检验	980943	1998.09.15	5	北京中安消防电子有限公司
手动火灾报警按钮	J-SAP-G2			监督检验	980959	1998.09.16	5	中国核工业总公司四零四厂石家庄辐射技术开发中心
手动火灾报警按钮	J-SAP-A-1031			监督检验	980949	1998.09.15	5	深圳赋安安全设备有限公司
手动火灾报警按钮	YX08M			监督检验	980951	1998.09.15	5	深圳永兴特种安全器材有限公司
手动火灾报警按钮	JPH101			监督检验	980958	1998.09.16	5	四川省科学城报警设备厂
手动火灾报警按钮	SC9500			监督检验	980956	1998.09.16	5	四川赛科消防电子实业有限责任公司
手动火灾报警按钮	HA8000SC			监督检验	980966	1998.09.16	5	温州市华委电子设备有限公司
手动火灾报警按钮	HA			监督检验	990032	1999.01.15	5	浙江乐清市翁佯消防器材厂
手动火灾报警按钮	J-SJ-P-M-8301-3			监督检验	980693	1998.09.16	5	中国科学院上海原子核研究所日环仪器厂
手动火灾报警按钮	J-SIP-M-ZY5222			监督检验	980955	1998.09.16	5	上海中原报警设备厂

三、火灾报警装置(获得质量认证证书的产品)

产品名称	规格型号	商标	参考价(元)	检验类别	检验报告编号	报告签发日期	证书编号	发换证日期	企业名称
火灾报警控制器	JB-JB-2100			认证复查检验	981162	1998.11.04	080196026	1996.07.03	杭州威隆消防安全设备有限公司
火灾报警控制器	JB-JB-W100			认证复查检验	981392	1998.12.15	080195008	1995.04.20	深圳南油三江电子公司
火灾报警控制器	JB-JB/922			认证检验	980455	1998.04.14	0801980040	1998.06.08	北京中科院电子仪器厂

续表

产品名称	规格型号	商标	参考价（元）	检验类别	检验报告编号	报告签发日期	证书编号	发换证日期	企业名称
火灾报警控制器	JB-QB/912			认证换证检验	90146	1999.02.08	0801991053	1999.02.13	北京中科院电子仪器厂
火灾报警控制器	JB-QB-100Ⅲ			认证复查检验	981160	1998.11.04	080195001	1994.10.15	延吉智能设备厂
火灾报警控制器	JB-QB-100/YJ1121		12500	认证检验	981369	1998.12.14	080195060	1995.10.20	烟台东海报警设备厂
火灾报警控制器	JB-QB-127			认证换证检验	980621	1998.06.18	0801980067	1998.09.18	温州市星际消防电子有限公司
火灾报警控制器	JB-JB-H8410			认证复查检验	990064	1999.01.20	0801991039	1999.02.10	中国核工业总公司四零四厂石家庄辐射技术开发中心
火灾报警控制器	JB-QB-128	G天圣	20000	认证复查检验	981389	1998.12.15	080196073	1996.10.18	安徽天长市报警设备厂
火灾报警控制器	JB-QB-1502/96	云安牌		认证复查检验	981125	1998.10.27	080194024	1994.08.31	上海市松江电子仪器厂
火灾报警控制器	JB-QB-200	RT	18000	认证检验	980564	1998.06.05	0801980045	1998.07.03	杭州融通电子设备有限公司
火灾报警控制器	JB-QB-2110			认证复查检验	981102	1998.10.21	080196026	1996.07.03	杭州威隆消防安全设备有限公司
火灾报警控制器	JB-QB-2401S	大厦		认证检验	980657	1998.06.29	0801980085	1998.11.20	天津天利航空机电有限公司
火灾报警控制器	JB-QB-2601		27500	认证复查检验	981361	1998.12.11	080196029	1996.07.03	山西通威消防电子有限公司
火灾报警控制器	JB-QB-2605			认证复查检验	981353	1998.12.10	0801980016	1998.03.17	山西通威消防电子有限公司
火灾报警控制器	JB-QB-50-101B	大厦	10000	认证复查检验	981322	1998.12.07	080194005	1994.06.07	天津天利航空机电有限公司
火灾报警控制器	JB-QB-5800/12LG	古城	75900	认证复查检验	981383	1998.12.15	0801970014	1997.03.14	国营二六二厂
火灾报警控制器	JB-QB-6800/04LB	古城		认证复查检验	981360	1998.12.11	0801970030	1997.09.30	国营二六二厂

续表

产品名称	规格型号	商标	参考价(元)	检验类别	检验报告编号	报告签发日期	证书编号	发换证日期	企业名称
火灾报警控制器	JB-QB-S/LD1800		9880	认证复查检验	981099	1998.10.21	080194031	1994.08.31	北京利达防火保安设备有限公司
火灾报警控制器	JB-QB-8A			认证检验	980448	1988.04.10	0801980064	1998.09.03	北京自动化仪表二厂
火灾报警控制器	JB-QB-99/H211	西核	13300	认证复查检验	981251	1998.11.26	080194009	1994.06.07	四川省科学城报警设备厂
火灾报警控制器	JB-QB-99C			认证检验	980443	1998.04.06	0801980033	1998.06.05	潍坊市电磁科研所
火灾报警控制器	JB-QB-AD1800/127		1600	认证复查检验	981435	1998.12.18	0801970018	1997.05.23	乐清市爱德电子有限公司
火灾报警控制器	JB-QB-DF1501	云安牌	26000	认证复查检验	981098	1998.10.21	080194024	1994.08.31	上海市松江电子仪器厂
火灾报警控制器	JB-QB-GST32	海湾		认证检验	981075	1998.10.16	0801980086	1998.12.07	秦皇岛开发区海湾安全技术有限公司
火灾报警控制器	JB-QB-GST500	海湾		认证检验	980436	1998.04.03	0801980036	1998.06.08	秦皇岛开发区海湾安全技术有限公司
火灾报警控制器	JB-QB-HY/9600			认证检验	980650	1998.06.25	0801980048	1998.07.29	镇江华星消防电子设备有限公司
火灾报警控制器	JB-QB-KB	FUAN	2900	认证复查检验	981310	1990.12.03	080196056	1996.10.08	深圳赋安安全设备有限公司
火灾报警控制器	JB-QB-LK800		25000	认证复查检验	981253	1998.11.26	0801970016	1997.04.15	西安莱科思电子工程有限责任公司
火灾报警控制器	JB-QB-LN11/200	双丽		认证复查检验	981415	1998.12.17	0801970021	1997.09.17	河北涿鹿凌云安全技术设备有限公司
火灾报警控制器	JB-QB-M1000	长消	11000	认证检验	980494	1998.04.22	0801980038	1998.06.08	南京长江消防(集团)公司
火灾报警控制器	JB-QB-SD2100	SHI-DAO		认证检验	980488	1998.04.20	0801980039	1998.06.08	北京狮岛消防电子有限公司
火灾报警控制器	JB-QB-W256	河马	16000	认证换证检验	990021	1999.01.13	0801991051	1999.02.10	南通市报警仪器厂
火灾报警控制器	JB-QB-W40			认证复查检验	981334	1998.12.02	9080195008	1995-04-20	深圳南油三江电子公司

续表

产品名称	规格型号	商标	参考价（元）	检验类别	检验报告编号	报告签发日期	证书编号	发换证日期	企业名称
火灾报警控制器	JB-QB-W642			认证复查检验	981335	1998.12.09	080195008	1995.04.20	深圳南油三江电子公司
火灾报警控制器	JB-QB-WZ4231			认证复查检验	981257	1998.11.26	0801970009	1997.02.14	晋州市魏征报警设备厂
火灾报警控制器	JB-QB-YJ3008			认证检验	980579	1998.06.03	0801980049	1998.08.18	镇江银佳消防电子设备有限公司
火灾报警控制器	JB-QB-YX2.64M	永兴		认证复查检验	981336	1998.12.09	080196022	1996.06.04	深圳永兴特种安全器材有限公司
火灾报警控制器	JB-QB-80-270/088A			认证换证检验	990051	1999.01.19	0801991047	1999.02.10	国营二六二厂
火灾报警控制器	JB-QB-H8420			认证换证检验	990027	1999.01.14	0801991041	1999.02.10	中国核工业总公司四零四厂石家庄辐射技术开发中心
火灾报警控制器	JB-QB-H8415			认证换证检验	990028	1999.01.14	0801991040	1999.02.10	中国核工业总公司四零四厂石家庄辐射技术开发中心
火灾报警控制器	JB-QB-H8421			认证换证检验	990063	1999.01.20	0801991042	1999.02.10	中国核工业总公司四零四厂石家庄辐射技术开发中心
火灾报警控制器	JB-QB/ZA4312			认证换证检验	990026	1999.01.14	0801991034	1999.02.10	北京中安消防电子有限公司
火灾报警控制器	JB-QB/ZA5211			认证换证检验	990035	1999.01.15	0801991035	1999.02.10	北京中安消防电子有限公司
火灾报警控制器	JB-QB-ZN254			认证复查检验	981350	1998.12.10	801980001	1998.02.16	惠州市宇安消防器材厂
火灾报警控制器	JB-QB-ZY5110			认证复查检验	981186	1998.11.10	080196001	1996.02.05	上海中原报警设备厂
火灾报警控制器	JB-QB-ZY9211	永兴		认证检验	980691	1998.07.03	0801980061	1998.09.03	上海中原报警设备厂
火灾报警控制器	JB-QB-/911			认证检验	980456	1998.04.13	0801980041	1998.06.08	北京中科院电子仪器厂

续表

产品名称	规格型号	商标	参考价（元）	检验类别	检验报告编号	报告签发日期	证书编号	发换证日期	企业名称
火灾报警控制器	JB-QB/FW8098			认证复查检验	981256	1998.11.26	080196035	1996.07.03	北京防威智能设备有限责任公司
火灾报警控制器	JB-QB/LD128K			认证检验	980486	1998.04.20	0801980028	1998.06.05	北京利达防火保安设备有限公司
火灾报警控制器	JB-QB/LH130			认证换证检验	981330	1998.12.08	080196039	1996.07.03	北京陆和消防保安设备有限责任公司
火灾报警控制器	JB-QB/LH140			认证检验	980775	1998.07.30	0801980066	1998.09.03	北京陆和消防设备有限责任公司
火灾报警控制器	JB-QB/SIGC			认证检验	980457	1998.04.13	0801980042	1998.06.08	北京中科院电子仪器厂
火灾报警控制器	JB-R21			认证复查检验	981344	1998.12.10	0801980008	1998.03.05	上海能美西科姆消防设备有限公司
火灾报警控制器	JB-TB-100	三联	11000	认证复查检验	981384	1998.12.15	080195034	1995.07.31	山东省保安器材技术开发公司
火灾报警控制器	JB-TB-1000			认证检验	980466	1998.04.14	0801980024	1998.06.05	杭州桐庐消防电子仪器厂
火灾报警控制器	JB-TB-1000A	光达	10000	认证复查检验	981161	1998.11.04	0801970034	1997.09.30	扬州光达电器有限公司
火灾报警控制器	JB-TB-1000A			认证检验	981104	1998.10.26	0801980079	1998.11.20	浙江省义乌市恒信报警设备厂
火灾报警控制器	JB-TB-10A	FUAN		认证复查检验	981248	1998.11.26	0801980019	1998.03.17	深圳赋安安全设备有限公司
火灾报警控制器	JB-TB-11	FUAN	7500	认证复查检验	981247	1998.11.26	080196019	1996.06.04	深圳赋安安全设备有限公司
火灾报警控制器	JB-TB-11	FUAN	7500	认证复查检验	981247	1998.11.26	080196019	1996.06.04	深圳赋安安全设备有限公司
火灾报警控制器	JB-TB-127A	环耀	11000	认证换证检验	990044	1999.01.18	0801991049	1999.02.10	武汉市武汉电器厂

续表

产品名称	规格型号	商标	参考价(元)	检验类别	检验报告编号	报告签发日期	证书编号	发换证日期	企业名称
火灾报警控制器	JB-TB-200			认证复查检验	981252	1998.11.26	0801980007	1998.02.18	天津市中环科仪报警设备厂
火灾报警控制器	JB-TB-2000-ZN905			认证复查检验	981136	1998.10.28	080195001	1994.10.15	延吉智能设备厂
火灾报警控制器	JB-TB-ZA6351-1016			认证换证检验	990025	1999.01.14	0801991032	1999.02.10	北京中安消防电子有限公司
火灾报警控制器	JB-TB/ZA4351M			认证换证检验	990036	1999.01.15	0801991033	1999.02.10	北京中安消防电子有限公司
火灾报警控制器	JB-TB/2001	YER	10000	认证复查检验	981343	1998.12.10	080196018	1996.04.09	营口电子研究设计院
火灾报警控制器	JB-TB-242		36000	认证复查检验	981420	1998.12.17	080194028	1994.08.31	北京自动化仪表二厂
火灾报警控制器	JB-TB-242/SAN030	立安山雀	24800	认证复查检验	981416	1998.12.17	0801970007	1997.02.24	北京立安山雀智能系统有限责任公司
火灾报警控制器	JB-TB-256/4-A2	飞天	23500	认证复查检验	981132	1998.10.28	080195036	1995.07.31	武汉市电子科学研究院
火灾报警控制器	JB-TB-3000			认证检验	980707	1998.07.14	0801980055	1998.09.02	沈阳市报警仪器厂
火灾报警控制器	JB-QB-1016/YZ2000			认证换证检验	990114	1999.02.03	0801991055	1999.02.03	无锡市电子报警设备厂
火灾报警控制器	JB-TB-3100	蓝天	26800	认证复查检验	981347	1998.12.10	080195057	1995.10.20	无锡蓝天电子设备厂
火灾报警控制器	JB-TB-32/H331	西核	21900	认证复查检验	981386	1998.12.15	080194009	1994.06.07	四川省科学城报警设备厂
火灾报警控制器	JB-TB-40/YJ1001		15200	认证复查检验	981100	1998.10.21	080195005	1995.04.20	烟台东海报警设备厂
火灾报警控制器	JB-TB-400	海湾		认证复查检验	981249	1998.11.26	0801970031	1997.09.30	秦皇岛开发区海湾安全技术有限公司
火灾报警控制器	JB-TB-4000	凌波	9800	认证复查检验	981130	1998.10.28	080196003	1996.03.19	锦州消防安全仪器总厂
火灾报警控制器	JB-TB-4100			认证复查检验	981255	1998.11.26	0801970025	1997.09.30	长沙报警设备厂
火灾报警控制器	JB-TB-512A		11800	认证复查检验	981423	1998.12.17	0801970011	1997.02.14	武汉锦航安全技术有限责任公司

续表

产品名称	规格型号	商标	参考价（元）	检验类别	检验报告编号	报告签发日期	证书编号	发换证日期	企业名称
火灾报警控制器	JB-TB-8120-1	日环		认证复查检验	981135	1998.10.28	0801970033	1997.09.30	上海原子核研究所日环仪器厂
火灾报警控制器	JB-TB-8520-B			认证检验	980826	1998.08.14	0801980070	1998.11.12	靖江电子仪表制造公司
火灾报警控制器	JB-TB-9010A	国光	15000	认证复查检验	981246	1999.11.26	080195039	1995.08.08	成都国光电气总公司消防报警设备厂
火灾报警控制器	JB-TB-9011	国光	12000	认证复查检验	981364	1998.12.14	080195039	1995.08.08	成都国光电气总公司消防报警设备厂
火灾报警控制器	JB-TB-9012	盛华	34000	认证复查检验	981426	1998.12.17	080194019	1994.08.31	南京消防电子厂
火灾报警控制器	JB-TB-9500			认证检验	980616	1998.06.17	0801980051	1998.09.02	南京消防器材厂
火灾报警控制器	JB-TB-A500HF	奥利嘉		认证检验	980546	1998.05.14	0801980082	1998.11.20	南京华锋电子有限公司
火灾报警控制器	JB-TB-CD4000			认证复查检验	980181	1998.03.01	080196037	1996.07.03	北京长城电子仪器厂
火灾报警控制器	JB-TB-CH2210	慈航		认证复查检验	981184	1998.11.10	0800196007	1996.04.09	石家庄开发区正光报警设备有限公司
火灾报警控制器	JB-TB-CNXTII			认证检验	980555	1998.05.22	0801980057	1998.09.02	秦皇岛开发区昌宁工业有限公司
火灾报警控制器	JB-TB-DBE1000			认证复查检验	981414	1998.12.17	080195045	1995.09.14	哈尔滨东方自动化设备有限公司
火灾报警控制器	JB-TB-DM900			认证检验	980023	1998.01.21	0801980022	1998.04.30	丹东马克西姆消防工程有限公司
火灾报警控制器	JB-TB-FA2000		30000	认证复查检验	980891	1998.09.04	080196024	1996.06.04	福建闽安报警设备有限公司
火灾报警控制器	JB-TB-GGA8200		1400	认证检验	980412	1998.03.30	0801980031	1998.06.05	山东省公共安全器材总公司

续表

产品名称	规格型号	商标	参考价（元）	检验类别	检验报告编号	报告签发日期	证书编号	发换证日期	企业名称
火灾报警控制器	JB-TB-HD990		66500	认证复查检验	981316	1998.12.07	080195054	1995.09.28	哈尔滨海格智能电子设备有限公司
火灾报警控制器	JB-TB-HY-1	华亿	70000	认证复查检验	981101	1998.10.21	0801970048	1997.12.30	浙江龙飞集团温州华亿电脑智能有限公司
火灾报警控制器	JB-TB-J5600/508			认证复查检验	981254	1998.11.26	080196060	1996.10.18	厦门安德电子设备有限公司
火灾报警控制器	JB-TB-LH2000	航空	31000	认证复查检验	981133	1998.10.28	0801970023	1997.09.30	洛阳新和安消防设备有限公司
火灾报警控制器	JB-TB-MA3000			认证检验	980454	1998.04.13	0801980076	1998.11.12	北京自动化仪表二厂
火灾报警控制器	JB-TB-SC9100		24000	认证复查检验	981388	1998.12.15	080196066	1996.10.10	四川赛科消防电子实业有限责任公司
火灾报警控制器	JB-TB-SC9100L			认证复查检验	981390	1998.12.15	080196067	1996.10.18	四川赛科消防电子实业有限责任公司
火灾报警控制器	JB-TB-SD2000	SHI-DAO	12707	认证复查检验	981097	1998.10.21	080195063	1995.11.30	北京狮岛消防电子有限公司
火灾报警控制器	JB-TB-SF2000			认证复查检验	981241	1998.11.26	080196011	1996.04.09	南京四方报警设备厂
火灾报警控制器	JB-TB-SF4100			认证复查检验	981385	1988.12.15	0801970043	1997.12.01	靖江市赛福特实业公司
火灾报警控制器	JB-TB-SH9412	盛华	98000	认证复查检验	981434	1998.12.18	080196086	1996.12.27	南京消防电子厂
火灾报警控制器	JB-TB-SX1101A		4200	认证复查检验	981323	1998.12.07	080195031	1995.07.26	沈阳消防电子设备厂
火灾报警控制器	JB-TB-SX2000		39500	认证复查检验	981079	1998.10.19	080195031	1995.07.26	沈阳消防电子设备厂
火灾报警控制器	JB-TB-USC2000	USC		认证复查检验	981355	1998.12.10	080196075	1996.11.06	沈阳美宝控制有限公司
火灾报警控制器	JB-TB-USC3000	USC	25000	认证复查检验	981078	1998.10.19	080196076	1996.11.06	沈阳美宝控制有限公司
火灾报警控制器	JB-TB-W6800		2600	认证检验	980424	1998.04.01	0801980046	1998.07.03	山西省晋中地区消防工程有限公司

续表

产品名称	规格型号	商标	参考价（元）	检验类别	检验报告编号	报告签发日期	证书编号	发换证日期	企业名称
火灾报警控制器	JB-TB-Y/W-80/243	长消	11000	认证复查检验	981425	1998.12.17	080196054	1996.09.19	南京长江消防(集团)公司
火灾报警控制器	JB-TB-YX968	永兴	38000	认证复查检验	981349	1998.12.10	080196048	1996.08.26	深圳永兴特种安全器材有限公司
火灾报警控制器	JB-TB-Z850	豫钟	29800	认证复查检验	981345	1998.12.10	080195041	1995.09.01	郑州豫钟电子报警设备有限公司
火灾报警控制器	JB-TB-ZH101		36300	认证检验	980534	1998.05.11	080195150	1995.09.14	福建万安科技发展有限公司
火灾报警控制器	JB-TB-ZN1000			认证复查检验	981351	1998.12.10	0801980002	1998.02.16	惠州市宇安消防器材厂
火灾报警控制器	JB-TB-ZY5210	金声	13223	认证复查检验	981131	1998.10.28	080195011	1995.04.20	上海中原报警设备厂
火灾报警控制器	JB-TB/CA601a	CA	20000	认证检验	980552	1998.05.25	0801980026	1998.06.05	长春市长安电子有限责任公司
火灾报警控制器	JB-TB/DA7800	DA		认证复查检验	981333	1998.12.09	0801970028	1997.09.30	天津市津利华电子设备有限公司
火灾报警控制器	JB-TB/FC720	DA		认证复查检验	981363	1998.12.14	P0801970004	1997.02.03	北京中安消防电子有限公司
火灾报警控制器	JB-TB/F1720	中安		认证复查检验	981362	1998.12.14	0801970003	1997.02.03	北京中安消防电子有限公司
火灾报警控制器	JB-TB/GT3000	中安		认证复查检验	981371	1998.12.14	080195052	1995.09.14	北京市国泰电子有限责任公司
火灾报警控制器	JB-TB/HB1201B	G		认证复查检验	981341	1998.12.10	080195017	1995.06.19	辽宁省黑山报警设备厂
火灾报警控制器	JB-TB/JD4131	黑豹	27000	认证复查检验	980835	1998.08.19	080195048	1995.09.14	河北晋州电子设备厂
火灾报警控制器	JB-TB/NW1201	万力	30580	认证复查检验	981156	1998.11.04	080195029	1995.07.05	宁波万力达集团有限公司
火灾报警控制器	JB-TG-2000-ZN905		28000	认证复查检验	981270	1998.11.27	080196064	1996.10.18	北京世宗智能有限责任公司

续表

产品名称	规格型号	商标	参考价（元）	检验类别	检验报告编号	报告签发日期	证书编号	发换证日期	企业名称
火灾报警控制器	JB-TG-4000	YER	35000	认证复查检验	981406	1998.12.16	080195032	1995.07.28	营口电子研究设计院
火灾报警控制器	JB-QB-TA1701		20000	认证复查检验	981387	1998.12.15	080195018	1995.07.05	合肥天安消防电子设备厂

四、火灾报警装置产品（通过强制检验的产品）

产品名称	规格型号	商标	参考价（元）	检验类别	检验报告编号	报告签发日期	检验周期（年）	企业名称
火灾显示盘	ER-10			型式检验	97171	1997.03.18	4	哈尔滨东方自动化设备有限公司
火灾显示盘	ER-10		7000	型式检验	970171	1997.03.18	4	哈尔滨海格智能电子设备有限公司
火灾显示盘	FD680			型式检验	97240	1997.04.10	4	北京中安消防电子有限公司
火灾显示盘	J-1000-1	依爱	4000	型式检验	96155	1996.03.26	4	蚌埠依爱消防电子有限责任公司
火灾显示盘	JB-SXB-02			型式检验	96005	1996.01.05	4	深圳赋安安全设备有限公司
火灾显示盘	JF-XB-SH9452			型式检验	980630	1998.06.22	4	南京消防电子厂
火灾显示盘	JX-1			型式检验	97083	1997.01.31	4	营口报警设备总厂
火灾显示盘	JX-IR14			型式检验	970168	1997.03.17	4	上海能美西科姆消防设备有限公司
火灾显示盘	JX-IR16			型式检验	970169	1997.03.17	4	上海能美西科姆消防设备有限公司
火灾显示盘	KL2112		5610	型式检验	95312	1995.07.10	4	上海凯伦消防设备总厂
火灾显示盘	ZF-100			型式检验	95402	1995.08.24	4	秦皇岛开发区海湾安全技术有限公司
可燃气体报警控制器	500	MSA		型式检验	981203	1998.11.16	4	无锡梅思安安全设备有限公司
可燃气体报警控制器	520-LEL-C	MSA		型式检验	970977	1997.11.01	4	无锡梅思安安全设备有限公司
可燃气体报警控制器	HZ-168	智华	128	型式检验	96820	1996.11.19	4	福建省福鼎市华智仪表厂
可燃气体报警控制器	QB-100		2000	型式检验	96013	1996.01.16	4	天津市德安科贸有限公司

续表

产品名称	规格型号	商标	参考价（元）	检验类别	检验报告编号	报告签发日期	检验周期（年）	企业名称
可燃气体报警控制器	QB-300		135	型式检验	970747	1997.10.05	4	天津市德安和贸有限公司
可燃气体报警控制器	SA-LEL	MSA		型式检验	981521	1998.05.07	4	无锡梅思安安全设备有限公司
家用气体报警器	204	健帆		型式检验	981472	1998.12.30	4	惠州市三星高科器材有限公司
家用气体报警器	BA-52ZB	FIGARO	389	型式检验	96182	1996.04.11	4	天津费加罗电子有限公司
家用气体报警器	BC-400	FIGARO	290	型式检验	96183	1996.04.11	4	天津费加罗电子有限公司
家用气体报警器	BR-C550H［B］			型式检验	980883	1998.09.04	4	保定市北方电器有限公司
家用气体报警器	BT-300J			型式检验	980626	1998.06.19	4	天津费加罗电子有限公司
家用气体报警器	BT-600			型式检验	980654	1998.06.26	4	天津费加罗电子有限公司
家用气体报警器	BT-700			型式检验	980822	1998.08.13	4	天津费加罗电子有限公司
家用气体报警器	CLBR-KI			型式检验	981213	1998.11.17	4	山西雏龙电子有限公司
家用气体报警器	DAT-518S1			型式检验	96533	1996.08.21	4	北京市迪安波科技开发有限责任公司
家用气体报警器	DRB		2850	型式检验	96358	1996.06.18	4	天津市仪器仪表厂
家用气体报警器	G-8A	家福		型式检验	96086	1996.02.12	4	铜陵有色金属公司铜达仪器仪仅厂
家用气体报警器	HL-188			型式检验	96311	1996.05.31	4	北京华劳科技开发总公司
家用气体报警器	HL-188			型式检验	981437	1998.12.21	4	北京华劳科技开发总公司
家用气体报警器	JB-QT-TON90A			型式检验	980757	1998.07.27	4	深圳特安电子有限公司
家用气体报警器	JB-TB-ST200			型式检验	980733	1998.07.21	4	成都豪斯电子探测技术有限公司
家用气体报警器	JK010-S002			型式检验	980820	1998.08.13	4	天津费加罗电子有限公司

续表

产品名称	规格型号	商标	参考价（元）	检验类别	检验报告编号	报告签发日期	检验周期（年）	企业名称
家用气体报警器	JK10-S002			型式检验	98050	1993.04.03	4	天津费加罗电子有限公司
家用气体报警器	JQB-1			型式检验	97099	1997.02.18	4	扬州市三乐特种炊具厂
家用可燃气体报警器	MKJB-3			型式检验	96435	1996.07.10	4	北京燕山石油化工公司仪表厂
家用可燃气体报警器	MYQB-1			型式检验	96184	1996.04.11	4	抚顺市仪器仪表厂
家用可燃气体报警器	QB-4000C(4)			型式检验	981234	1998.11.25	4	黑龙江通宝传感技术有限公司
家用可燃气体报警器	RB			型式检验	980923	1998.09.11	4	济南市长清计算机应用公司
家用可燃气体报警器	RB-1	天圣		型式检验	981453	1998.12.24	4	安微省天长市报警设备厂
家用可燃气体报警器	RBA			型式检验	96929	1996.12.25	4	江苏省金湖县华升电器厂
家用可燃气体报警器	RBK-2M			型式检验	96944	1996.12.30	4	滕州市胜滕家用可燃气体监探器厂
家用可燃气体报警器	RQ-100			型式检验	980890	1998.09.03	4	秦皇岛开发区海湾安全技术有限公司
家用可燃气体报警器	SP-1003			型式检验	981227	1998.11.20	4	北京科力恒安全设备有限责任公司
家用可燃气体报警器	SS-100			型式检验	980668	1998.07.01	4	深圳市索富工电子有限公司
家用可燃气体报警器	SS-3000			型式检验	981009	1998.09.30	4	深圳市索富工电子有限公司
家用可燃气体报警器	TCR-IR			型式检验	97247	1997.04.15	4	苏州新区平安燃气保护器厂
家用可燃气体报警器	YMB-IAT			型式检验	980983	1998.09.22	4	陕西省汉中市华汉新技术研究所
家用可燃气体报警器	YMB-2T			型式检验	980592	1998.06.10	4	陕西省汉中市华汉新技术研究所

五、消防电器控制设备（通过强制检验的产品）

产品名称	规格型号	商标	参考价（元）	检验类别	检验报告编号	报告签发日期	检验周期（年）	企业名称
消防联动控制设备	JK-TG-18			型式检验	96049	1996.02.01	5	深圳赋安安全设备有限公司
消防联动控制设备	LD-2000			型式检验	980784	1998.08.05	5	秦皇岛开发区海湾安全技术有限公司

续表

产品名称	规格型号	商标	参考价（元）	检验类别	检验报告编号	报告签发日期	检验周期（年）	企业名称
消防联动控制设备	SX2500			型式检验	95368	1995.11.30	5	沈阳消防电子设备厂
消防联动控制设备	XF-JLD-ZY6218			型式检验	981403	1998.12.16	5	上海中原报警设备厂
消防联动控制设备	XF-KZ-8460	日环		型式检验	981473	1998.12.30	5	上海原子核研究所日环仪器厂
防火卷帘控制器	DKN-300			型式检验	96880	1996.12.09	3	天津市天体机械制造厂
防火卷帘控制器	F0-1			型式检验	96940	1996.12.30	3	深圳市宝安区水福实业有限公司
防火卷帘控制器	FJK-001		2500	型式检验	96709	1996.10.04	3	青岛高科技工业园鑫山建筑配套设备厂
防火卷帘控制器	FJK-1S			型式检验	981151	1998.11.03	3	深圳市田面实业股份有限公司五金厂
防火卷帘控制器	FJK-A	威亚	0860	型式检验	970515	1997.07.31	3	合肥威亚实业公司
防火卷帘控制器	FJK-BS			型式检验	980624	1998.06.19	3	大连防火卷帘门厂
防火卷帘控制器	FJK-Ⅱ			型式检验	980640	1998.06.23	3	石门县科峰电子实业有限公司
防火卷帘控制器	FJK-LT02			型式检验	96625	1996.09.02	3	无锡蓝天电子设备厂
防火卷帘控制器	FJLK			型式检验	97052	1997.01.23	3	青岛琴和防火卷帘门公司
防火卷帘控制器	FJLK-0.2/2.2		4000	型式检验	96219	1996.04.25	3	青岛高科技工业园曦光电力技术开发有限公司
防火卷帘控制器	FJLK-D			型式检验	980580	1998.06.03	3	青岛艾诺智能仪器有限公司
防火卷帘控制器	FK-3A			型式检验	970215	1997.04.04	3	甘肃庄氏医疗设备有限公司
防火卷帘控制器	JB-DB-1	盛全	1200	型式检验	96760	1996.10.28	3	本溪盛全消防工程有限公司电子设备厂
防火卷帘控制器	JB-QB-FJM-03			型式检验	980903	1998.09.07	3	沈阳盛安消防工程设备有限公司
防火卷帘控制器	KD-FK3B			型式检验	980805	1998.08.11	3	兰州科迪电子有限责任公司
防火卷帘控制器	OKF	ORENA		型式检验	97058	1997.01.24	3	奥瑞那光子技术（深圳）有限公司

续表

产品名称	规格型号	商标	参考价（元）	检验类别	检验报告编号	报告签发日期	检验周期（年）	企业名称
防火卷帘控制器	XK-PS			型式检验	981005	1998.09.29	3	郑州威实业公司
防火卷帘控制器	YG-2			型式检验	96725	1996.10.09	3	青岛鹰冠高层建筑配套设备公司
防排烟电器控制设备	OFF	ORENA		型式检验	97057	1997.01.24	3	奥瑞那光子技术（深圳）有限公司
消防专用电源	T5.5+XB2Z-5.5			型式检验	96901	1996.12.17	3	大连科意电器设备制造厂
消防专用电源	ZLUS			型式检验	980602	1998.06.12	3	大连市沙河口区北方应急电源设备厂

主要参考文献

1. 孙景芝主编. 建筑电气控制系统. 北京：中国建筑工业出版社，1999
2. 郎禄平编. 建筑自动防灾系统. 西北建筑工程学院，1993
3. 蒋永琨主编. 中国消防工程手册. 北京：中国建筑工业出版社，1998
4. 孙景芝主编. 建筑电气自动控制. 北京：中国建筑工业出版社，1993
5. 陈一才编著. 楼宇安全系统设计手册. 北京：中国计划出版社，1997
6. 梁华编著. 建筑弱电工程设计手册. 北京：中国建筑工业出版社，1998
7. 姜文源主编. 建筑灭火设计手册. 北京：中国建筑工业出版社，1997
8. 王东涛，徐立君，牛宝平，李永等编. 建筑安装工程施工图集. 北京：中国建筑工业出版社，1998
9. 中国计划出版社编. 消防技术标准规范汇编. 北京：中国计划出版社，1999
10. 焦兴国论文. 点型感烟火灾探测器原理及其性能检验. 及线型火灾探测器原理及其工程应用. 消防技术与产品信息增刊，1996
11. 中国建筑设计研究所等. 火灾报警及消防控制. 北京：中国建筑标准设计研究所，1998
12. 孙景芝，韩永学主编. 电气消防. 北京：中国建筑工业出版社，2000
13. 李东明主编. 自动消防系统设计安装手册. 北京：中国计划出版社，1996
14. 陆荣华，史湛华编. 建筑电气安装工长手册. 北京：中国建筑工业出版社，1998
15. 北京市建筑设计研究院. 建筑电气专业设计技术措施. 北京：中国建筑工业出版社，1998
16. 华东建筑设计研究院编著. 智能建筑设计技术. 上海：同济大学出版社，1996
17. 杨光臣. 电气安装施工技术与管理. 北京：中国建筑工业出版社，1993
18. 阮文. 预算与施工组织管理. 哈尔滨：黑龙江科技出版社，1997
19. 马克忠. 建筑安装工程预算与施工组织. 重庆：重庆大学出版社，1997
20. 吴心伦. 安装工程定额与预算. 重庆：重庆大学出版社，1996
21. 张文焕. 电气安装工程定额与预算. 北京：中国建筑工业出版社，1999
22. 余辉. 城乡电气工程预算员必读. 北京：中国计划出版社，1992